电线电缆专业系列教材

橡皮绝缘电缆产品技术及制造工艺

主编　李冬梅
参编　解向前　胡学朝　刘仁卿
　　　熊　巍　陈学武
主审　朱爱荣

机 械 工 业 出 版 社

本书由经验丰富的橡皮绝缘电缆产品工程师、技术专家和专业课讲师联合编写。本书内容与企业生产实际接轨，详细介绍了橡皮绝缘类电线电缆产品的技术性能特征及生产制造工艺要求。全书共分六章，主要内容包括橡皮绝缘电缆的结构与材料、常用橡皮绝缘电缆产品品种及标准要求、橡皮及其配方、橡胶加工方法、挤橡与硫化工艺、橡皮绝缘电缆主要生产工序的工艺质量要求。本书内容与企业生产实际紧密结合，书中的工艺规范、质量分析、生产过程记录等都有很强的实用性。

本书可作为技工院校、职业技术学校电线电缆制造技术专业教材，也可作为电线电缆相关行业从业人员及对电线电缆技术感兴趣的各类人员的参考书。

图书在版编目（CIP）数据

橡皮绝缘电缆产品技术及制造工艺/李冬梅主编．—北京：机械工业出版社，2017.10

电线电缆专业系列教材

ISBN 978-7-111-58309-7

Ⅰ．①橡…　Ⅱ．①李…　Ⅲ．①电力电缆—电工橡胶—绝缘电缆—制造—教材　Ⅳ．①TM247

中国版本图书馆 CIP 数据核字（2017）第 253790 号

机械工业出版社（北京市百万庄大街 22 号　邮政编码 100037）
策划编辑：王晓洁　责任编辑：王晓洁
责任校对：潘　蕊　封面设计：陈　沛
责任印制：李　昂
北京宝昌彩色印刷有限公司印刷
2018 年 1 月第 1 版第 1 次印刷
184mm × 260mm · 13 印张 · 314 千字
0001—3000册
标准书号：ISBN 978-7-111-58309-7
定价：46.00 元

前　言

橡皮是人类发现及应用最早的绝缘材料之一。橡皮材料作为电缆的绝缘及护套材料，赋予了产品在柔软性、弹性、耐磨、抗扭等方面不可替代的性能。橡皮绝缘电缆作为电线电缆产品的一大类型，在材料、工艺、特殊用途等方面具有独特的研究价值。橡皮绝缘电线电缆产品技术及制造工艺作为电线电缆制造技术专业的一门细分学科，对橡皮绝缘电缆从业人员具有一定的学习指导意义。

本书内容与企业生产实际紧密结合，书中的工艺规范、质量分析、生产过程记录等都有很强的实用性。全书共分六章，第一章介绍了橡皮绝缘电缆各层结构的技术要求及材料性能，可为产品设计提供一定的技术指导；第二章介绍了国内橡皮绝缘类电缆产品的主要类型及技术标准；第三章介绍了橡皮绝缘电缆中橡皮材料的性能、常用的橡胶种类及配方设计知识；第四章介绍了橡皮材料的生产制造工艺；第五章介绍了橡皮挤出与硫化工艺；第六章介绍了橡皮绝缘电缆的工艺流程及主要工序工艺质量要求，引用了一定数量的工厂常用的工艺卡片及工艺记录表格。

本书主编从事橡皮绝缘电缆制造工艺研究及教学二十多年，对如何进行理论教学及实践指导有比较深刻的体会。本书的参编人员来自国内在橡皮绝缘电缆生产中产品技术和生产能力都处于领先地位的大型企业，在橡皮绝缘电缆技术、生产方面都具有丰富的实践经验。本书由郑州电缆技工学校李冬梅主编，河北华通线缆股份有限公司刘仁卿、江苏江南电缆股份有限公司熊巍、扬州光明电缆股份有限公司胡学朝、中天科技装备电缆公司解向前、河南德威电缆股份有限公司陈学武参与了部分章节的编写工作。本书由河南德威电缆股份有限公司教授级高工朱爱荣主审。在本书编写过程中，得到了郑州电缆技工学校和上述多家电缆企业的大力帮助，在此向他们给予的热情帮助表示衷心的感谢！

在本书编写过程中，参考和借鉴了不少专家的相关著述，特别是原机械工业部郑州电缆厂教育培训中心的橡皮绝缘电缆制造工艺培训教材，在此向他们表示真诚的感谢！虽然在参考文献中做了列举，但难免有遗漏之处，敬请谅解。

本书涉及内容广泛，加之编者专业水平有限，其中难免有不妥或错误之处，敬请读者批评指正。

编　者

目　　录

第一章 橡皮绝缘电缆的结构与材料

橡皮绝缘电线电缆具有优良的柔软性、弹性、耐弯曲性，又具有较高的电气性能，特别是因具有其他电线电缆无法比拟的柔软性和较好的物理性能而得到广泛的应用。橡皮绝缘电线电缆大多用于移动、碾压、扭转或其他工作条件严酷的场合，如船舶、矿山、井下、机车车辆等。随着橡胶工业的发展，各类人工合成橡胶不断被开发研制出来，如硅橡胶、氯丁橡胶、乙丙橡胶、丁苯橡胶、氯磺化聚乙烯橡胶等。合成橡胶在电线电缆工业中的普遍应用，使橡皮绝缘电线电缆的性能大为改善，其除具有天然橡胶的固有优点外，又增加了耐油性、阻燃性、耐寒性、耐热性等各种优良的性能，从而使橡皮绝缘电线电缆的品种更加丰富、应用范围更加广泛，涉及国民经济的各个方面。

除少数橡皮绝缘电线电缆产品（如矿用电缆、机车车辆用电缆、直流高压电缆）工作电压较高外，绝大多数橡皮绝缘电线电缆产品的工作电压并不太高，但由于用电设备的工作环境和使用要求多种多样，因此对各种橡皮绝缘电线电缆产品的性能要求比较特殊而且差异很大。总体上来说，橡皮绝缘电线电缆产品的技术特性体现在柔软性、耐温性、耐候性等方面，近年来对产品性能也提出了无卤阻燃及环保要求，材料的多样性要求，结构的微细化、超大化、组合化要求，在橡皮绝缘电线电缆向高压领域的发展与突破方面也提出了要求。

橡皮绝缘电线电缆和其他电线电缆一样，通常由三个基本结构构成，即导电线芯、绝缘层和护套层。部分应用在特殊场合的橡皮绝缘电缆还有金属屏蔽层或金属铠装层。

电线与电缆，从结构上讲，没有一个严格的界限。一般认为，单根的是线，绞合的是缆，但有时也把直径较小的绞合品种作为线对待。橡皮绝缘电线电缆常见结构如图 1-1 所示。

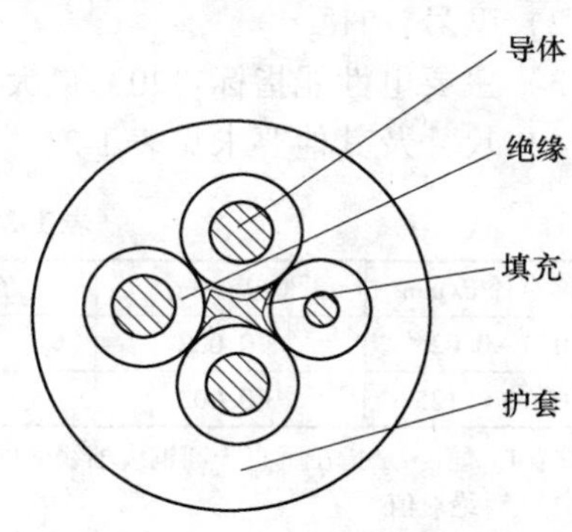

图 1-1 橡皮绝缘电线电缆常见结构

◇◇◇ 第一节 导体结构与材料

橡皮绝缘电线电缆的导电线芯是用来传导电流的，为了减少电能损耗，一般采用具有高电导率的金属材料制成，此外导体还应具有良好的力学性能（如较高的抗拉强度，一定的断后伸长率）及加工工艺性能。常用金属元素的性能见表 1-1。

表 1-1 常用金属元素的性能

名称	符号	密度（20℃）/(g/cm³)	熔点/℃	抗拉强度/MPa	电阻率/$\times 10^{-8}\Omega\cdot m$	电阻温度系数/($\times 10^{-3}$℃$^{-1}$)
银	Ag	10.5	961.93	176	1.59	4.1
铜	Cu	8.89	1084.5	216	1.68	4.03
金	Au	19.3	1064.43	137	2.25	3.98
铝	Al	2.7	660.37	69～88	2.65	4.23
锌	Zn	7.14	419.58	108～147	5.9	4.17
镍	Ni	8.9	1455	392～490	7.24	5.21
铁	Fe	7.86	1541	245～324	9.7	6.57
锡	Sn	7.3	231.96	15～26	11.5	4.47
铅	Pb	11.37	327.5	10～30	20.65	4.22

从导电性和经济性综合考虑，电缆导体常用的金属材料是铜和铝。

一、橡皮绝缘电缆导体的材料

通常橡皮绝缘电缆导体采用的是裸铜线和镀锡铜线。铝线由于强度及拉伸工艺性能差，一般不用于橡皮绝缘电缆。随着铝合金技术的成熟，铝合金导线及铝线的力学性能得到很大提高，铝合金细丝也逐渐在橡皮绝缘电缆软导体中得到应用。近年来国外市场也有大量的铝线（铝合金丝）绞合导体的橡皮绝缘护套电缆订单。

1. 橡皮绝缘电缆用电工圆铜线技术标准及基本性能要求

1）执行标准：GB/T 3953—2009。

2）型号：TR。

3）主要电性能指标：20℃最大电阻率ρ_{20}为 0.017241Ω·mm²/m。

4）尺寸及其他要求见表 1-2。

表 1-2 电工圆铜线尺寸及其他要求

标称直径 *d*/mm	偏差/mm	*f* 值/mm	标称直径 *d*/mm	偏差/mm	*f* 值/mm
0.020～0.025	±0.002	0.002	0.126～0.400	±0.004	0.004
0.026～0.125	±0.003	0.003	0.401～14.00	±1%*d*	1%*d*

注：1. *f* 值：是指在垂直于圆铜线轴线的同一截面上测得的直径最大值和最小值之差，其应不超过标称直径偏差的绝对值。
2. 外观：圆铜线表面应光洁，不得有与良好工业产品不相称的任何缺陷（工厂内控要求：铜线表面要光洁，不得有三角口、毛刺、裂纹、机械损伤、划痕等，铜线表面不能氧化变黑）。

2. 橡皮绝缘电缆用镀锡圆铜线技术标准及基本性能要求

1）执行标准：GB/T 4910—2009。

2）型号规格：TXR 镀锡软圆铜线、TXRH 可焊型镀锡软圆铜线。

3）主要电性能指标见表 1-3。

表 1-3 镀锡圆铜线主要电性能指标

标称直径/mm	电阻率 ρ_{20}/（Ω·mm²/m）	
	TXR	TXRH
$0.25 < d \leqslant 0.50$	0.01770	0.01793
$0.50 < d \leqslant 4.00$	0.01760	0.01775

4）外观要求：镀锡圆铜线的镀层应光滑连续，不得有与良好工业产品不相称的任何缺陷（工厂内控要求：表面应光洁，锡层应连续，不得有氧化变色、露铜现象，不允许有超过外径偏差要求的锡瘤及机械损伤等）。

3. 橡皮绝缘电缆用铝（铝合金）绞合导体要求

目前橡皮绝缘橡皮护套电缆用铝（铝合金丝）绞合导体的标称截面积为6mm^{2}及以上，单丝标称直径为0.40mm或0.50mm。为提高绞合导体的柔软性，导体束丝后应对股丝进行退火处理。铝（铝合金）绞合导体直流电阻按GB/T 3956—2008/IEC 60228—2004《电缆的导体》中相应标称截面积铝（铝合金）导体电阻值考核。

二、橡皮绝缘电缆的绞合导体

橡皮绝缘电线电缆要具有良好的柔软性，以满足制造工艺和不同场合的要求。通常为了使导电线芯具有较好的柔软性，一般采用多根细单线复绞（先束再绞）而成。组成导电线芯的单线越细、根数越多，则线芯越柔软。此外，提高导体强度也是不能忽视的问题。有些特殊产品采用在导体中添加承载介质（如尼龙丝）的方法，既可保证柔软性，又能增加导体抗拉耐扭等力学性能。

导体截面的大小，则要根据传输电流的大小而定，务使导体发热较少而不致损坏绝缘层。

国家标准GB/T 3956—2008《电缆的导体》规定了电缆和软线用导体的各种技术参数，标称截面积为0.5～2500mm^2，并规定了单线根数、单线直径及其电阻值。导体共分四种：第1种、第2种、第5种和第6种。第1种为实心导体，第2种为绞合导体。第1种和第2种用于固定敷设电缆的导体。第5种（软导体）和第6种（比第5种更柔软的导体）导体用于软电缆和软电线，也可用于固定敷设。

橡皮绝缘电线电缆一般要求比较柔软，即使用于固定敷设场合，也很少采用第1种导体，只是在小截面积（如6mm^{2}及以下）的情况下才偶尔采用。用于固定敷设的橡皮绝缘电缆大多采用第2种中非紧压圆形导体，以保持其最起码的柔软性。

在橡皮绝缘电线电缆中采用最多的是第5种和第6种导体。所有的橡皮绝缘软线，通用橡套软电缆、矿用橡套软电缆等均采用第5种导体。电焊机电缆等采用第6种导体。

铝导体只用于第1种和第2种结构，不用于橡皮绝缘电缆。

现把四种导体的结构和性能要求，择要分列于表1-4～表1-7。

表1-4　第1种单芯和多芯电线电缆实芯导体的结构和性能要求

标称截面积/mm^2	最大外径/mm	20℃时导体最大直流电阻/（Ω/km）		
		不镀金属	镀金属	铝芯
0.5	0.9	36.0	36.7	—
0.75	1.0	24.5	24.8	—
1	1.2	18.1	18.2	—
1.5	1.5	12.1	12.2	—
2.5	1.9	7.41	7.56	—
4	2.4	4.61	4.70	—
6	2.9	3.08	3.11	—
10	3.7	1.83	1.84	3.08
16	4.6	1.15	1.16	1.91

注：1. 导体最大外径引自于GB/T 3956—2008标准中的附录。

2. 表中省略了很少使用的大截面（25～1200mm^2）规格。

表 1-5　第 2 种单芯和多芯电线电缆圆形绞合导体的结构和性能要求

标称截面积 /mm²	导体中单线最少根数		最大外径 /mm	20℃时导体最大直流电阻/（Ω/km）		
				退火铜导体		铝或铝合金导体
	铜　芯	铝　芯		不镀金属单线	镀金属单线	
0. 5	7	—	1. 1	36. 0	36. 7	—
0. 75	7	—	1. 2	24. 5	24. 8	—
1	7	—	1. 4	18. 1	18. 2	—
1. 5	7	—	1. 7	12. 1	12. 2	—
2. 5	7	—	2. 2	7. 41	7. 56	—
4	7	—	2. 7	4. 61	4. 70	—
6	7	—	3. 3	3. 08	3. 11	—
10	7	7	4. 2	1. 83	1. 84	3. 08
16	7	7	5. 3	1. 15	1. 16	1. 91
25	7	7	6. 6	0. 727	0. 734	1. 20
35	7	7	7. 9	0. 524	0. 529	0. 868
50	19	19	9. 1	0. 387	0. 391	0. 641
70	19	19	11. 0	0. 263	0. 270	0. 443
95	19	19	12. 9	0. 193	0. 195	0. 320
120	37	37	14. 5	0. 153	0. 154	0. 253
150	37	37	16. 2	0. 124	0. 126	0. 206
185	37	37	18. 0	0. 0991	0. 100	0. 164
240	37	37	20. 6	0. 0754	0. 0762	0. 125
300	61	61	23. 1	0. 0601	0. 0607	0. 100
400	61	61	26. 1	0. 0470	0. 0475	0. 0778
500	61	61	29. 2	0. 0366	0. 0369	0. 0605
630	91	91	33. 2	0. 0283	0. 0286	0. 0469
800	91	91	37. 6	0. 0221	0. 0224	0. 0367

注：1. 导体最大外径引自于 GB/T 3956—2008 标准中的附录。

2. 表中所列导体均为非紧压圆形绞线。

表 1-6　第 5 种单芯和多芯电线电缆软铜导体结构和性能要求

标称截面积 /mm²	导体中单线最大直径 /mm	最大外径/mm	20℃时导体最大直流电阻/（Ω/km）		标称截面积 /mm²	导体中单线最大直径 /mm	最大外径/mm	20℃时导体最大直流电阻/（Ω/km）	
			不镀金属	镀金属				不镀金属	镀金属
(0. 06)	0. 11	—	366	384	16	0. 41	6. 3	1. 21	1. 24
(0. 08)	0. 13	—	247	254	25	0. 41	708	0. 780	0. 795
(0. 12)	0. 16	—	158	163	35	0. 41	9. 2	0. 554	0. 565
(0. 2)	0. 16	—	92. 3	95. 0	50	0. 41	11. 0	0. 386	0. 393
(0. 3)	0. 16	—	69. 2	71. 2	70	0. 51	13. 1	0. 272	0. 277
(0. 4)	0. 16	—	48. 2	49. 6	95	0. 51	15. 1	0. 206	0. 210
0. 5	0. 21	1. 1	39. 0	40. 1	120	0. 51	17. 0	0. 161	0. 164
0. 75	0. 21	1. 3	26. 0	26. 7	150	0. 51	19. 0	0. 129	0. 132
1	0. 21	1. 5	19. 5	20. 0	185	0. 51	21. 0	0. 106	0. 108
1. 5	0. 26	1. 8	13. 3	13. 7	240	0. 51	24. 0	0. 0801	0. 0817
2. 5	0. 26	2. 6	7. 98	8. 21	300	0. 51	27. 0	0. 0641	0. 0654
4	0. 31	3. 2	4. 95	5. 09	400	0. 51	31. 0	0. 0486	0. 0495
6	0. 31	3. 9	3. 30	3. 39	500	0. 61	35. 0	0. 0384	0. 0391
10	0. 41	5. 1	1. 91	1. 95	630	0. 61	39. 0	0. 0287	0. 0292

注：1. 表中括号内数值摘自 GB 3956—1983，可供参考。

2. 导体最大外径引自于 GB/T 3956—2008 标准中的附录。

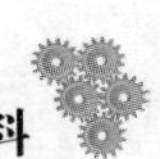

表 1-7　第 6 种单芯和多芯电线电缆软铜导体结构和性能要求

标称截面积/mm²	导体中单线最大直径/mm	最大外径/mm	20℃时导体最大直流电阻/（Ω/km）		标称截面积/mm²	导体中单线最大直径/mm	最大外径/mm	20℃时导体最大直流电阻/（Ω/km）	
			不镀金属	镀金属				不镀金属	镀金属
(0.012)	0.06	—	1466	1534	6	0.21	3.9	3.30	3.39
(0.03)	0.09	—	748	783	10	0.21	5.1	1.91	1.95
(0.06)	0.08	—	349	365	16	0.21	6.3	1.21	1.24
(0.12)	0.08	—	174	183	25	0.21	7.8	0.780	0.795
(0.2)	0.08	—	93.5	97.8	35	0.21	9.2	0.554	0.565
(0.3)	0.08	—	68.0	71.2	50	0.31	11.0	0.386	0.393
(0.4)	0.11	—	52.3	54.8	70	0.31	13.1	0.272	0.277
0.5	0.16	1.1	39.0	40.1	95	0.31	15.1	0.206	0.210
0.75	0.16	1.3	26.0	26.7	120	0.31	17.0	0.161	0.164
1	0.16	1.5	19.5	20.0	150	0.31	19.0	0.129	0.132
1.5	0.16	1.8	13.3	13.7	185	0.41	21.0	0.106	0.108
2.5	0.16	2.6	7.98	8.21	240	0.41	24.0	0.0801	0.0817
4	0.16	3.2	4.95	5.09	300	0.41	27.0	0.0641	0.0654

注：1. 表中括号内数值摘自 GB 3956—1983，可供参考。
　　2. 导体最大外径引自于 GB/T 3956—2008 标准中的附录。

三、绞合导体的技术参数及结构计算

1. 绞合导体的技术参数

（1）绞合节距　线沿绞线轴线一周所线平面前进的距离称为绞合节距；节距与绞线直径之比称为节径比或实用节距倍数；节距与绞线节圆外径之比称为理论节径（距）倍数，用 m'表示。绞线实际外径与节圆外径如图 1-2 所示。

$$m = h/D \tag{1-1}$$

式中　m——节径比或实用节径（距）比；

h——节距（mm）；

D——绞线外径（mm）。

$$m' = h/D' \tag{1-2}$$

式中　m'——节径比或理论节径（距）比；

D'——绞线节圆外径（mm）。

$$D = D' + d \tag{1-3}$$

式中　D——绞线外径（mm）；

D'——绞线节圆外径（mm）；

d——单线外径（mm）。

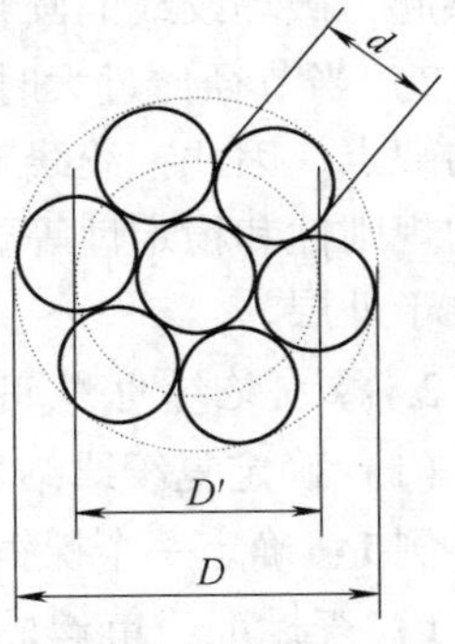

图 1-2　绞线实际外径与节圆外径

（2）绞入系数、绞入率、螺旋线升角　绞入系数是指绞线在一个绞合节距内，单线实际长度与绞线节距之比，即

$$k = L/h \tag{1-4}$$

式中　k——绞入系数；

L——绞线中每一节距长度单线展开校直后的长度（mm）。

在绞线中常采用平均绞入系数，其数值为

$$k_m = \frac{n_0 k_0 + n_1 k_1 + n_2 k_2 + \cdots + n_n k_n}{n_0 + n_1 + n_2 + \cdots + n_n} \tag{1-5}$$

式中　k_m——平均绞入系数；

$n_0 \sim n_n$——各层单线根数；

$k_0 \sim k_n$——各层绞入系数。

绞入率是指一个节距内，单线实际长度和绞线节距的差值与绞线节距之比，即

$$\lambda = \frac{L-h}{h} \tag{1-6}$$

式中　λ——绞入率。

绞线中单线走向与绞线径向所形成的夹角称为绞线的螺旋线升角，如图 1-3 所示。

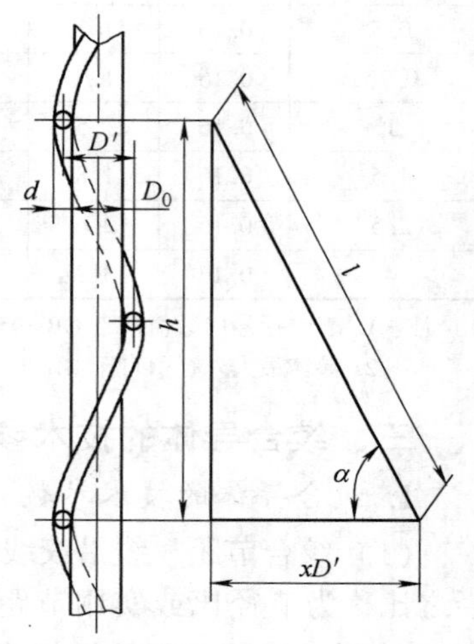

图 1-3　绞线中单线形成的螺旋线升角

螺旋线升角和绞线的节距有关，即

$$\tan\alpha = h/[\pi(D-d)] = m'/\pi \tag{1-7}$$

式中　α——螺旋线升角（°）；

d——单线直径（mm）。

（3）技术参数对绞线质量的影响

1）若节径比小，则绞线比较柔软，绞合紧密，生产效率低，且由于绞入率增大，材料消耗增大，绞线单位重量也增大，同时降低了绞线的电导率，因为电流主要沿单线流通，特别是当单线表面电阻较大时，影响更大。另外我们知道，单线在绞线横截面上不是正圆，它的长轴随节距倍数的增大而加大，如果节距倍数过小，会造成个别单线拱起，破坏绞线的圆整性和稳定性。

2）当节径比过大时，制造和使用时容易松股，使绞合不紧密，但是避免了节距过小造成的缺点。因此，绞线节距倍数的确定，要综合考虑绞线的柔软性、生产效率、电导率、结构的规则性和稳定性等要求。绞线的节径比在相应的生产工艺文件中各有规定，内层节径比均大于外层。

2. 橡皮绝缘电缆用复绞线导体结构计算

（1）确定复绞线结构的方法

例 1：确定一个裸铜 6mm^{2}第 5 种导体结构。

1）查标准：单丝最大直径 0.31mm（计算时取 0.30mm），直流电阻值 3.30Ω/km。

2）确定导体的设计截面积。

$$A = \frac{\rho_{20}}{R_{20}} k_1 k_2 k_3 \tag{1-8}$$

式中　A——线芯截面积（mm^2）；

ρ_{20}——20℃时线芯材料的电阻率（Ω · mm^2/m）；

R_{20}——20℃时线芯材料的直流电阻（Ω/m）；

k_1、k_2、k_3——导体加工中对电阻的影响因素。

k 值的确定：

k_1——考虑单根导线加工引起电阻率增加所引入的系数（1.02～1.12），与导线直径大小、金属种类、表面是否有涂层等有关（≈1.04）。

k_2——考虑多根导线绞合使单线长度增加所引入的系数（1.00～1.04）。实芯 $k_2=1$，紧压绞合线芯 $k_2=1.02$（200mm² 以下）～1.03（250mm² 以上），非紧压绞合线芯 $k_2=1.03$（4 层及以下）～1.04（4 层以上）。

k_3——考虑成缆绞合使线芯长度增加所引入的系数（≈1.03）。

计算导体的设计截面积。

$$A=\frac{0.017241}{3.30\times10^{-3}}\times1.04\times1.03\times1.03$$
$$=5.764(\mathrm{mm}^2)$$

3）确定导体的组成根数。

$$A=\frac{\pi d^2}{4}nk_{\mathrm{m}} \tag{1-9}$$

式中　d——单丝直径（mm）；

n——绞线的单丝根数；

k_{m}——绞线的平均绞入系数（复绞线一般取 1.015）。

计算组成绞线的根数 n。

$$n=\frac{4A}{\pi d^2k_{\mathrm{m}}}=\frac{4\times5.764}{3.14\times0.30^2\times1.015}\approx81$$

4）确定导体的绞合结构

束线根数：总根数/股数。

股数：按正规绞合方式确定，一般为 1+6、3+9，5+11，本结构取 7。

束线根数为：81/7=11.6，取 12 根。

确定复绞线结构为：7/12/0.30（84/0.30）。

经工艺验证后即可确定。

（2）计算复绞线的外径及结构用量

1）束线外径的计算。束线过程中单线都是同方向不分层一次绞合而成的，在线束中单线的相对位置不固定，排列不规则，线束的外形不一定是正圆，单线间紧密相接，束线的外径比同样根数的普通绞线略小，一般取近似计算公式

$$D_{束}=kD_{绞} \tag{1-10}$$
$$k=0.991\sim1.0$$

也可按表 1-8 中的公式（选自电缆手册）计算束线的最小外径。

表 1-8　束线的最小外径计算公式

相当于绞线中心层的单线根数	束线最小外径/mm	公式编号
1，6	$1.18\sqrt{z}\,d$	(1-11)
2	$1.17\sqrt{z}\,d$	(1-12)
3，4，5	$1.154\sqrt{z}\,d$	(1-13)

注：z——单线总根数；d——单线直径（mm）。

当束线的中心为单根导线时，束线外径也可按下式计算

$$D_{束} = \sqrt{\frac{4z-1}{3}}d \tag{1-11}$$

例 2：计算上题中的复绞线外径。

$$D_{束} = 1.154 \times \sqrt{12} \times 0.30 = 1.20(\mathrm{mm})$$

2）复绞线外径的计算。按普通正规绞合绞线外径计算，普通正规绞合绞线外径见表 1-9。

表 1-9　普通正规绞合绞线外径

中心层根数	结构数据	绞线层数						
		中心层	1	2	3	4	5	6
1	各层的单线根数	1	6	12	18	24	30	36
	绞线总根数	1	7	19	37	61	91	127
	绞线外径 D/mm	$1d$	$3d$	$5d$	$7d$	$9d$	$11d$	$13d$
2	各层的单线根数	2	8	14	20	26	32	38
	绞线总根数	2	10	24	44	70	102	140
	绞线外径 D/mm	$2d$	$4d$	$6d$	$8d$	$10d$	$12d$	$14d$
3	各层的单线根数	3	9	15	21	27	33	39
	绞线总根数	3	12	27	48	75	108	147
	绞线外径 D/mm	$2.15d$	$4.15d$	$6.15d$	$8.15d$	$10.15d$	$12.15d$	$14.15d$
4	各层的单线根数	4	10	16	22	28	34	40
	绞线总根数	4	14	30	52	80	114	154
	绞线外径 D/mm	$2.4d$	$4.4d$	$6.4d$	$8.4d$	$10.4d$	$12.4d$	$14.4d$
5	各层的单线根数	5	11	17	23	29	35	41
	绞线总根数	5	16	33	56	85	120	161
	绞线外径 D/mm	$2.7d$	$4.7d$	$6.7d$	$8.7d$	$10.7d$	$12.7d$	$14.7d$
6	各层的单线根数	6	12	18	24	30	36	42
	绞线总根数	6	18	36	60	90	126	168
	绞线外径 D/mm	$3d$	$5d$	$7d$	$9d$	$11d$	$13d$	$15d$

查结构计算复绞线外径，为

$$D_{复绞} = 3 \times 1.20 = 3.60(\mathrm{mm})$$

3）复绞线结构用量计算。

例 3：计算上题中的复绞线结构用量。

$$W = \frac{\pi}{4}d^2 n\rho k_{\mathrm{m}} \tag{1-12}$$

式中　W——绞线的单位长度质量（kg/km）；

ρ——绞线材质的密度（g/cm^3）；

d——单丝外径（mm）；

n——绞线总根数；

k_{m}——绞线的平均绞入系数。

计算绞线的结构用量。

$$W=\frac{3.14}{4}\times0.30^2\times84\times8.89\times1.015=53.55(\text{kg/km})$$

思　考　题

1. 橡皮绝缘电缆一般采用何种导体形式？
2. 橡皮绝缘电缆的导体有何特性要求？结构特点体现在哪些方面？
3. 确定 16mm^2 复绞线第 5 种裸铜导体的结构并计算其外径及结构用量。

◇◇◇ 第二节　橡皮绝缘结构与材料

包在导体外面防止电流径向泄漏即起绝缘作用的橡皮层称为绝缘层。绝缘层是电线电缆的主要组成部分，可保证产品具有良好的电气性能，其结构和质量直接影响着电缆的使用寿命。

一、绝缘层结构设计

绝缘层的设计包括绝缘材料和结构（挤包型、绕包型、组合型）的选择，以及绝缘层厚度的确定，此外还必须确定加工工艺方法等。

1. 绝缘材料的选择原则

根据产品的使用条件来选择绝缘材料时必须考虑以下几方面。

（1）按性能要求选择材料　电气性能是选择材料首先要考虑的因素，因为绝缘层的主要作用就是电绝缘，但产品的电绝缘是指产品在足够长的使用期间内，在受热、机械应力及其他因素致使绝缘老化，以及各种使用条件（例如拉伸、弯曲、扭绞）的情况下，仍须保证电性能不降低到产品所要求的最低指标的要求。因此，必须考虑材料的其他有关性能，以保证产品的电气性能。最后判断产品能否继续使用的指标，仍然是以电气性能为主。

对于绝大多数橡皮绝缘电线电缆来说，产品的工作电压不太高，同时橡皮作为一种有机材料，其耐热等级、热变形和长期热老化往往是选择绝缘材料最重要的因素。

绝缘材料的力学性能（抗拉强度、断后伸长率及柔软性）同样是重要的因素。对某些机械应力破坏较突出的场合所应用的产品，机械应力主要由护套来承受，但绝缘材料也应具有足够的机械强度。

（2）材料的经济性和来源　在满足性能要求的前提下，应该尽量采用国内能大量生产的廉价材料，同时要充分贯彻有关材料的经济政策，例如以合成材料代替天然材料，节约棉麻丝绸，以塑料作为铅的代用品等。

（3）工艺上的方便与可能性　使其易于生产。

（4）护套结构与材料　对于有护套结构的产品，绝缘材料的选择应结合护套结构与材料来考虑。例如有护套的产品，对绝缘的机械强度要求可略微降低。反之，有的绝缘材料机械强度较差，就应适当增加护套的厚度。

2. 绝缘层厚度的确定

从电压等级来讲，电压越高，绝缘层越厚。对于高压产品，绝缘层厚度主要根据电性能要求来进行设计，同时在结构上还应考虑均匀内外电场的半导电层的设计。

对于低压电气装备用电线电缆，在绝缘材料选定之后，确定绝缘层厚度时，电性能一般

不是主要的考虑因素，而是以力学性能为主，一般应考虑下列几点。

（1）按力学性能来确定绝缘层厚度　产品在制造、安装敷设或使用中，会受到弯曲和拉力等，这样绝缘层会受到拉、压、弯、扭、剪切等机械应力的作用。而导线截面的大小对这些应力的数值影响很大。截面越大，弯曲应力越大，自重也大。因此在每一产品中，绝缘层厚度总是随着导电线芯截面的增大而增加的。为了方便，适当将其分成几档。

对低压产品来说，绝缘层在满足了力学性能的要求后，电性能也应相应得到满足。当产品的电压等级提高时，绝缘层厚度适当增加。如1kV级矿用电缆的绝缘层比500V级的要稍厚一些。

导电线芯的柔软度与绝缘层厚度的确定也有关系，柔软的导电线芯，弯曲时应力小些，但因为柔软型的产品均用于经常移动弯曲的场合，因此一般不再减薄绝缘层厚度。

材料的力学性能较好，就可适当减薄绝缘层厚度。

（2）绝缘层的最薄厚度　应考虑到两方面的因素：一是工艺上的可能性；二是长期老化因素。同样的材料，绝缘层薄，则老化损坏快些，一般最薄的橡皮绝缘电线绝缘层，厚度不小于0.3mm。

（3）同样电压等级而有护套结构的产品　从电性能角度考虑，绝缘层厚度可以相应减薄些，但考虑到某些产品经常移动，对安全性要求较高，实际上并不一定减薄。

（4）对安全性要求特别高的产品　可适当加厚绝缘层厚度。

目前，各类产品绝缘层厚度具体数值的确定，主要是据实际数据和试验数据，在这些数据基础上，可以做出有关的经验计算公式。

3. 绝缘结构考核指标的规定

（1）标称厚度　标准或技术规范中规定的厚度。

（2）最小厚度　一般要求不小于标准厚度的90% -0.1mm。

（3）平均厚度　通常指包含最薄点在内的6点平均值，一般要求不小于标称厚度值。

（4）偏心度　最大厚度与最小厚度之差与最大厚度的比值。

（5）绝缘线芯不圆度　测量截面处最大外径与最小外径之差。

上述具体指标的测量要求及考核要求按具体产品标准执行。

二、绝缘用橡皮材料

绝缘用橡皮的性能和质量对电线电缆的使用性能影响极大。绝缘橡皮应具有较好的电绝缘性能，物理力学性能和老化性能。国家标准GB 7594—1987《电线电缆橡皮绝缘和橡皮护套》规定了四类绝缘橡皮型号，绝缘橡皮性能符合表1-10的要求。

这里特别提醒注意：取决于混合胶组分的技术要求由材料标准中规定的型号及性能考核。某些产品标准不采用GB 7594—1987中规定的橡皮型号，要按照具体产品标准中规定的型号及性能要求对绝缘结构性能进行考核。

表1-10　绝缘橡皮性能要求

序号	项　目	单　位	技术要求			
			XJ-00	XJ-10	XJ-30	XJ-80
1	老化前试样					
1.1	抗拉强度，中间值，最小	MPa	5.0	5.0	4.2	5.0

（续）

序号	项　　目	单　　位	技术要求			
			XJ-00	XJ-10	XJ-30	XJ-80
1.2	断裂伸长率：中间值，最小	%	250	250	200	150
2	空气箱热老化试验					
2.1	老化条件：					
2.1.1	温度	℃	75 ±2	80 ±2	135 ±2	200 ±2
2.1.2	时间	h	10 ×24	10 ×24	7 ×24	10 ×24
2.2	老化后抗拉强度：					
2.2.1	中间值，最小	MPa	4.2	4.2	—	4.0
2.2.2	最大变化率	%	±25	±25	±30	
2.3	老化后断裂伸长率：					
2.3.1	中间值，最小	%	250	250	—	120
2.3.2	最大变化率	%	±35	±35	±30	—
3	热延伸试验					
3.1	试验条件					
3.1.1	温度	℃	200 ±3	200 ±3	250 ±3	200 ±3
3.1.2	载荷时间	min	15	15	15	15
3.1.3	机械应力	N/cm^2	20	20	20	20
3.2	载荷下断裂伸长率：最大	%	175	175	175	175
3.3	冷却后永久变形，最大	%	25	20	15	25
4	适用的导体长期工作温度	℃	65	70	90	180

思考题

1. 橡皮绝缘材料的选择依据是什么？
2. 确定橡皮绝缘电缆绝缘层厚度主要考虑哪些因素？
3. 目前绝缘橡皮的国家标准是哪个？规定了哪些绝缘橡皮型号？
4. 产品绝缘结构所考核的指标主要有哪些？

◇◇◇ 第三节　缆芯结构及填充包带材料

一、橡皮绝缘电缆的成缆及要求

成缆的定义：将多根绝缘线芯按一定规则绞合在一起的工艺过程称为成缆（绝缘线芯的标志采用分色或打号）。

成缆的目的：满足使用中对多芯的要求；多芯经成缆后，线芯结构稳定；增加电缆的柔软性。

成缆方向：橡皮绝缘电缆成缆最外层方向为右向，多层成缆时为了结构稳定，大多是相邻层成缆方向相反；有时为了增加电缆的柔软性而采用内、外层同向成缆。

橡皮绝缘电缆因使用中柔软性及弯曲性的要求，必须采用带退扭机构的成缆机进行成缆。所谓退扭是指借助退扭装置始终使放线盘处于水平摆放状态，单线或绝缘线芯不发生扭转，成缆后，线芯没有回弹应力。笼式成缆机、弓形成缆机及盘绞式成缆机是橡皮绝缘电缆成缆常采用的设备。

二、橡皮绝缘电缆的填充结构与材料

多芯电缆成缆后，在各绝缘线芯间必然会有很大的空隙。为了使成缆外径相对圆整以利于包带、挤护套，也为了使电缆结构稳定、内部结实，必须在空隙中填充材料。填充虽是一种辅助结构，但也是必要的，特别对导线截面大的电缆。

多芯移动式橡套电缆成缆后的填充，一般只填中心部位，外侧的几个间隙一般是挤橡套时直接嵌入。其原因是橡套电缆成缆后一般不加包带，也不会采用硬的铠装层，而橡皮比塑料要柔软有弹性。中心填充可采用橡皮条、麻绳或合成纤维条。但矿用电缆因要承受很大的挤压或冲击力，对中心填充的要求很高，填充条的形状要满足不同芯数的填充紧密性要求，性能也要能满足产品承受机械破坏的要求。

填充材料有黄麻、棉纱、橡皮条等，主要要求是要采用非吸湿材料，且对绝缘材料无影响（指不起化学反应），价廉等。

三、橡皮绝缘电缆包带结构及材料

橡皮绝缘电缆的导体外、绝缘线芯外、缆芯外都可以选择包带材料，其作用一是隔离不同材料，避免有害影响；二是使结构圆整，保证挤包层质量。因橡皮挤包层要经过高温硫化，所用包带材料一般要求耐高温作用，结构及性能基本稳定。导体外常用的包带材料有聚酯带、轻型无纺布等，缆芯外常用的包带材料有挂胶布、无纺布等。

四、成缆外径计算

1. 橡皮绝缘电缆成缆节径比的规定

橡皮绝缘电缆因其柔软性的要求，在产品标准中对成缆节径比一般都有严格规定。通用橡套电缆绝缘线芯成缆节径比一般为12～14；矿用电缆绝缘线芯成缆节径比一般为5～14。

2. 绞入系数

由节径比可确定成缆的绞入系数，成缆前要准备长度相宜的绝缘线芯。

3. 成缆外径

（1）等圆电缆芯外径　计算方法可参照普通正规绞线外径。

（2）不等圆绝缘线芯　电缆通常为两大一小，或三大一小绝缘线芯，常用于移动式橡套电缆或中性点接地电力电缆，四大一小及三大二小线芯也有应用。

1）两大一小圆绝缘线芯成缆外径的计算。

$$D = ad_1 \tag{1-13}$$

其中　$a = f(b)$

$$a = \frac{b(b+1+\sqrt{b^2+2b})}{b-1+\sqrt{b^2+2b}} \tag{1-14}$$

$$b = d_2/d_1$$

式中　D——缆芯直径（mm）；

d_1——工作线芯直径（mm）；

d_2——中性线芯直径（mm）；

a 和 b 部分对应值见表1-11。

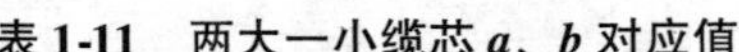

表 1-11　两大一小缆芯 *a*、*b* 对应值

b	0.70	0.75	0.80	0.85	0.90	0.95	1.0
a	2.002	2.015	2.035	2.0558	2.088	2.120	2.1547

2）三大一小圆绝缘线芯成缆外径的计算

$$D = ad_1 \tag{1-15}$$

其中　$a = f(b)$

$$b = \frac{a^3 - 2a^2}{a^2 - a - 1} \tag{1-16}$$

$$b = d_2/d_1$$

式中　d_1—— 工作线芯直径（mm）；

d_2——中性线芯直径（mm）。

a 和 b 部分对应值见表 1-12。

表 1-12　三大一小缆芯 *a*、*b* 对应值

b	0.367	0.4834	0.590	0.698	0.797	0.8897	0.976	1.0
a	2.100	2.155	2.200	2.250	2.300	2.350	2.400	2.414

3）不等圆绝缘线芯成缆外径的近似计算

$$D = \frac{d_1 n_1 + d_2 n_2}{n_1 + n_2} k_{(n_1+n_2)} \tag{1-17}$$

式中　D——成缆直径（mm）；

d_1——大线芯直径（mm）；

d_2——小线芯直径（mm）；

n_1——大线芯根数；

n_2——小线芯根数；

$k_{(n_1+n_2)}$——成缆外径系数（$k_3 \approx 2.15$，$k_4 \approx 2.42$，$k_5 \approx 2.70$，$k_6 \approx 3$）。

思　考　题

1. 橡皮绝缘电缆的缆芯结构有什么特点？
2. 如果 YCW 圆形绝缘线芯三芯成缆直径为 10mm，求成缆节距应在什么范围？（通用橡套绝缘线芯成缆节径比为 12 ~ 14。）
3. 三芯绝缘，绝缘线芯外径为 10mm，计算其 D，D'？若规定 m 为 12，m'为多少？绞入系数为多少？
4. 橡皮绝缘电缆结构中的填充结构有什么作用？一般采用什么类型的材料？
5. 如何保证不同芯数橡皮多芯电缆中心填充密实？
6. 橡皮绝缘电缆结构中能否采用塑料填充条？说明原因？

◇◇◇ 第四节　护套结构与材料

绝缘线芯或成缆线芯外面的保护覆盖层称为电缆的护层，而在护层外面的保护覆盖层则称为外护层。护层的作用主要是保护绝缘层的，它的作用是防潮、防油、防日光老化、耐燃以及机械保护。外护层的作用主要是加强对电缆的机械保护作用，它承受拉力、磕碰，还有

防电磁干扰等作用。

一、电线电缆的护套层结构

凡是电线电缆产品，导体（包括光导纤维）和绝缘层两个构件是必不可少的；架空导线之类的裸导线（体），虽然本身没有绝缘层，但必须架设在导线架上并加上绝缘支撑才能工作，即其绝缘层是由用户安装时加以保证的。但护层这个构件却不是所有电线电缆产品所必需的，通常以下两种情况下的产品不必有护层结构：一是在良好环境下工作，不可能或很少会受到外界破坏的产品，如安装在仪器仪表、电动机电器内的各种绝缘电线、漆包线、绕包线、穿管或墙内固定敷设的绝缘布线等；二是虽与外界接触，但可能受到的外界破坏因素不很严重，而电线电缆所用的绝缘材料自身具有一定的对机械破坏或化学物质侵蚀的抵御能力，如户内使用或居民区沿墙敷设的绝缘电线。这些产品品种不多，但生产量极大（以长度计）。

上述各种产品如漆包线、绕包线，也备有有护套的品种，使其适用于较重要的线路、环境较差（如浴室、厨房）的场合，或是安装在设备内部易被其他零件刮伤的场合。

护层是保护电缆整体，核心是保护电缆绝缘层的构件。由于使用环境、使用条件和用户提出的要求千变万化，护层结构的类型、形式以及性能要求也是多种多样的。其性能要求概括起来可分为三类：一是要对外部气候条件，偶尔出现的机械力进行防护，以及要求进行一般密封保护（如防止水汽、有害气体侵入）的一般护层（套）；二是敷设在地下、水中、竖井内，经常会遭遇较大机械外力或承受电缆自重的，必须有金属铠装层的护层结构；三是有特殊要求的护层结构。

电线电缆的护层结构总体上分为内护层（套）和外护层两大部分。内护层的结构比较简单，而外护层则包括了金属铠装层及其内部的衬垫层（防止铠装层伤害内护层）和保护铠装层的外护套等。

对于多种有特殊要求的电缆，如要求阻燃、耐火、防昆虫（白蚁）、防动物（鼠啮、鸟啄）等，多数是在外护套中加入各种化学药品加以解决，少数则必须在外护层结构中增加必要的构件。

电线电缆产品的常用护套结构类型见表 1-13。

表 1-13　常用电线电缆护套结构类型

<table>
<tr><th colspan="2">结构类型</th><th>结构特征、特性与应用</th><th>常用材料</th></tr>
<tr><td rowspan="2">橡塑挤包护套</td><td>塑料护套</td><td>（1）结构特征是挤包型。护套厚度根据材料性能按挤护套前缆芯直径而定，当用于无铠装外护层结构的产品时，按外护套要求定
（2）为满足某些使用上的要求，无外护层结构的产品也有采用双护套结构的。如在聚氯乙烯护套外挤一薄层尼龙护套，以提高护套的光滑性和耐磨性；在聚乙烯套外再挤一层聚氯乙烯护套，以改善耐环境老化性和不延燃性等
（3）塑料护套挤包工艺简单、方便，较柔软，颜色多样，适合细小直径到很大直径，以及圆形、扁平形外形的各种产品。其生产速度快，是采用最多的一种结构</td><td>聚氯乙烯、聚乙烯及其他聚烯烃类。少量采用尼龙或聚四氟乙烯类材料和丁腈复合物</td></tr>
<tr><td>橡皮护套</td><td>（1）同塑料护套（1）
（2）由于橡套仅用于橡皮绝缘类产品，因此采用的品种比塑料护套类少
（3）由于橡套类产品要求柔软，且移动式使用的品种较多，因此除橡皮绝缘电缆和测井电缆、部分船用电缆外，一般较少用铠装外护层，因此橡套是常用的一般护层
（4）矿用电缆与重型橡套电缆因工作场合恶劣，易受外力损害，因此其护套厚度是线缆产品中最厚的</td><td>天然-丁苯橡皮、氯丁橡胶、氯磺化聚乙烯、氯化聚乙烯、丁腈橡胶、硅橡胶和其他聚烯烃</td></tr>
</table>

（续）

结构类型		结构特征、特性与应用	常用材料
金属护套	铅套	（1）是热压型密封铅护套，以铅锭形式供应，熔化成液态后热压挤出 （2）铅护套具有密封性、柔软性、耐蚀性、加工工艺性和接触性好等特点，因此早期大量应用于油纸绝缘电力电缆、充油电缆、纸绝缘通信电缆和橡皮电力电缆、橡皮绝缘电线等。但因其抗张性、耐蠕变性、耐振动性、抗压性等较差；且密度大、成本高，现只有少数品种采用（如油纸绝缘电力电缆）	纯铅、铅锑铜合金、铅锑锡铜合金
	平铝套 皱纹铝套 焊接皱纹铝套	（1）平铝套是热压挤出护套，是将铝锭加热到半流动态，以很大的压力挤包在缆芯外，但其不易弯曲，现大量被皱纹铝套取代 （2）铝套的抗张性、耐蠕变性、耐振动性、抗压性好，密度小，护套的屏蔽性、导电性、防雷性好，因此已大量取代铅护套 （3）热压型皱纹铝护套是通过专门的热压模具，使铝套沿纵向每一间距形成一个凸缘，称为皱纹，目的是使电缆便于弯曲 （4）热压铝套或热压皱纹铝套必须有贵重的专用压铝机，也可采用铝带纵包、焊接、再轧纹的焊接皱纹铝套	一号铝、铝带
组合护层	铝-塑组合 铝塑复合带组合 铝-钢-塑组合	（1）铝-塑组合护层是将薄铝带（0.02mm 及以下）纵向包覆或径向绕包，涂以防蚀涂料（如沥青）后再挤包聚乙烯护套组成的。铝塑复合带是在铝带表面涂敷上聚乙烯等塑料，将此复合带纵向包覆在缆芯外，接缝处搭盖，外面挤聚乙烯护套，利用挤出温度和压力，使接缝处涂料熔融黏合。铝-钢-塑组合是在铝带包覆外再纵包钢带，经焊缝、轧纹后，再挤聚乙烯护套 （2）组合护套层结构较轻，密封性比橡塑护套好，而且耐张性强，因此主要用于缆芯直径较大但自重较轻的产品，如通信电缆作为内护层用。目前采用最广泛的是铝塑复合带组合护层	铝带 钢带 铝塑复合带 聚乙烯
纤维编织护层	纤维编织护层 纤维编织涂蜡护层	（1）一种是纤维编织，一种是编织层经涂蜡（系各种涂料经烘干后，呈光滑并有些显光，习惯称“蜡”）再经烘干后制成，均为轻型护层 （2）纤维编织护层主要用于户内电灯、电器连接线，以及电器内安装线，对绝缘起一般保护作用。环境较苛刻的场合，按耐温、耐油等要求，采用各种涂料，如航空导线、热工系统用线等	棉纱 玻璃纤维 合成纤维 固化型涂料

电线电缆产品的技术发展进入了组合时代。根据橡皮绝缘电缆使用环境及功能的不同要求，护套结构不仅仅采用橡皮护套的形式，橡塑护套、金属护套及各类组合护套的应用，在产品功能的体现方面也具有重要的意义。橡塑护套的组合原则是热塑性材料不能在热固性材料内；软电缆的金属护套形式一般采用细金属丝编织的方式，以保证产品的弯曲要求。

橡皮护套材料根据使用要求、材料来源、经济性及工艺条件等因素选定后，护套厚度的确定主要取决于机械因素，同时也应考虑长期环境老化和材料透湿性的影响。这些影响因素主要与产品的外径和导线截面等有关，因此护套厚度主要与产品的外径和导线截面等有关，护套厚度一般除了随导电线芯截面增大而加厚外，多芯电缆还与产品成缆后的直径有很大的关系。因此在各产品标准中规定，护套厚度主要取决于挤包护套前电线电缆的缆芯假定直径。

护套的厚度按承受机械外力的能力分为三类。

（1）轻型护套：轻型护套要求柔软，其对耐磨和机械冲击性能的要求不高，如轻型通用橡套软电缆，橡皮、塑料绝缘和护套电线及软线。对于因为要求外径小而希望护套特别薄的产品，则采用尼龙护套（厚度为 0.12～0.25mm）。

（2）中型护套：中型护套要求有一定的柔软性，同时要求有一定的抗机械应力、耐磨等特性，这种护套结构适用范围最广，如中型通用橡套软电缆、大部分船用电缆、油矿电缆、控制信号电缆等产品。

(3) 重型护套：重型护套的电缆仍要求具有能经常移动的柔软性，而且具有很强的承受机械外力（如严重的摩擦、冲击力、挤压以及撕裂性外力等）的能力。这类产品有重型橡套软电缆和矿用橡套软电缆。

(4) 对于有耐油性要求的护层，常选用适合的材料（如丁腈、氯磺化聚乙烯等）来提高产品的耐油性。此外，也采用改变材料配方或共混改性等方法，来改善电缆的耐寒、耐日光等性能。

二、橡皮绝缘电线电缆护套用橡皮性能要求

电缆的橡皮护套用于保护电缆绝缘层免受各种机械外力的作用，同时免受光、水分、油类、化学腐蚀剂等的老化作用和化学腐蚀，因此护套橡皮的技术性能指标和质量要求是很高的。表 1-14 列出了国家标准 GB 7954—1987 中对护套用橡皮性能的基本要求。

表 1-14　护套用橡皮性能

序号	项　目	单位	技术要求					
			XH-00A	XH-01A	XH-02A	XH-03A	XH-21A	XH-31A
1	老化前试样							
1.1	抗拉强度，中间值，最小	MPa	7.0	10.0	12.0	11.0	10.0	10.0
1.2	断裂伸长率，中间值，最小	%	300	300	300	250	300	250
2	空气箱热老化							
2.1	老化条件：温度	℃	75±2	75±2	75±2	75±2	100±2	120±2
	时间	h	10×24	10×24	10×24	10×24	7×24	7×24
2.2	老化后抗拉强度，中间值，最小	MPa						
	最大，变化率	%	±20	-15	±20	-15	±30	±30
2.3	老化后断裂伸长率，中间值，最小	%	250	250	250	200	250	—
	最大，变化率	%	±20	-25	±20	-25	±40	-40
3	热延伸试验							
3.1	试验条件：空气温度	℃	200±3	200±3	200±3	200±3	200±3	200±3
	载荷时间	min	15	15	15	15	15	15
	机械应力	N/cm^2	20	20	20	20	20	20
3.2	载荷下伸长率，最大	%	175	175	175	175	175	175
3.3	冷却后永久变形，最大	%	25	25	25	25	15	15
4	浸油试验							
4.1	试验条件 油液温度	℃	—	100±2	—	100±2	100±2	100±2
	浸油时间	h	—	24	—	24	—	24
4.2	浸油后抗张强度，变化率，最大	%	—	±40	20	-40	±40	-40
	浸油后的断后伸长率，变化率，最小	%	—	±40	90	-40	±40	-40
5	抗撕强度中间值，最小	N/mm	—	—	—	5.0	—	—
6	适用的导体工作温度	℃	65	65	65	65	85	90

思　考　题

1. 橡皮护套形式按受机械作用的不同，分为哪几种类型？各自特点体现在哪些方面？

2. 确定橡皮护套厚度的主要依据是什么？

3. 橡皮绝缘电缆根据作用及功能不同，可能有哪些护套形式？请选择一种组合，并说明这种护套的特点。

4. 护套用橡皮的国家技术标准是哪个？规定了哪些护套用橡皮型号？

◇◇◇ 第五节 屏蔽结构与材料

一、屏蔽结构概述

在电线电缆产品中所采用的屏蔽层，实际上有两种完全不同的概念：一种是传输高频电磁波（如射频、电子线缆）或微弱电流（如信号、计测用线缆）的电线电缆，是为了阻拦外界电磁波的干扰，或是防止电线电缆中的高频信号对外界产生干扰，以及线对之间的相互干扰而设置的结构，可称为电磁屏蔽；另一种是中高压电力电缆等为了均衡导线表面或绝缘层表面的电场而设置的结构，可称为电场屏蔽。严格说来，电场屏蔽层没有要求“屏蔽”的作用，仅是电场均衡层，但这种称呼已习惯，成为约定俗成的名词。

二、电磁屏蔽的结构与材料

1. 屏蔽层的作用

屏蔽层对来自外部的干扰电磁波和内部产生的电磁波起着三方面的作用，即吸收能量（涡流损耗）、反射能量（电磁波在屏蔽层的界面反射）和抵消能量（电磁感应在屏蔽层上产生反向的电磁场，能抵消部分干扰电磁波的作用），从而起到减弱干扰的功能。

屏蔽层的效果与电磁波的频率有关，频率越高，屏蔽效果越好。对于处于高压架空导线下需要屏蔽层的电线电缆，因受到工频电流产生的低频电磁场的干扰，屏蔽结构最为复杂。

2. 屏蔽结构类型

（1）铜带屏蔽　将软铜带搭盖式绕包于多芯电缆的成缆芯线外，铜带厚度取决于成缆前直径和电缆自重。

（2）铜丝编织屏蔽　即将软的细铜丝（也可镀锡）编织在绝缘线芯、线对或成缆芯线外，编织密度（覆盖率）为50%～90%。编织屏蔽结构稳定、成品弯曲性好、省料，缺点是编织速度太慢，影响了它的应用范围。

（3）金属复合薄膜绕包屏蔽　以铝塑、铜塑或钢或钢塑复合薄膜搭盖绕包或纵向搭盖于成缆芯线外，其覆盖率大（可达100%），屏蔽效果好，在市内通信电缆等中广泛采用。

（4）综合屏蔽结构　即不同形式屏蔽结构的综合应用。如铜带绕包加一衬垫后再包一层薄层软钢带，铜带是非磁性材料而钢带为磁性材料，两者组合能屏蔽多种电磁波（高频、低频、强磁性电磁波等）。另一种是包上铝箔后纵向放置1～4根细铜丝，铜丝的作用是增加屏蔽的传导作用，此种轻型结构常用于要求柔软的电线电缆。

（5）分屏加总屏结构　即将一根、一组或每个线对单独用铝箔或铜丝编织屏蔽，多线芯组成缆后再加总屏蔽的结构，适用于要求线对或分级线芯之间相互屏蔽的电线电缆。

（6）其他　由于使用要求的发展，屏蔽结构还在发展中。例如用细铜丝（直径小于0.1mm）或扁平铜丝密绕的屏蔽层，用于屏蔽要求高的柔软电线（如音响、传声器线）。对于薄绝缘型的细直径电线，可采用在绝缘层表面镀铜的方式等。

3. 电磁屏蔽层用材料

电磁屏蔽层要采用高电导率的铜、铝材料制成的带、丝、箔以及涂塑复合材料。要求抗强磁性干扰的产品，应采用高导磁材料，如软的低碳钢带。

三、电场屏蔽的结构与材料

1. 电场屏蔽的结构

中压（一般指相电压在3.6kV及以上）电力电缆等产品，导线上的工作电场强度很高，但绞合导线表面总有局部的凸起和凹陷，会引起局部的气隙击穿（游离放电），使绝缘层局部开始损坏。为此在导线表面包上一薄层半导电材料来均匀电场，使其内部的凸起与凹陷气隙包在一个表面光滑、等直径、等（电）位面内，半导体材料与绝缘层能紧密接触，这就是半导电屏蔽层。

同样，紧贴绝缘层表面包上的一薄层半导电层也形成一个外等电位面，便于和外面的铜带屏蔽层接触处于同一电位。铜带屏蔽层的作用是在绝缘层外形成系统中的零电位。

可见，上述屏蔽层都是起电场均衡作用，这些结构的厚度不计入绝缘厚度中。

2. 电场屏蔽材料的类型

半导电层可以采用带材绕包，但近年来都采用与绝缘层相同基料并加入导电材料的挤包结构，使电场均衡的效果更好，同时尺寸小，可以用三个机组依次连续挤出。半导电材料的体积电阻应尽量小，一般不大于$10^2\Omega \cdot m$。外半导电层要易于剥离，便于制作电缆接头。

金属屏蔽层可采用铜带（厚度为0.10～0.12mm）搭盖绕包1～2层，或用铜丝绕包，或铜线编织构成。

思 考 题

1. 电缆屏蔽结构的功能有哪些？
2. 低压橡皮绝缘电缆中的屏蔽一般采用什么形式？其作用是什么？

第二章

常用橡皮绝缘电缆产品品种及标准要求

橡皮绝缘电线电缆是电线电缆中应用最广泛的一类产品，因此具有品种繁多、性能各异的特点。其按类别分大多属于电器装备用电线电缆类别；按照用途来分，主要有电力电缆、控制和信号电缆、船用电缆、矿用电缆、海上石油平台用电缆、航空用电线、汽车和拖拉机用电线、安装用电线、电器用软电线、电动机和电器引接电线、热电偶补偿电线及湿热带用电线电缆等。

随着科学技术的发展，橡皮绝缘电线电缆的品种还正在不断的开发中，故难以全部列出。应该指出，其产品品种、规格虽然繁多，但就其结构来说，有其共同的地方。它们主要由导电线芯、绝缘层、护套层、屏蔽层、铠装层、包带等结构组成。各种产品的结构不同，不同产品对结构元件的技术参数也有各自的特殊要求，但对生产工艺来说，有很多地方具有共性。下面将重点介绍国内电缆企业目前主要生产的产品品种及标准要求。

◇◇◇ 第一节　额定电压 450V/750V 及以下橡皮绝缘电缆

习惯所说的通用橡套软电缆，即属于此类产品，其技术要求由 GB/T 5013—2008/IEC 60245：2003 规定，JB/T 8735—2016 补充完善了国内常用型号及规格。

一、标准

GB/T 5013—2008/IEC 60245：2003，JB/T 8735—2016。

二、用途

适用于交流额定电压 450V/750V（U_0/U）及以下的动力装置。

三、生产资质

3C 认证。

四、型号及名称

1. GB/T 5013—2008/IEC 60245：2003 中的产品型号（见表 2-1）

表 2-1　GB/T 5013—2008/IEC 60245：2003 中的产品型号

序号	名　称	IEC 60245 型号	GB/T 5013 中的型号
1	导体最高温度 180℃的耐热硅橡胶绝缘电缆	60245IEC03	YG
2	导体最高温度 110℃、750V 硬导体耐热乙烯-乙酸乙烯酯橡皮绝缘单芯无护套电缆	60245IEC04	YYY
3	导体最高温度 110℃、750V 软导体耐热乙烯-乙酸乙烯酯橡皮绝缘单芯无护套电缆	60245IEC05	YRYY
4	导体最高温度 110℃、500V 硬导体耐热乙烯-乙酸乙烯酯橡皮或其他相当的合成弹性体绝缘单芯无护套电缆	60245IEC06	YYY

（续）

序号	名　称	IEC 60245 型号	GB/T 5013 中的型号
5	导体最高温度110℃、500V软导体耐热乙烯-乙酸乙烯酯橡皮或其他相当的合成弹性体绝缘单芯无护套电缆	60245IEC07	YRYY
6	普通强度橡套软线	60245IEC53	YZ
7	普通氯丁或其他相当的合成弹性体橡套软线	60245IEC57	YZW
8	装饰回路用氯丁或其他相当的合成弹性体橡套圆电缆，扁电缆	60245IEC58 60245IEC58f	YS YSB
9	重型氯丁或其他相当的合成弹性体橡套软电缆	60245IEC66	YCW
10	编织电梯电缆	60245IEC70	YTB
11	橡套电梯电缆	60245IEC74	YT
12	氯丁或其他相当的合成弹性体橡套电梯电缆	60245IEC75	YTF
13	高强度橡套电焊机电缆	60245IEC81	YH
14	氯丁或其他相当的合成弹性体橡套电焊机电缆	60245IEC82	YHF
15	橡皮绝缘和护套高柔软性电缆	60245IEC86	—
16	橡皮绝缘、交联聚氯乙烯护套高柔软性电缆	60245IEC87	—
17	交联聚氯乙烯绝缘和护套高柔软性电缆	60245IEC88	—
18	乙丙橡皮绝缘编织高柔软性电缆	60245IEC89	—

2. JB/T 8735—2016 标准中的常用型号及产品用途（见表2-2）

表2-2　JB/T 8735—2016标准中的常用型号及产品用途

序号	名　称	型　号	用　途
1	橡皮绝缘编织软电线	RE	适用于额定电压 U_0/U 为300V/300V及以下室内照明灯具、家用电器用的橡皮绝缘编织软电线
2	橡皮绝缘编织双绞软电线	RES	
3	橡皮绝缘橡皮护层总编织圆形软电线	REH	
4	轻型移动用橡套软电缆 户外用轻型移动用橡套软电缆	YQ YQW	要求有极好的柔软性，利于不定向多次弯曲，电缆本身不打扭，轻巧、外径小，一般不直接承受机械外力。用于家用电器电源线，仪器仪表电源线
5	中型移动用橡套软电缆 户外用中型移动用橡套软电缆	YZ YZW	应有足够的柔软性，以便移动、弯曲，能承受一般的机械外力。常用于各种农业电器化设备
6	中型橡皮扁形橡套软电缆	YZB YZWB	应有足够的柔软性，以便移动、弯曲，能承受一般的机械外力。用于各种移动电器设备和工具
7	重型移动用橡套软电缆 户外用重型移动用橡套软电缆	YC YCW	护套要厚特点，且要具有优良的力学性能、耐磨损性能和弹性，电缆仍要有一定的柔软性

五、通用橡套软电缆规格范围（见表2-3）

表2-3　通用橡套软电缆规格范围

型　号	规格/mm²						
	单芯	两芯	三芯	四芯	五芯	六芯	四芯（三大一小）
60245IEC53（YZ） 60245IEC57（YZW）	—	0.75～2.5				—	

（续）

型　号	规格/mm²						
	单芯	两芯	三芯	四芯	五芯	六芯	四芯（三大一小）
60245IEC66（YCW）	1.5~300	1.0~25	1.0~95	1.0~95	1.0~25	—	
YZ YZW	—	4~6				1.5~6	4~6
YC	1.5~300	1.5~95	1.5~100	1.5~95	1.5~25	—	2.5~120
YCW	—	35~95	120~150	—			2.5~120

六、通用橡套产品的结构特点

1. 导体

1）导体应为退火铜线，可以不镀锡或镀锡。镀锡铜线应覆盖一层有效的锡层。

2）软电缆采用 GB/T 3956—2008 中规定的第 5 种导体形式。

3）导体与绝缘层之间的隔离层：在不镀锡导体和绝缘层之间可以任选放置一层由合适材料组成的隔离带。

2. 绝缘橡皮型号

1）硅橡胶绝缘的电缆——IE2 型（G）。

2）乙烯-乙酸乙烯酯橡皮混合物或相当材料绝缘的电缆——IE3 型（YY）。

3）乙丙橡皮混合物或其他相当材料绝缘的电缆 IE4 型（E）。

4）交联聚氯乙烯 XP1 型（VJ）。

3. 绝缘结构要求

1）绝缘层应紧密地包覆在导体或隔离层上，绝缘层应能剥离，而又不损伤绝缘、导体或镀层。

2）绝缘层厚度的平均值应不小于产品标准，最薄点厚度不小于规定值的 90% -0.1mm。

3）绝缘线芯识别：五芯及以下用颜色识别；五芯以上电缆用颜色或数字识别（绿/黄双色—地线；浅蓝色—中性线）。绝缘色谱规定如下：两芯电缆：无优先选用色谱；三芯电缆：绿/黄色、浅蓝色、棕色或浅蓝色、黑色、棕色；四芯电缆：绿/黄色、浅蓝色、棕色、黑色或浅蓝色、黑色、棕色、黑色或棕色；五芯电缆：绿/黄色、浅蓝色、棕色、黑色、黑色或棕色或浅蓝色、黑色、棕色、黑色或棕色、黑色或棕色。

4. 填充

1）填充物可采用硫化或非硫化橡皮混合物，或天然或合成纤维，或纸。

2）填充物的组分与绝缘层和（或）护套之间不应产生有害的相互作用。

5. 护套橡皮型号

1）橡皮混合物护套电缆——SE3 型（省略）。

2）氯丁混合物或其他相当的合成弹性体护套材料——SE4 型（F）。

3）交联聚氯乙烯——SX1 型（VJ）。

6. 护套结构要求

1）护套应包覆在绝缘线芯或缆芯外面，护套下面允许绕包一层带子或薄膜，通用橡套软电缆系列护套可嵌入缆芯的间隙形成填充。

2）重型YCW型软电缆，截面积在10mm^{2}以上时可采用单层护套或双层护套，单层护套或双层护套的内套可嵌入成缆线芯之间的间隙而形成填充。

3）护套厚度的平均值应不小于标准中对应型号规格的规定值，任一测量点的最小厚度应不小于规定值的85% -0.1mm。

七、通用橡套产品成品检验项目及要求

1. 电缆成品验收的试验类型

(1) 例行试验（R） 由制造方在成品电缆的所有制造长度上进行的试验，以检验所有电缆是否符合规定要求。

(2) 抽样试验（S） 在成品电缆试样上或取自成品电缆的元件上进行的试验，以证明成品电缆产品符合设计规范。

(3) 型式试验（T） 指按一般的商业原则，对产品标准中规定的一种型号电缆在供货前进行的试验，以证明电缆具有良好的性能，能满足规定的使用要求。型式试验本质是，一旦进行这些试验后，不必重复，除非电缆材料或设计的改变会影响电缆性能。

(4) 确认检验（S） 指中国电气电子产品类强制性认证（3C）实施规则中对取证产品规定的检验内容，以证明制造产品的性能符合认证要求。

2. 成品检验项目及要求（1）

适用于60245 IEC 53（YZ）—300/500、60245 IEC 57（YZW）—300/500、60245 IEC66（YCW）—450/750型号的成品检验项目及要求见表2-4。

表2-4 通用橡套产品成品检验项目及要求（1）

序号	检验项目	检验标准 GB/T 5013.1	试验方法	试验频次	试验类型 例行试验（R）	试验类型 确认检验（S）
1	导体电阻	第5.6.1条	GB/T 5013.2 第2.1条	逐批		√
2	成品电缆电压试验	第5.6.1条	GB/T 5013.2 第2.2条	逐批		√
3	导体结构	第5.1条	目测、手工试验	逐批		√
4	绝缘厚度	第5.2条	GB/T 5013.2 第1.9条	逐批		√
5	护套厚度	第5.5条	GB/T 5013.2 第1.10条	逐批		√
6	外径圆护套的椭圆度	第5.6.2条	GB/T 5013.2 第1.11条	逐批		√
7	油墨印字标志耐擦性	第3.2条	GB/T 5013.2 第1.8条	逐批		√
8	绝缘老化前力学性能	第5.2.4条	GB/T 2951.11	1次/3月		√
9	护套老化前力学性能	第5.5.4条	GB/T 2951.11	1次/3月		√
10	绝缘工频火花试验	GB/T 3048.9	GB/T 3048.9	100%	√	

3. 成品检验项目及要求（2）

适用于JB/T 8735—2016中YZ、YZW、YC、YCW型号的成品检验项目及要求见表2-5。

表 2-5 通用橡套产品成品检验项目及要求（2）

序号	检验项目	检验标准	试验方法	试验频次	试验类型	
		JB/T 8735.1			例行试验（R）	确认检验（S）
1	导体电阻	第 6.1 条	GB/T 5013.2 第 2.1 条	逐批		√
2	成品电缆电压试验	第 6.1 条	GB/T 5013.2 第 2.2 条	逐批		√
3	导体结构	第 5.1 条	目测、手工试验	逐批		√
4	绝缘厚度	第 5.2.3 条	GB/T 5013.2 第 1.9 条	逐批		√
5	护套厚度	第 5.5.3 条	GB/T 5013.2 第 1.10 条	逐批		√
6	外径圆护套的椭圆度	第 6.2 条	GB/T 5013.2 第 1.11 条	逐批		√
7	油墨印字标志耐擦性	第 5.6.3 条	GB/T 5013.2 第 1.8 条	逐批		√
8	绝缘老化前力学性能	第 5.2.4 条	GB/T 2951.11	1 次/3 月		√
9	护套老化前力学性能	第 5.5.4 条	GB/T 2951.11	1 次/3 月		√
10	绝缘工频火花试验	GB/T 3048.9	GB/T 3048.9	100%	√	

思考题

1. 通用橡套软电缆一般是指哪些型号的产品？其技术要求是哪些标准规定的？
2. 举例说明中型护套及重型护套产品的结构差异。
3. 柔软的产品绝缘及护套材料除了常规橡皮品种还有哪些？
4. 选择户外及耐油的产品外护套与室内使用的产品有什么不同？
5. 目前 GB/T 5013—2008/IEC 60245：2003 标准中规定的耐热产品品种有哪些？对应的绝缘材料分别是什么？

◇◇◇ 第二节 矿用电缆

矿用电缆是指煤矿开采工业专用的地面设备和井下设备用电线电缆产品，包括采煤机、运输机、通信、照明与信号设备用电缆，以及电钻电缆、帽灯电线和井下移动变电站用的 6kV 及以上电源电线等。该类产品也包括适用于各种气候环境的挖掘机、斗轮机和推土机用的 6kV 软电缆。

一、矿用电缆产品的应用环境条件

矿用电缆的环境条件很复杂，工作条件很严酷，瓦斯和煤尘集聚的区域又十分危险，容易引起爆炸，甚至造成严重的人身伤亡和财产损失，因此对电缆的安全特性提出了更高的要求。电缆的安全性能表现在结构的合理性、保护或监视元件功能的可靠性与电气保护装置的协同性。

为达到安全供电的目的，提高整套装备的运行可靠性，必须按电缆运行的环境条件来正确设计电缆和选用电缆。下面的五种环境条件是必须考虑的。

（1）空气环境条件　即环境空气中有没有爆炸性气体，或可燃性气体。

（2）电气环境条件　工作网络的额定电压、电压波动幅度、系统的接地方式、冲击过电压存在的可能性，单相接地运行的时间。

（3）热环境条件　负载电流使导体发热，对于确定的导体温度，环境温度决定着导体温升。过高的导体温度会加速绝缘层和护套材料的降解老化进程。

（4）化学环境条件　电缆的绝缘层和护套材料都是高分子化学聚合物。各种聚合物具有不同的化学稳定性，油类的污染会使其力学物理性能不同程度地降低，臭氧可使绝缘层和护套材料表面龟裂。

（5）物理环境条件　安装和运行的环境条件都在此列。由于受空间的限制，电缆在安装和运行过程中，要受到拖、拉、磨、弯、冲和挤等各种机械应力的作用，有时是两种乃至两种以上应力的复合作用。

二、矿用电缆结构常见构件的功能

正确选用电缆的前提是认识电缆运行条件和了解电缆元件的基本功能，特别要注意以下四个元件的功能。

1. 绝缘屏蔽层

绝缘屏蔽层有三项基本功能。

1）使绝缘层内部电场径向分布。从实用观点来看，也消除了绝缘层表面的切向电场和纵向电场。

2）绝缘导体对地形成固定均匀电容，从而产生均匀波阻抗，使电缆线路内的电压波反射减到最小。

3）灵敏显示绝缘状态，减少触电危险。绝缘层外表面与导电屏蔽层的电位相等，可以通过监视导体与屏蔽层之间绝缘电阻的方法，显示绝缘状态。当任何一处绝缘电阻低于规定值时，保护装置动作，切断电源，防止人身触电事故的发生。

2. 监视线（层）

监视线的主要功能是监视地线的连续性。经过结构设计上的演绎之后，监视线均布在电缆轴心的同心圆周上，兼有监视外界破坏物体侵入的作用。

3. 地线芯

煤矿供电系统的中性点不是直接接地的。电缆的地线芯直流电阻必须满足有关规程规定。6kV 供电系统中保护装置的应用不如低压系统的普遍，电缆单相接地之后，往往不能及时处理，会引起另一相在不同区域对地击穿，造成两相通过地线短路。因此，要求地线芯有足够大的截面。地线芯与动力线芯之间存在电容和互感，在实际应用中，地线芯必须良好接地，否则会造成严重的人身伤亡事故。

4. 外护套

科学技术的进步，使得彩色鲜艳的外护套工业化生产成为现实。为便于区分井下电缆电压等级，规定 6kV 及以上电缆外护套为红色，1140V 为黄色，3300V、660V 及以下为黑色。这既便于区分不同电压等级的电缆，又美化了煤矿井下的生产环境。至于露天矿用电缆，目前尚不能使用彩色外护套。这是由于白色无机添加剂在日光下暴露，由于光的折射，聚合物降解速度转慢。经过一段时间之后，氧化反应最终会破坏聚合物分子链，导致护套粉化和产生裂纹。所以，目前的露天电缆外护套仍以黑色为主。

三、矿用电缆的产品标准及型号对照

国家推荐标准 GB/T 12972—2008 和煤炭部标准 MT 818—2009。前者的生产资质为 3C

认证，后者为煤矿安全认证，一般煤矿企业都按 MT 818—2009 标准采购和使用电缆。矿用橡套软电缆型号对比和规格范围见表 2-6。

表 2-6　矿用橡套软电缆（煤矿用电缆：移动类软电缆）型号对比和规格范围

型号 GB/T 12972	型号 MT818	电压/kV	名称	规格范围（芯数×截面积）/mm^2 GB/T 12972	规格范围（芯数×截面积）/mm^2 MT818
UC	MC	0.38/0.66	采煤机橡套软电缆	3×16+1×4+3×2.5~3×50+1×10+7×4	3×16+1×4+3×2.5~3×120+1×25+3×10
UCP	MCP	0.38/0.66	采煤机屏蔽橡套软电缆	同上	同上
		0.66/1.14		3×35+1×6+3×6~3×120+1×25+3×10	3×25+1×6+3×6~3×150+1×35+3×10
		1.9/3.3		3×35+1×6+3×6~3×120+1×25+3×10	3×25+1×6+3×6~3×150+1×35+3×10
UCPT	MCPT	0.66/1.14	采煤机金属屏蔽橡套软电缆	3×16+1×16+1×16~3×95+1×50+1×50 3×50+1×25+3×4~3×120+1×50+3×10	3×25+1×16+3×4~3×150+1×70+3×10
		1.9/3.3		3×50+1×35+3×4~3×120+1×50+3×6	3×25+1×16+3×4~3×150+1×70+3×10
UCPTJ	MCPTJ	0.66/1.14	采煤机金属屏蔽监视型橡套软电缆	3×16+1×16+1×16~3×120+1×50+1×70	3×16+1×16+1×16~3×150+1×70+1×70
		1.9/3.3		3×25+1×25+1×16~3×120+1×70+1×70	3×25+1×25+1×16~3×120+1×70+1×70
UCPJB	MCPJB	0.66/1.14	采煤机屏蔽监视编织加强型橡套软电缆	3×35+1×16+3×2.5~3×95+1×50+3×2.5	3×35+1×16+3×1.5+3×1.5~3×95+1×50+3×1.5+3×1.5
		1.9/3.3		—	3×35+1×16+3×1.5+3×1.5~3×95+1×50+3×1.5+3×1.5
UCPJR	MCPJR	0.66/1.14	采煤机屏蔽监视绕包加强型橡套软电缆	3×35+1×16+3×2.5~3×95+1×50+3×2.5	3×35+1×16+3×1.5+3×1.5~3×95+1×50+3×1.5+3×1.5
		1.9/3.3		—	3×35+1×16+3×1.5+3×1.5~3×95+1×50+3×1.5+3×1.5
UY	MY	0.38/0.66	矿用移动橡套软电缆	单芯：1×4~1×400 3+1 芯：3×4+1×4~3×120+1×35	单芯：1×4~1×400 3+1 芯：3×4+1×4~3×150+1×50
UYP	MYP	0.38/0.66	矿用移动屏蔽橡套软电缆	3×4+1×4~3×120+1×35	3×4+1×4~3×150+1×50
		0.66/1.14		3×10+1×10~3×120+1×35	3×10+1×10~3×150+1×50

（续）

型号		电压/kV	名称	规格范围（芯数×截面积）/mm²	
GB/T 12972	MT818			GB/T 12972	MT818
UYPTJ	MYPTJ	3.6/6	矿用移动金属屏蔽监视型橡套软电缆	3×25+3×(16/3)+3×2.5~3×120+3×(35/3)+3×2.5	3×25+3×(16/3)+3×2.5~3×120+3×(35/3)+3×2.5
		6/10		3×25+3×(16/3)+3×2.5~3×120+3×(35/3)+3×2.5	3×25+3×(16/3)+3×2.5~3×120+3×(35/3)+3×2.5
		8.7/10		—	3×25+3×(16/3)+3×2.5~3×120+3×(35/3)+3×2.5
UYP	MYP	3.6/6	矿用移动屏蔽橡套软电缆	3×16+1×16~3×120+1×35	3×16+1×16~3×150+1×50
UYPT	MYPT	1.9/3.3	矿用移动金属屏蔽橡套软电缆	—	3×16+3×(16/3)~3×150+3×(50/3)
		3.6/6		3×16+3×(16/3)~3×120+3×(35/3)	3×16+3×(16/3)~3×150+3×(50/3)
		6/10		3×16+3×(16/3)~3×120+3×(35/3)	3×16+3×(16/3)~3×150+3×(50/3)
UZ	MZ	0.3/0.5	矿用电钻电缆	3×2.5+1×2.5~3×4+1×4~3×4+1×4+1×4	3×2.5+1×2.5~3×4+1×4+1×4
UZP	MZP	0.3/0.5	矿用屏蔽电钻电缆	3×2.5+1×2.5+1×2.5~3×4+1×4+1×4	3×2.5+1×2.5~3×4+1×4+1×4
UYQ	MYQ	0.3/0.5	矿用移动轻型橡套软电缆	2×1.0~12×2.5	2×1.0~12×2.5

四、矿用电缆常见型号电缆结构

矿用电缆常见型号结构如图2-1~图2-6所示。

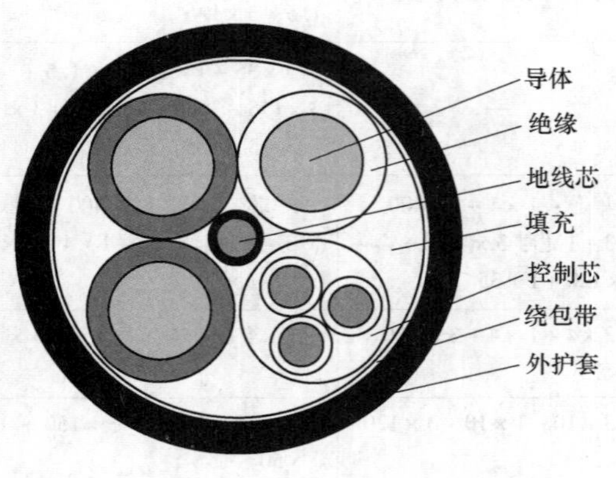

图2-1　MC-0.38/0.66

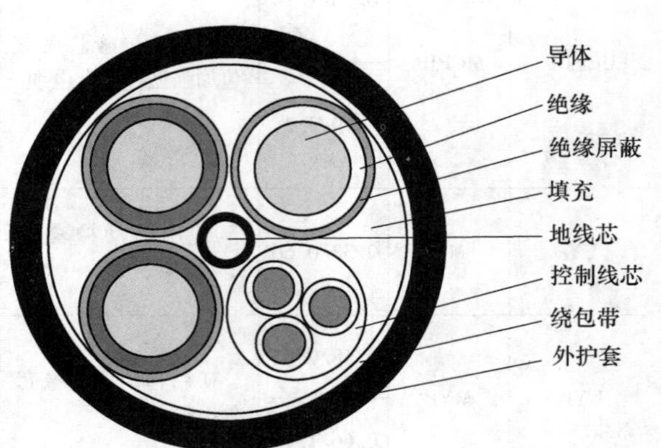

图2-2　MCP-0.38/0.66

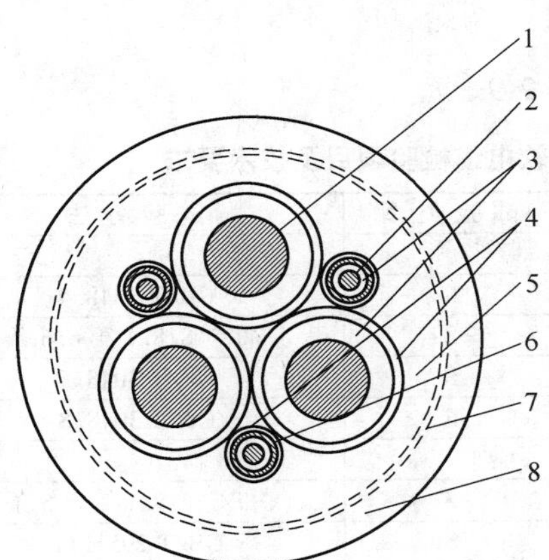

图 2-3　MCPJR-0. 66/1. 14　MCPJR-1. 9/3. 3

1—动力线芯导体　2—控制线芯导体　3—绝缘　4—半导电屏蔽层　5—内护套　6—监视线芯导体　7—＝为绕包加强层，≠为编织加强层（加强层兼作地线）　8—外护套

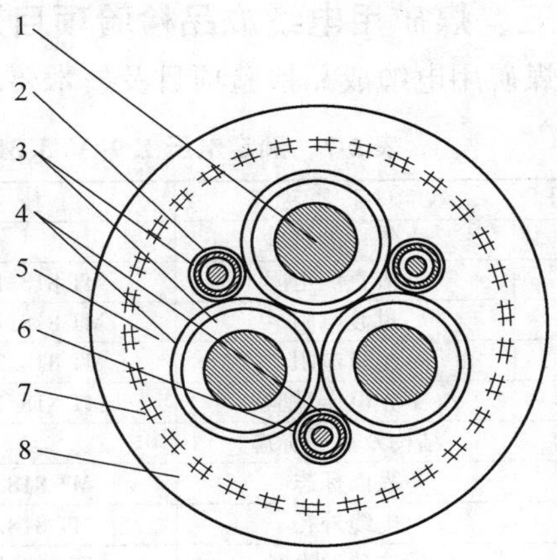

图 2-4　MCPJB-0. 66/1. 14　MCPJB-1. 9/3. 3

1—动力线芯导体　2—控制线芯导体　3—绝缘　4—半导电屏蔽层　5—内护套　6—监视线芯导体　7—＝为绕包加强层，≠为编织加强层（加强层兼作地线）　8—外护套

图 2-5　MYP-0. 38/0. 66

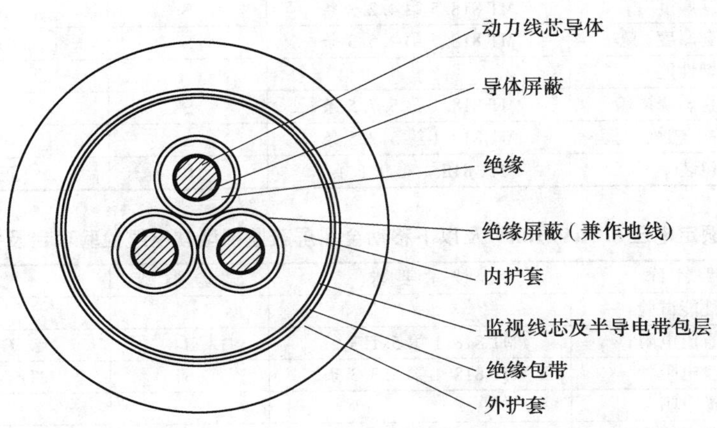

图 2-6　MYPTJ-3. 6/6　MYPTJ-6/10　MYPTJ-8. 7/10

五、煤矿用电缆成品检验项目及技术要求

煤矿用电缆成品检验项目及技术要求见表2-7～表2-9。

表2-7 额定电压1.9kV/3.3kV及以下采煤机软电缆检验项目及技术要求

序号	项目名称	技术要求	试验类型	试验方法
1	电气性能试验			
1.1	导体直流电阻	MT 818.1 第5.1.3条	R	GB/T 3048.4
1.2	过渡电阻	MT 818.1 第5.3.3条	S	MT/T 818.1 第6.6条
1.3	绝缘电阻	MT 818.2 第4.2.6条	R	GB/T 3048.5
1.4	工频电压试验	MT 818.1 第5.7.2条	R	GB/T 3048.8
2	结构及表面标志			
2.1	表面标志	MT 818.1 第8.3条	S	MT/T 818.1 第6.5条
2.2	电缆外径	MT 818.2 第4.6条	S	GB/T 2951.11
2.3	导体单丝直径	MT 818.1 第5.1.1条	S	GB/T 4909.2
2.4	绝缘厚度	MT 818.2 第4.2.4条	S	GB/T 2951.11
2.5	护套厚度	MT 818.2 第4.4.3条	S	GB/T 2951.11
3	阻燃性能			
3.1	单根垂直燃烧试验	MT 818.1 第5.7.5条	S	MT/T 386
3.2	负载条件下燃烧试验	MT 818.1 第5.7.5条	S	MT/T 386
4	包装	MT 818.1 第9.1条	R	正常目力检查

表2-8 额定电压0.66kV/1.14kV及以下移动软电缆检验项目及技术要求

序号	项目名称	技术要求	试验类型	试验方法
1	电气性能试验			
1.1	导体直流电阻	MT 818.5 第4.1条	R	GB/T 3048.4
1.2	过渡电阻	MT 818.1 第5.3.3条	S	MT/T 818.1 第6.6条
1.3	绝缘电阻	MT 818.5 第4.2.4条	R	GB/T 3048.5
1.4	工频电压试验	MT 818.1 第5.7.2条	R	GB/T 3048.8
2	结构及表面标志			
2.1	表面标志	MT 818.1 第8.3条	S	MT/T 818.1 第6.5条
2.2	电缆外径	MT 818.5 第4.6条	S	GB/T 2951.11
2.3	导体单丝直径	MT 818.1 第5.1.1条	S	GB/T 4909.2
2.4	绝缘厚度	MT 818.5 第4.2.3条	S	GB/T 2951.11
2.5	护套厚度	MT 818.5 第4.5.3条	S	GB/T 2951.11
3	阻燃性能			
3.1	单根垂直燃烧试验	MT 818.1 第5.7.5条	S	MT/T 386
3.2	负载条件下燃烧试验	MT 818.1 第5.7.5条	S	MT/T 386
4	包装	MT 818.1 第9.1条	R	正常目力检查

表2-9 额定电压8.7kV/10kV及以下移动金属屏蔽监视型软电缆检验项目及技术要求

序号	项目名称	技术要求	试验类型	试验方法
1	电气性能试验			
1.1	导体直流电阻	MT 818.1 第5.1.3条	R	GB/T 3048.4
1.2	过渡电阻	MT 818.1 第5.3.3条	S	MT/T 818.1 第6.6条
1.3	绝缘电阻			
1.3.1	动力线芯绝缘电阻	MT 818.6 第4.2.3条	R	GB/T 3048.5
1.3.2	监视线芯绝缘电阻	MT 818.6 第4.2.3条	R	GB/T 3048.5
1.4	工频电压试验	MT 818.1 第5.7.2条	R	GB/T 3048.8

（续）

序号	项目名称	技术要求	试验类型	试验方法
1.5	局部放电试验	MT 818.6 第4.9.2条	R	GB/T 3048.12
2	结构及表面标志			
2.1	表面标志	MT 818.1 第8.3条	S	MT/T 818.1 第6.5条
2.2	电缆外径	MT 818.6 第4.8条	S	GB/T 2951.11
2.3	导体单丝直径	MT 818.1 第5.1.1条	S	GB/T 4909.2
2.4	绝缘厚度	MT 818.6 第4.2.2条	S	GB/T 2951.11
2.5	护套厚度	MT 818.6 第4.7.2条	S	GB/T 2951.11
3	阻燃性能			
3.1	单根垂直燃烧试验	MT 818.1 第5.7.5条	S	MT/T 386
3.2	负载条件下燃烧试验	MT 818.1 第5.7.5条	S	MT/T 386
4	包装	MT 818.1 第9.1条	R	正常目力检查

思　考　题

1. 矿用电缆企业生产时应获取的资质是什么？
2. 解释下列产品型号：MY、MYP、MCP、MYPT、MYPTJ。
3. 煤矿用橡套电缆与一般矿用电缆相比，性能差异主要体现在哪些方面？
4. 矿用电缆彩色外护套代表什么含义？一般用于什么场合？
5. 画出下列产品型号规格的结构示意图。

1）MYP-0.66/1.14　3×50+1×16。

2）MYPTJ-8.7/10　3×120+3×35/3+3×2.5。

3）MCP-0.66/1.14　3×25+1×6+3×6。

◇◇◇ 第三节　船用电缆及海工电缆

一、船用电缆

1. 船用电缆概述

船用电缆是江河、海洋中各类船舶、海上石油平台及水上建筑物的电力、照明、控制、通信、微机等系统专用的电线电缆。

随着河海和远洋运输业及海洋工程的飞速发展，各类船舶和海上石油平台等不断增加，各类设备对电缆的技术要求日益提高。由于使用环境条件较严酷，要求电缆安全可靠、寿命长、体积小、重量轻，并具有优良的耐高低温、耐火、阻燃、耐油、防潮、耐海水，优良的电气和力学性能等要求。

船用电缆按使用范围可分为船用电力电缆、船用控制电缆、船用仪表通信电缆和船用射频电缆等；按材料可分为乙丙橡皮绝缘、交联聚乙烯绝缘、无卤聚烯烃绝缘、硅橡胶绝缘、氯丁橡皮护套、氯磺化聚乙烯护套、聚氯乙烯护套、无卤聚烯烃护套、铜或不锈钢护套等产品，共几百种型号、上万个规格。应根据不同的使用要求，正确选用适当的电缆型号和规格。

随着航运和海上能源开发的发展，将进一步研究开发出船用电缆新产品，如船用中压电力电缆、石油平台耐泥浆电缆、船用变频电缆、船用耐火电缆、船用低烟无卤电缆、船用耐低温电缆、水密电缆、船用特种信号传输电缆，我国正在制订这些电缆的国家标准。

2. 船用电缆应用环境特点

由于船用电缆主要供船上使用，其使用环境有以下特点。

1）船上空间有限，敷设电缆的位置受到极大的限制。

2）船舶航行穿江、过海、跨洋，气候变化及温度变化大。

3）海上湿度大，经常与盐雾接触，对电缆有腐蚀作用。

4）电缆易接触油类物质，平台电缆会受到钻井泥浆的侵蚀。

5）电缆要经常承受日光和大气的作用。

由于以上环境特点，所以要求船用电缆应有足够的柔软性，还应具有耐热、耐寒、低烟、无卤、阻燃、耐火、防潮、耐海水、耐日光大气老化以及耐弯曲、耐磨等性能。其导电线芯应具有耐蚀性，同时电缆要有较高的电气安全性。根据这些要求，船用电缆的导电线芯采用镀锡细铜线绞合而成，橡皮绝缘层选用乙丙橡皮，一般导体最高工作温度为90℃，根据不同的使用环境也可选用125℃、150℃、180℃等。船用电缆的结构应确保电缆的圆整和紧密，在保证性能的前提下做到外径小、重量轻。成缆空隙无卤电缆一般采用相同温度等级的无卤填充绳（条），橡皮绝缘和护套电缆一般采用相同温度等级的橡皮条填充，外护套通常采用无卤（或交联）聚烯烃、氯丁橡皮、氯磺化聚乙烯橡皮、聚氯乙烯复合物制成。这样可以保证电缆有较高的耐热、耐油、阻燃和耐寒性。船用电缆的金属编织层有两种，一种是镀锡铜丝，一种是镀锌钢丝。镀锡铜丝是非磁性材料，用作铠装层时既可以防止电磁波的干扰，又可起到机械保护的作用，起到了铠装和屏蔽的双重作用，镀锌钢丝是磁性材料，用作铠装层时主要起到机械保护的作用。

3. 船用电缆生产制造资质

船用电缆生产企业必须取得与所建造的船舶相同的船级社产品型式认可，该电缆产品方可上船使用。目前国际上认可度较高的船级社有中国船级社（CCS）、挪威/德国船级社（DNV－GL两船级社已合并）、英国劳氏船级社（LR）、法国船级社（BV）、美国船级社（ABS）、日本船级社（NK）、韩国船级社（KR）、俄罗斯船级社（RS）、意大利船级社（RINA），产品认可的依据一般均采用IEC标准的要求，也有部分特殊产品的认可依据各个船级社的规范要求，在各个船级社船舶入级规范中均有规定。

4. 船用电缆常用型号、名称

船用电缆常用型号、名称见表2-10。

表2-10　船用电缆常用型号、名称

序号	型　号	名　称	工作温度/℃
普通型船用电缆			
1	CEF/SA（NA）	乙丙绝缘氯丁护套船用电力电缆，SA、NA型	90
2	CEF80/SA（NA）	乙丙绝缘氯丁内套镀锡铜丝编织铠装船用电力电缆，SA、NA型	90
3	CEF90/SA（NA）	乙丙绝缘氯丁内套镀锌钢丝编织铠装船用电力电缆，SA、NA型	90
4	CEF82/SA（NA）	乙丙绝缘氯丁内套镀锡铜丝编织铠装聚氯乙烯外护套船用电力电缆，SA、NA型	90
5	CEF92/SA（NA）	乙丙绝缘氯丁内套镀锌钢丝编织铠装聚氯乙烯外护套船用电力电缆，SA、NA型	90
6	CEFR/DA（SA）	乙丙绝缘氯丁护套船用电力软电缆，DA、SA型	90
7	CEFRP/DA（SA）	乙丙绝缘铜丝屏蔽氯丁护套船用电力软电缆，DA、SA型	90

（续）

序号	型　号	名　称	工作温度/℃
普通型船用电缆			
8	CKEF/SA（NA）	乙丙绝缘氯丁护套船用控制电缆，SA、NA 型	90
9	CKEF80/SA（NA）	乙丙绝缘氯丁内套镀锡铜丝编织铠装船用控制电缆，SA、NA 型	90
10	CKEF90/SA（NA）	乙丙绝缘氯丁内套镀锌钢丝编织铠装船用控制电缆，SA、NA 型	90
11	CKEF82/SA（NA）	乙丙绝缘氯丁内套镀锡铜丝编织铠装聚氯乙烯外护套船用控制电缆，SA、NA 型	90
12	CKEF92/SA（NA）	乙丙绝缘氯丁内套镀锌钢丝编织铠装聚氯乙烯外护套船用控制电缆，SA、NA 型	90
13	CHEF（P）/SA（NA）	乙丙绝缘（分屏蔽）氯丁护套船用通信电缆，SA、NA 型	90
14	CHEF（P）80/SA（NA）	乙丙绝缘（分屏蔽）氯丁内套铜丝编织铠装船用通信电缆，SA、NA 型	90
15	CHEF（P）82/SA（NA）	乙丙绝缘（分屏蔽）氯丁内套钢丝编织铠装船用通信电缆，SA、NA 型	90
低烟无卤型船用电缆			
1	CJPF/SC（NC）	交联聚乙烯绝缘聚烯烃护套低烟无卤船用电力电缆	90
2	CJPF80/SC（NC）	交联聚乙烯绝缘聚烯烃护套镀锡铜丝编织铠装低烟无卤船用电力电缆	90
3	CJPF90/SC（NC）	交联聚乙烯绝缘聚烯烃护套镀锌钢丝编织铠装低烟无卤船用电力电缆	90
4	CJPF86/SC（NC）	交联聚乙烯绝缘聚烯烃内护套镀锡铜丝编织铠装聚烯烃外护套低烟无卤船用电力电缆	90
5	CJPF96/SC（NC）	交联聚乙烯绝缘聚烯烃内护套镀锌钢丝编织铠装聚烯烃外护套低烟无卤船用电力电缆	90
6	CKJPF/SC（NC）	交联聚乙烯绝缘聚烯烃护套低烟无卤船用控制电缆	90
7	CKJPF80/SC（NC）	交联聚乙烯绝缘聚烯烃护套镀锡铜丝编织铠装低烟无卤船用控制电缆	90
8	CKJPF90/SC（NC）	交联聚乙烯绝缘聚烯烃护套镀锌钢丝编织铠装低烟无卤船用控制电缆	90
9	CKJPF86/SC（NC）	交联聚乙烯绝缘聚烯烃内护套镀锡铜丝编织铠装聚烯烃外护套低烟无卤船用控制电缆	90
10	CKJPF96/SC（NC）	交联聚乙烯绝缘聚烯烃内护套镀锌钢丝编织铠装聚烯烃外护套低烟无卤船用控制电缆	90
11	CHJPF（P）/SC（NC）	交联聚乙烯绝缘（分屏蔽）聚烯烃护套低烟无卤船用通信电缆	90
12	CHJPF（P）80/SC（NC）	交联聚乙烯绝缘（分屏蔽）聚烯烃护套镀锡铜丝编织铠装低烟无卤船用通信电缆	90
13	CHJPF（P）86/SC（NC）	交联聚乙烯绝缘（分屏蔽）聚烯烃内护套镀锡铜丝编织铠装聚烯烃外护套低烟无卤船用通信电缆	90

船用电缆型号中字母代号及含义见表 2-11。

表 2-11　船用电缆型号中字母代号及含义

序号	字母	含　义	序号	字母	含　义	序号	字母	含　义
1	C	船用电力电缆	8	PJ	交联聚烯烃护套	15	5	交联聚烯烃外护套
2	CH	船用通信电缆	9	PF	聚烯烃护套	16	6	聚烯烃外护套
3	CK	船用控制电缆	10	P	分屏蔽	17	D	单根燃烧
4	E	乙丙绝缘	11	8	镀锡铜丝编织铠装	18	S	成束燃烧
5	J	交联聚乙烯绝缘	12	9	镀锌钢丝编织铠装	19	N	耐火
6	F	氯丁护套	13	0	无外护套	20	A	有烟、有酸、有毒
7	V	聚氯乙烯护套	14	2	聚氯乙烯外护套	21	C	低烟、无卤、低毒

常用的橡皮绝缘船用电力电缆型号的成品检验项目和技术要求见表 2-12。

表 2-12 常用的橡皮绝缘船用电力电缆型号的成品检验项目和技术要求

序号	检验项目	技术要求	试验方法	型号		
				CEF、CEFR / DA，SA	CEF80、CEF90 / DA，SA	CEF82、CEF92 / DA，SA
1	导体检查	IEC 60228	IEC 60092—350 第 6.4 条	√	√	√
2	绝缘厚度	IEC 60092—353 第 3.3.3 条	IEC 60092—350 第 6.5 条	√	√	√
3	护套厚度	IEC 60092—353 第 3.7.3 条	IEC 60092—350 第 6.6 条	√	√	√
4	外径	IEC 60092—350 第 6.7 条	IEC 60092—350 第 6.7 条	√	√	√
5	标志的耐擦性	IEC 60092—350 第 4.1.2 条	IEC 60092—350 第 8.19 条	√	√	√
6	导体电阻测量	IEC 60228	IEC 60092—350 第 5.2.2 条	√	√	√
7	室温下绝缘电阻	IEC 60092—351 第 3.2 条	IEC 60092—350 第 7.2.1 条	√	√	√
8	最高额定温度下绝缘电阻	IEC 60092—351 第 3.2 条	IEC 60092—350 第 7.2.2 条	√	√	√
9	浸水后交流电容增值	IEC 60092—351 第 3.2 条	IEC 60092—350 第 7.3 条	√	√	√
10	4h 的高压试验	IEC 60092—350 第 7.4 条	IEC 60092—350 第 7.4 条	√	√	√
11	绝缘和护套的热延伸试验	IEC 60092—351 第 3.4 条 IEC 60092—359 第 2.2 条	IEC 60092—350 第 6.8 条	√	√	√
12	老化前和老化后绝缘层的力学性能试验	IEC 60092—351 第 3.3 条	IEC 60092—350 第 8.3 条	√	√	√
13	老化前和老化后护套的力学性能试验	IEC 60092—359 第 2.2 条	IEC 60092—350 第 8.4 条、第 8.14.1 条	√	√	√
14	成品电缆附加老化试验	IEC 60092—351 第 3.3 条 IEC 60092—359 第 2.2 条	IEC 60092—350 第 8.5 条	√	√	√
15	PVC 护套的热失重试验	IEC 60092—359 第 2.3 条	IEC 60092—350 第 8.6 条	—	—	√
16	PVC 护套的高温压力试验	IEC 60092—359 第 2.3 条	IEC 60092—350 第 8.7 条	—	—	√
17	PVC 护套的低温性能试验	IEC 60092—359 第 2.3 条	IEC 60092—350 第 8.8 条	—	—	√
18	铜线金属镀层试验	IEC 60092—350 第 8.10 条	IEC 60092—350 第 8.10 条	√	√	√
19	镀锌试验	IEC 60092—350 第 8.11 条	IEC 60092—350 第 8.11 条	—	√	√
20	PVC 护套的热冲击试验	IEC 60092—359 第 2.3 条	IEC 60092—350 第 8.12 条	√	√	√
21	绝缘和护套耐臭氧试验	IEC 60092—351 第 3.4 条 IEC 60092—359 第 2.3 条	IEC 60092—350 第 8.13 条	√	√	√
22	单根电缆的火焰传播试验	IEC 60332—1—2	IEC 60332—1—2	√	√	√
23	成束电缆的火焰传播试验	IEC 60332—3—22	IEC 60332—3—22	√	√	√

二、海工电缆

1. 海工电缆的类别及体系规范

海工电缆中最重要的部分——石油平台电缆，分为欧洲和北美两大体系，其认证机构分别为挪威船级社（DNV）和美国船级社（ABS）。

欧洲体系中，本类规范有 NEK 606、IEC 61892—4、BS 7917、BS 6883 等，以及 IEC 60092 系列。其中最常用的标准是挪威电工委员会技术规范 NEK 606《海上平台的无卤及（或）耐泥浆电缆》。本规范产品主要涉及无卤交联聚乙烯电缆和无卤乙丙橡皮绝缘电缆，还规定了耐泥浆电缆的耐泥浆、耐钻井液的要求，以及所参照的 IEC 60092 系列规范的要求。

北美体系中，本类规范有 IEEE 1580、IEEE 45、UL 1309、UL 1426、AIP RP14F、MIL—C—24643 等。其中最常用的规范是 IEEE 1580、IEEE 45、UL 1309。本类规范产品更注重电缆的柔软、耐高温、耐低温、耐气候、抗油、耐磨等性能，包括变频系统（VFD）电缆。

2. NEK 606 规范石油平台用电缆的型号规格和性能指标要求

本规范产品主要包括用于石油平台上的无卤电缆以及平台下的耐泥浆、耐钻井液的电缆。

（1）型号表示　本规范规定的电缆型号一般由两个字母（1 和 4）或 4 个字母组成，用来描述电缆结构。用于描述仪表电缆的额外字母缩写：总屏（c），单对或单个三线组屏蔽（i）。每个字母代表的含义见表 2-13。

表 2-13　NEK 606 规范电缆型号中字母含义说明

材　　料	1. 字母：绝缘	2. 字母：垫衬/内包覆、内护套	3. 字母：铠装/屏蔽	4. 字母：外护套
耐火带 + 绝缘（无卤）	B	—	—	—
乙丙橡胶-EPR	R	—	—	—
交联聚乙烯 XLPE	T	—	—	—
热塑性混合物（无卤）	I	—	—	—
无卤热固性混合物 EMA 或 EVA	U	—	—	—
光纤，紧包缓冲层	A	—	—	—
松套管中纤维	Q	—	—	—
垫衬层/内护层或包带（无卤）	—	F	—	—
屏蔽（可能覆 PE 或 PP）	—	Y	—	—
铝（纵包于外护套上）	—	—	L	—
无铠装	—	—	X	—
铜丝编织（镀锡或裸铜）	—	—	O	—
绳加强构件	—	—	A	—
镀锌钢丝编织	—	—	C	—
热塑性混合物（无卤）SHF1	—	I	—	I
无卤热固性混合物，SHF2	—	—	—	U
无卤耐泥浆热固性混合物，SHF Mud	—	—	—	U

（2）电缆型号名称描述（无卤型）

1）电缆型号 P1　RFOU/TFOU　0.6/1kV：控制、照明和电力电缆，阻燃、低烟、无卤，设计和结构符合 IEC 60092—353。

基本型号：RFOU/TFOU。

额定电压：0.6kV/1kV。

最高工作温度：90℃。

导体：镀锡铜绞线，符合 IEC 60228，2 类。

绝缘：IEC 60092—360 中乙丙橡胶（EPR）或交联聚乙烯（XLPE）。

垫衬/内护层：无卤混合物。

编织铠装：镀锡铜丝编织，符合 IEC 60092—350。

外护套：无卤热固性混合物，符合 IEC 60092—360 中 SHF2 型。

2）电缆型号 P2　RFOU/TFOU　3.6/6kV：高压电力电缆，阻燃，低烟，无卤，设计和结构符合 IEC 60092—354。

基本型号：RFOU/TFOU。

额定电压：3.6kV/6（7.2）kV。

最高工作温度：90℃。

导体：镀锡圆铜绞线，符合 IEC 60228，2 类。

导体屏蔽：半导电材料。

绝 缘：IEC 60092—360 中乙丙橡皮（EPR）或交联聚乙烯（XLPE）。

绝缘屏蔽：半导电材料和镀锡铜丝编织。

垫衬/内护层：无卤混合物。

编织铠装：镀锡铜丝编织，符合 IEC 60092—350

外护套：无卤热固性混合物，符合 IEC 60092—360 中的 SHF2 型。

3）电缆型号 S1　RFOU（i）　250V：控制、仪表和通信电缆分屏线对/三线组，阻燃，低烟无卤，设计和结构符合 IEC 60092—376 和 IEC 60092—360 对绝缘护套材料的规定。

基本型号：RFOU（i）。

额定电压：250V。

最高工作温度：90℃。

导体：镀锡圆铜绞线，0.75mm^2、1.5mm^2或 2.5mm^2，符合 IEC 60228，2 类。

绝缘：乙丙橡胶（EPR）。

绞对：将以颜色编码的线芯进行绞对。每个线对/三线组由铜塑复合带屏蔽，与镀锡铜绞地线接触，并绕包聚酯带，用数码带对线对/三线组进行编号或直接将数字印在绝缘线芯上。

垫衬/内护层：无卤混合物。

编织铠装：镀锡铜丝编织。

外护套：无卤热固性混合物，符合 SHF2 型。

4）电缆型号 S2　RFOU（c）　250V：控制、仪表和通信电缆分屏线对/三线组，阻燃，低烟无卤，设计和结构符合 IEC 60092—376 和 IEC 60092—360 对绝缘和护套材料的规定。

基本型号：RFOU（c）。

额定电压：250V。

最高工作温度：90℃。

导体：镀锡圆铜绞线，0.75mm²、1.5mm²或2.5mm²，符合IEC 60228，2类。

绝缘：乙丙橡胶（EPR）。

绞对：将以颜色编码的线芯进行绞对。每个线对/三线组由铜塑复合带总屏蔽，与镀锡铜绞地线接触，并绕包聚酯带，用数码带对线对/三线组进行编号或直接将数字印在绝缘线芯上。

垫衬/内护层：无卤混合物。

编织铠装：镀锡铜丝编织。

外护套：无卤热固性混合物，符合SHF2型。

（3）电缆型号名称描述（耐泥浆型）

1）电缆型号P1/P8　RFOU/TFOU　0.6/1kV：控制、照明电力电缆，阻燃，低烟无卤，耐泥浆，设计和结构符合IEC 60092—353。

基本型号：RFOU/TFOU。

额定电压：0.6kV/1kV。

最高工作温度：90℃。

导体：镀锡铜绞线，符合IEC 60228，2类。

绝缘：耐火带加IEC 60092—360中乙丙橡皮（EPR）或交联聚乙烯（XLPE）绝缘。

垫衬/内护层：无卤混合物。

编织铠装：镀锡铜丝编织，符合IEC 60092—350。

外护套：无卤，耐泥浆热固性混合物，符合NEK 606中的SHF MUD型。

2）电缆型号P5/P12　BFOU　0.6/1kV：控制、照明电力电缆，耐火，阻燃，低烟无卤及耐泥浆，设计和结构符合IEC 60092—353。

基本型号：BFOU。

额定电压：0.6kV/1kV。

最高工作温度：90℃。

导体：镀锡铜绞线，符合IEC 60228，2类。

绝缘：耐火带加IEC 60092—360中乙丙橡皮（EPR）或交联聚乙烯（XLPE）绝缘。

垫衬/内护层：无卤混合物。

编织铠装：镀锡铜丝编织，符合IEC 60092—350。

外护套：无卤，耐泥浆热固性混合物，符合NEK 606中的SHF MUD型。

3）电缆型号S1/S5　RFOU（i）　250V：控制、仪表和通信电缆分屏线对/三线组，阻燃，低烟无卤，耐泥浆，设计和结构符合IEC 60092—376。

基本型号：RFOU（i）。

额定电压：250V。

最高工作温度：90℃。

导体：镀锡圆铜绞线，0.75mm²、1.5mm²或2.5mm²，符合IEC 60228，2类。

绝缘：耐火带加乙丙橡皮（EPR）绝缘。

绞对：将以颜色编码的线芯进行绞对。每个线对/三线组由铜塑复合带总屏蔽，与镀锡铜绞地线接触，并绕包聚酯带，用数码带对线对/三线组进行编号或直接将数字印在绝缘线芯上。

垫衬/内护层：无卤混合物。

编织铠装：镀锡铜丝编织。

外护套：无卤耐泥浆热固性混合物，符合 SHF MUD 型。

4）电缆型号 S2/S6　RFOU（c）250V：控制、仪表和通信电缆分屏线对/三线组，阻燃，低烟无卤，耐泥浆，设计和结构符合 IEC 60092—376。

基本型号：RFOU（c）。

额定电压：250V。

最高工作温度：90℃。

导体：镀锡圆铜绞线，0.75mm^2、1.5mm^2或 2.5mm^2，符合 IEC 60228，2 类。

绝缘：耐火带加乙丙橡皮（EPR）绝缘。

绞对：将以颜色编码的线芯进行绞对。每个线对/三线组由铜塑复合带总屏蔽，与镀锡铜绞地线接触，并绕包聚酯带，用数码带对线对/三线组进行编号或直接将数字印在绝缘线芯上。

垫衬/内护层：无卤混合物。

编织铠装：镀锡铜丝编织。

外护套：无卤耐泥浆热固性混合物，符合 SHF MUD 型。

3. 成品电缆的检验项目和技术要求

成品电缆的检验项目和技术要求见表 2-14。

表 2-14　成品电缆的检验项目和技术要求

序号	检验项目	技术要求	试验方法
1	结构尺寸		
1.1	导体检查	IEC 60092—353，表 4	IEC 60092—350，6.4
1.2	绝缘厚度	IEC 60092—353，表 4	IEC 60092—350，6.5
1.3	护套厚度	IEC 60092—353，表 4	IEC 60092—350，6.6
1.4	铠装覆盖率	IEC 60092—353，表 4	IEC 60092—350，4.8
1.5	外径	IEC 60092—353，表 4	IEC 60092—350，6.7
2	导体直流电阻	IEC 60092—353，表 4	IEC 60092—350，5.2.2
3	绝缘电阻试验		
3.1	20℃时绝缘电阻试验	IEC 60092—353，表 4	IEC 60092—350，7.2.1
3.2	在最大额定温度下绝缘电阻试验	IEC 60092—353，表 4	IEC 60092—350，7.2.2
4	交流电压试验		
4.1	5min 电压试验	IEC 60092—353，表 4	IEC 60092—350，5.2.3
4.2	护套电压试验	IEC 60092—353，表 4	IEC 60092—350，5.2.3
4.3	4h 高压试验	IEC 60092—353，表 4	IEC 60092—350，7.4
5	浸水后交流电容增值试验	IEC 60092—353，表 4	IEC 60092—350，7.3
6	绝缘层物理力学性能		
6.1	老化前绝缘层力学性能试验	IEC 60092—353，表 4	IEC 60092—350，8.3

（续）

序号	检验项目	技术要求	试验方法
6.2	空气箱老化试验	IEC 60092—353，表4	IEC 60092—350，8.3
6.3	空气弹老化试验	IEC 60092—353，表4	IEC 60092—350，8.3
6.4	绝缘热延伸试验	IEC 60092—353，表4	IEC 60092—350，6.8
6.5	耐臭氧试验	IEC 60092—353，表4	IEC 60092—350，8.1.3
7	护套物理力学性能		
7.1	护套老化前力学性能试验	IEC 60092—353，表4	IEC 60092—350，8.4
7.2	护套空气箱老化试验	IEC 60092—353，表4	IEC 60092—350，8.4
7.3	护套浸油后力学性能试验	IEC 60092—353，表4	IEC 60092—350，8.1.4
7.4	护套热延伸试验	IEC 60092—353，表4	IEC 60092—350，6.8
8	护套材料的特殊性能		
8.1	护套高温压力试验	IEC 60092—353，表4	IEC 60092—350，8.7
8.2	护套热冲击试验	IEC 60092—353，表4	IEC 60092—350，8.12
8.3	护套低温性能试验	IEC 60092—353，表4	IEC 60092—350，8.8
8.4	护套耐臭氧试验	IEC 60092—353，表4	IEC 60811—1—2，8
9	成品电缆附加老化试验	IEC 60092—353，表4	IEC 60092—350，8.5
10	铜丝镀层试验	IEC 60092—353，表4	IEC 60092—350，8.10
11	燃烧性能		
11.1	单根垂直燃烧试验	IEC 60092—353，表4	IEC 60092—350，8.16.1
11.2	成束电线电缆的燃烧试验	IEC 60092—353，表4	IEC 60092—350，8.16.2
11.3	烟中透光率试验	IEC 60092—353，表6	IEC 60092—350，8.16.3
11.4	卤酸气体含量测定试验	IEC 60092—353，表5	IEC 60754—1
11.5	绝缘层pH酸碱度试验	IEC 60092—353，表5	IEC 60754—2
11.6	绝缘层电导率试验	IEC 60092—353，表5	IEC 60754—2
11.7	耐火试验	IEC 60092—353，表7	IEC 60092—350，8.16.7 IEC 60092—350，8.16.7 <20mm IEC 60331—2 ≥20mm IEC 60331—1
12	氟含量试验	IEC 60092—353，表5	IEC 60684—2
13	耐泥浆性能试验	IEC 60092—353，表8 抗拉强度变化率±25% 断后伸长率变化率±25% 体积膨胀≤20% 重量增加≤15%	NEK606 4.1.2.1
14	浸矿物油试验	IEC 60092—353，表8 矿物油型号：IRM903 试验条件： 温度：100℃，时间：7天 抗拉强度变化率±30% 断后伸长率变化率±30% 体积膨胀≤30% 重量增加≤30%	NEK 606 4.1.2.2

（续）

序号	检验项目	技术要求	试验方法
15	溴化钙盐水试验和碳水化合物试验	IEC 60092—353，表8 试验条件： 温度：70℃，时间：56天 抗拉强度变化率±25% 断后伸长率变化率±25% 体积膨胀≤20% 重量增加≤15%	NEK 606 4.1.2.3

思考题

1. 船用电缆的使用环境有何特点？
2. 针对环境特点，船用电缆的产品结构有哪些方面体现？
3. 解释下列船用电缆型号名称：CEFR/DA、CEF80/SA、CKEF90/DA。
4. 船用电缆生产企业应取得什么机构的产品认可？
5. 石油平台电缆分哪两大体系？其分别包括哪些标准？
6. 请描述型号 P5/P12 BFOU 0.6/1kV 电缆的结构。
7. NEK 606 标准中规定的耐泥浆电缆，其耐泥浆性能指标包括哪些？

◇◇◇ 第四节　风力发电用电缆

一、产品概述

21世纪，世界各国都将目光投向了核能、光伏、风能等清洁能源，可再生资源的开发已经成为多数国家的能源战略。风能的清洁性、可再生性、资源广泛性备受瞩目，使其成了所有新能源中最具规模、技术最成熟、最有商业发展前景的发电模式。据不完全统计，我国大陆及近海岸可利用风能资源已近10亿kW，我国《可再生能源中长期发展规划》指出，2020年我国风电总装机容量达到3000万kW，2013—2020年仍是风电行业大有可为的黄金时期。风电行业的发展，同时也促进了风力发电配套的电缆行业的发展。

风力发电用电缆主要是指安装敷设于风力发电机机舱内部、机舱连接塔架上部、塔架下部连接箱式变压器的电线电缆。

按电缆在风力发电系统中的用途分类，主要有风力发电用电力电缆、风力发电用控制电缆和风力发电用通信电缆三类。

按电缆的敷设位置和运行状态分类，主要有固定敷设和扭转运行两类。橡皮绝缘、橡皮护套风力发电用电缆主要用于扭转运行。

二、风力发电用电缆使用场所的特点

1）长期运行于室外，垂直悬空敷设，频繁扭转（自动偏航对风）。

2）接触油污（部分）、海水腐蚀（特殊环境）、振动等。

3）用在寒冷地区的电缆还要耐低温（－40℃）。

三、风力发电用电缆的耐扭性能

扭转运行的橡皮绝缘风力发电用电缆与普通橡皮绝缘电缆的主要区别是要具有良好的耐扭曲性能，即通过常温和低温扭转试验。

（1）常温扭转试验　电缆应能经受10000个周期的扭转，扭转后要求如下：

1）电缆表面无裂纹或扭曲现象。

2）电缆进行3.5kV、5min耐压试验，绝缘不击穿。

（2）低温下（-40℃或-55℃）扭转试验　电缆应能经受2000个周期的扭转，扭转后要求同上。

四、技术标准

风力发电用电力电缆现执行国家标准GB/T 29631—2013《额定电压1.8/3kV及以下风力发电用耐扭曲软电缆》，其他产品都是各企业制定的企业标准。

五、风力发电用电力电缆常用型号及名称（见表2-15）

表2-15　风力发电用电力电缆常用型号及名称

型　号	额定电压	名　称
FDEF-25	450V/750V	铜芯乙丙橡皮绝缘氯丁橡皮护套风力发电用耐扭曲软电缆
FDEF-40		铜芯乙丙橡皮绝缘氯丁橡皮护套风力发电用耐寒耐扭曲软电缆
FDES-25	450V/750V 0.6kV/1kV 1.8kV/3kV	铜芯乙丙橡皮绝缘热塑弹性体护套风力发电用耐扭曲软电缆
FDES-40		铜芯乙丙橡皮绝缘热塑弹性体护套风力发电用耐寒耐扭曲软电缆
FDES-55		铜芯乙丙橡皮绝缘热塑弹性体护套风力发电用耐严寒耐扭曲软电缆
FDGG-40	0.6kV/1kV 1.8kV/3kV	铜芯硅橡胶绝缘硅橡胶护套风力发电用耐寒耐扭曲软电缆
FDGG-55		铜芯硅橡胶绝缘硅橡胶护套风力发电用耐严寒耐扭曲软电缆
FDEU-40	0.6kV/1kV 1.8kV/3kV	铜芯乙丙橡皮绝缘聚氨酯弹性体护套风力发电用耐寒耐扭曲软电缆
FDEU-55		铜芯乙丙橡皮绝缘聚氨酯弹性体护套风力发电用耐严寒耐扭曲软电缆
FDEG-40	0.6kV/1kV 1.8kV/3kV	铜芯乙丙橡皮绝缘硅橡胶护套风力发电用耐寒耐扭曲软电缆
FDEG-55		铜芯乙丙橡皮绝缘硅橡胶护套风力发电用耐严寒耐扭曲软电缆
FDEH-25	0.6kV/1kV 1.8kV/3kV	铜芯乙丙橡皮绝缘氯磺化聚乙烯橡皮护套风力发电用耐扭曲软电缆
FDEH-40		铜芯乙丙橡皮绝缘氯磺化聚乙烯橡皮护套风力发电用耐寒耐扭曲软电缆
FDEH-55		铜芯乙丙橡皮绝缘氯磺化聚乙烯橡皮护套风力发电用耐严寒耐扭曲软电缆
FDGU-40	0.6kV/1kV 1.8kV/3kV	铜芯硅橡胶绝缘聚氨酯弹性体护套风力发电用耐寒耐扭曲软电缆
FDGU-55		铜芯硅橡胶绝缘聚氨酯弹性体护套风力发电用耐严寒耐扭曲软电缆

注：阻燃C类电缆在型号前加“ZC-”，金属屏蔽型电缆在护套代号后加“P”。

思　考　题

1. 风力发电用电缆品种有哪些？
2. 风力发电用电缆的使用环境有何特点？
3. 扭转运行的橡皮绝缘风力发电用电缆的扭转要求如何规定？

◇◇◇ 第五节　轨道交通机车电缆

一、产品概述

铁路是我国国民经济和社会发展的大动脉，铁路在我国五大交通运输方式中处于首要地位，以高铁、地铁及轻轨为主要方式的城市轨道交通和以重载货车为主要方式的铁路运输扩能增效是今后城市客运交通、铁路货运的主要形式和发展方向。

随着近年我国与国外轨道交通车辆制造巨头的深入合作，引入国外交通系统的各种产品制造标准后，出现了包括欧标、法标、日标、GE 采购规范、我国国标、铁标等不同体系的机车电缆标准并存的局面。国家在“十三五”规划中大力发展铁路及其相关产业，在未来几年内给轨道交通车辆电缆带来了非常广阔的市场前景。

二、产品标准

EN 50382—2：2008《铁道装备　具有特殊燃烧性能的铁路车辆用高温电力电缆　第 2 篇：120℃或 150℃单芯硅橡胶绝缘电缆》。

三、产品用途

电缆适用于额定电压 3. 6kV/6kV 及以下，温度等级 120℃或 150℃的轨道交通车辆系统，其应用如图 2-7 所示。

图 2-7　轨道交通机车电缆的应用

四、产品分类及命名方式

1. 产品标准号

单芯硅橡胶绝缘电缆：EN 50382—2。

2. 额定电压

单项对地电压 1800V：1800V。

单项对地电压 3600V：3600V。

3. 规格

绝缘芯数×导体截面积。

4. 特性代号

耐-40℃低温：O。

耐-40℃低温、耐矿物油：F。

5. 耐热特征

工作温度120℃：120℃。

工作温度150℃：150℃。

6. 附加代号

6类导体：X。

编织加强：Z。

7. 产品标记

制造商标记；EN标准号；额定电压（U_0）；导体标称截面积；符合EN 50382—2：2008中附录A的代码标识；导体温度。

其组成如下所示：

EN 50382—2　3600V　1×400　OF　150℃

五、产品特点

1. 电缆额定电压

1）无护套电缆：1.8kV/3kV、3.6kV/6kV。

2）有护套电缆：1.8kV/3kV、3.6kV/6kV。

2. 长期允许工作温度

镀锡导体长期最高工作温度为120℃。

3. 电缆最低使用温度

硅橡胶绝缘：-40℃。

4. 电缆敷设的允许弯曲半径

电缆的最小弯曲半径不小于10倍电缆外径。

六、产品结构图

轨道交通机车电缆产品结构如图2-8～图2-12所示。

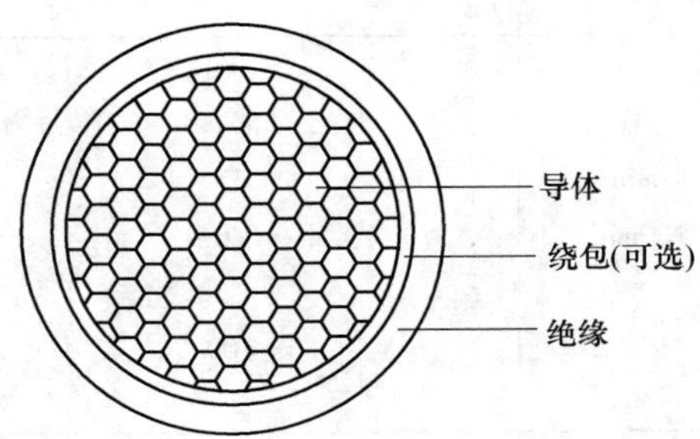

图2-8　额定电压1.8kV/3kV单芯绝缘电缆

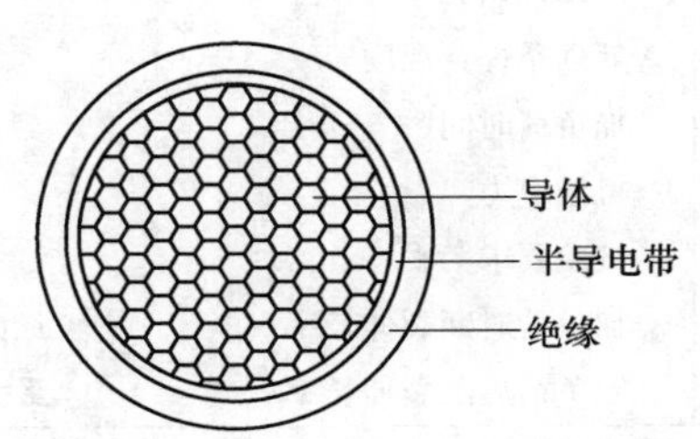

图2-9　额定电压3.6kV/6kV单芯绝缘电缆

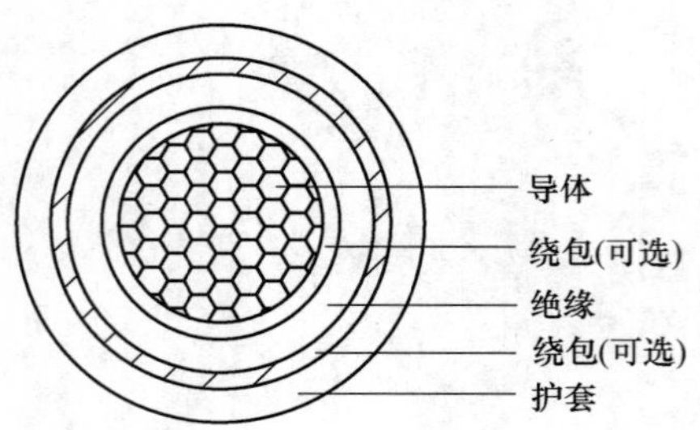

图 2-10　额定电压 1.8kV/3.0kV 单芯绝缘、护套电缆

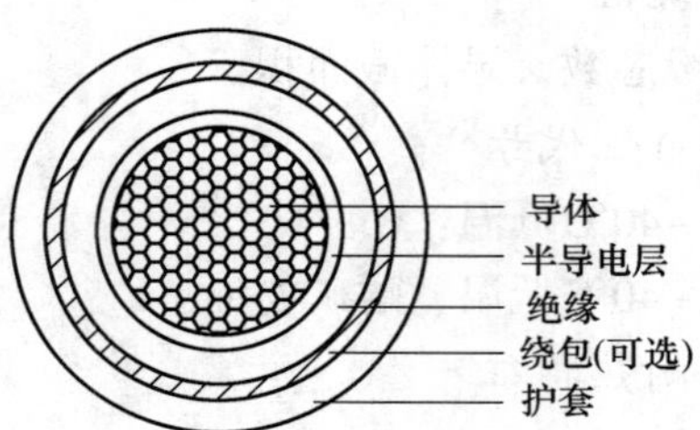

图 2-11　额定电压 3.6kV/6kV 单芯绝缘、护套电缆

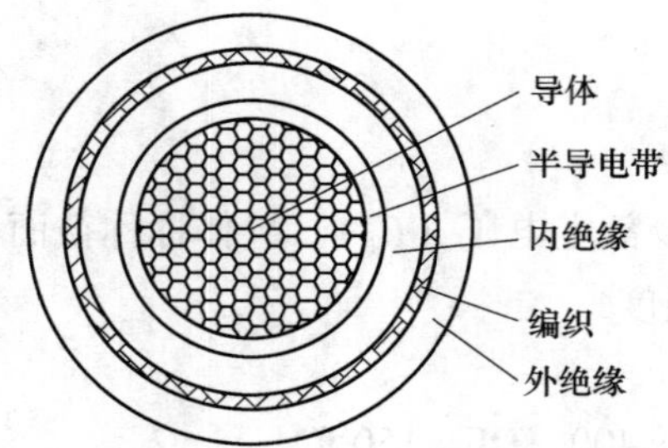

图 2-12　额定电压 3.6kV/6kV 单芯绝缘、编织电缆

七、试验简介

1. 电缆物理力学性能

电缆物理力学性能应符合表 2-16 规定。

表 2-16　电缆物理力学性能

序　号	项　　目		单　　位	EI 111
1	抗拉强度和断裂伸长率			
1.1	抗拉强度	中值　最小	MPa	8.0
	断裂伸长率	中值　最小	%	200
1.2	空气烘箱老化试验			
1.2.1	试验条件：温度		℃	200 ± 3
	时间		h	240
1.2.2	试验结果：抗拉强度	中值　最小	MPa	6.0
	断裂伸长率	中值　最小	%	160
2	热延伸试验			
2.1	处理条件：温度		℃	250 ± 3
	加负荷时间		min	15
	机械应力		N/mm^2	20
2.2	试验要求			
	加负荷时断裂伸长率	最大	%	100
	卸负荷后断裂伸长率	最大	%	25
3	耐臭氧试验			

（续）

序　号	项　　　　　目		单　　位	EI 111
3.1	浓度			
	方法 A		%	（250－300）×10⁻⁴
	方法 B（供选用）		%	（200±50）10⁻⁶
3.2	试验温度			
	方法 A		℃	25±2
	方法 B		℃	40±2
3.3	试验时间			
	方法 A		h	24
	方法 B		h	72
3.4	试验结果			不开裂
4	耐矿物油			
4.1	处理：油型 IRM902			
	温度		℃	100±2
	时间		h	24
4.2	抗拉强度变化率	最大	%	±25
4.3	断裂伸长率变化率	最大	%	±30
5	低温弯曲试验			
5.1	处理：温度		℃	－40
5.2	试验结果			无开裂
6	低温延伸试验			
6.1	处理：温度		℃	－40
6.2	断裂伸长率	最大	%	30
7	卤的测评			
7.1	pH 酸碱度	最小		4.3
7.2	电导率	最大		10
7.3	卤酸气体含量			
	HCL 及 HBr	最大	%	0.5
	HF	最大	%	0.1
8	毒性			
	毒性指数（ITC）	最大		3
9	耐酸碱			
9.1	处理			
	酸：标准乙二酸溶液			
	碱：标准氢氧化钠溶液			
	水槽温度		℃	23±2
	时间		h	168
9.2	抗拉强度变化率	最大	%	30
9.3	断裂伸长率	最小	%	100

注：1. 低温弯曲试验仅适用于外径不大于 12.5mm 的电缆。
　　2. 低温延伸试验仅适用于外径大于 12.5mm 的电缆。

2. 电缆电气性能

(1) 绝缘电阻　室温（20℃ ±5℃）下，测得绝缘电阻应不小于250MΩ·km。

(2) 介质强度　水温（20℃ ±5℃），浸水时间1h，当电压低于最低击穿电压时，不应发生击穿。试验条件见表2-17。

表2-17　试验条件

电压等级（U_0）/kV	最低击穿电压/kV
1.8	10
3.6	20

(3) 火花试验　AC（50Hz）试验电压：3kV+［5×表列绝缘厚度（mm）］kV。

(4) DC稳定性　水温（85℃ ±5℃），浸水及加压时间（240h ±2h），绝缘不应发生击穿。试验条件见表2-18。

表2-18　试验条件

电压等级（U_0）/kV	最低击穿电压（DC）/kV
1.8	4.5
3.6	9

(5) 表面电阻　漏泄电流的量值（mA）应不超过电缆直径量值（mm）的一半。如电缆直径为10mm，最大漏泄电流应不超过5mA。

试验结束后应承受AC 10kV而不发生闪络。

3. 安全性能

(1) 单根电缆垂直燃烧试验　成品电缆在GB/T 18380.12—2008的规定条件下试验，停止供火后电缆残焰自行熄灭，上支架下缘与炭化部分起始点之间的距离应大于50mm，且燃烧向下延伸到上支架下缘距离不大于540mm为合格。

(2) 成束电缆燃烧试验　成品电缆的成束燃烧试验应符合GB/T 18380.35—2008规定的C类（电缆外径大于12mm）和D类（电缆外径大于6mm、不大于12mm）要求。

无论是在梯架的前面还是后面，试验碳化部分都不应超过燃烧器底边以上2.5m的高度。

(3) 电缆燃烧烟密度试验　成品电缆在规定条件下试验，透光率不低于70%。

(4) pH酸碱度和电导率测定　成品电缆燃烧时析出酸性气体对未卷入火灾的电器设备和电子设备会造成广泛破坏。对pH值和电导率的限制即对电缆材料选择做出了限制。pH酸碱度≥4.3；导电率≤10S/m。

(5) 毒性　毒性指数不超过3。如果某非挤出构件的毒性指数超过3，而这些构件（填充料、包带）的合并重量不超过电缆可燃材料重量的5%，则整根电缆的加权毒性（ITC）应不超过3。

思　考　题

1. 轨道交通机车类电缆常用于什么场所？
2. 目前国内生产此类产品主要依据的标准有哪些？
3. 产品主要类型有哪些？

◇◇◇ 第六节　其他特种橡皮绝缘电缆

一、硅橡胶电缆

1. 概述

硅橡胶电缆产品适用于交流额定电压0.6kV/1kV及以下固定敷设用动力传输或移动电器用连接电缆，产品具有耐热辐射、耐寒、耐酸碱及腐蚀性气体、防水等特性，电缆结构柔软，敷设方便，高温（低温）环境下电气性能稳定，抗老化性能突出，使用寿命长，广泛用于冶金、电力、石化、电子、汽车、航空、船舶制造等行业。

硅橡胶电缆在电线电缆行业中属于特种电缆产品，其广泛被选用的原因主要是其突出的耐高低温性能及其柔软性和耐蚀性。在使用过程中，其可耐低温达-60℃，耐高温可达180℃，无论其在高温还是低温状态下，均会保持良好的柔软性，且具有很好的耐酸碱腐蚀的性能，因此本产品常被用于一些特殊的场所和环境中。

目前硅橡胶电缆生产制造的主要依据有TICW/04—2009及企业标准。

除了普通硅橡胶电缆以外，还有另外一种陶瓷化硅橡胶电缆。由于陶瓷化硅橡胶不同于普通的橡胶，也不同于阻燃橡胶，它具有优于普通橡胶和阻燃橡胶的特性，在常温下具备了普通硅橡胶的性能，在高温火焰的烧蚀后形成坚硬的壳体，形成的壳体具有一定的电气绝缘性能，保护着电线电缆，故其又名为陶瓷化耐火硅橡胶电缆。它能在火灾情况下保证电力、通信的畅通，因此目前有许多厂家选用陶瓷化硅橡胶生产耐火电缆。

2. 使用特性

1）额定电压：0.6kV/1kV。

2）电缆导体最高额定工作温度：正常运行时180℃；短路（最长持续5s）时350℃。

3）最低环境温度：固定敷设-60℃。

4）电缆安装敷设温度应不低于-25℃。

5）电缆的允许弯曲半径：无铠装层的电缆，应不小于电缆外径的6倍；有铠装或屏蔽结构的电缆，应不小于电缆外径的12倍。

3. 电缆型号和产品表示方法

（1）电缆常用型号（见表2-19）

表2-19　硅橡胶绝缘电缆型号

型　号	名　称	工作温度/℃
GG	铜芯硅橡胶绝缘硅橡胶护套电力电缆	180
GG2G	铜芯硅橡胶绝缘钢带铠装硅橡胶护套电力电缆	180
GG3G	铜芯硅橡胶绝缘细钢丝铠装硅橡胶护套电力电缆	180

（2）电缆代号

1）导体代号：第1种、第2种铜导体（T）省略；第5种导体（软结构）R。

2）绝缘代号：硅橡胶绝缘G。

3）内护套代号：硅橡胶护套G。

4）铠装代号：双钢带铠装2；细圆钢丝铠装3；双非磁性金属带铠装6；非磁性金属丝

铠装7。

5）外护套代号：硅橡胶护套G。

6）电缆燃烧特性代号和表示方法及燃烧特性要求按照GB/T 19666—2005的规定。

4. 电缆规格（见表2-20）

表2-20 电缆规格

芯　数	导体截面积/mm²	芯　数	导体截面积/mm²
1	0.75～300	4	1～240
2	0.75～300	3+1，4+1，3+2	2.5～240
3	0.75～300	5	1～240

5. 硅橡胶绝缘和护套物理力学性能（见表2-21的规定）

表2-21 硅橡胶绝缘和护套物理力学性能

序号	试验项目	单位	绝缘	护套	试验方法
			G	G	
1	老化前力学性能				GB/T 2951.11
1.1	抗拉强度　最小	MPa	5.0	6.0	
1.2	断裂伸长率　最小	%	150	150	
2	空气烘箱老化后力学性能				GB/T 2951.12
2.1	老化条件——温度（偏差±2℃）	℃	200	200	
	——持续时间	h	240	240	
2.2	老化后抗拉强度　最小	MPa	4.0	5.0	
	老化后断裂伸长率　最小	%	120	120	
3	热延伸试验				GB/T 2951.21
3.1	试验条件				
	——温度（偏差±3℃）	℃	200	200	
	——处理时间	min	15	15	
	——机械应力	N/mm²	0.2	0.2	
3.2	试验结果				
	——载荷下的断裂伸长率　最大	%	175	175	
	——冷却后的断裂伸长率　最大	%	25	25	
4	抗撕试验				JB/T 10696.7
	——抗撕强度　最小	N/mm	—	4.0	
5	耐酸碱试验		—	TICW4附录B	GB/T 2951.21

6. 成品电缆的性能指标

（1）导体电阻　电缆导体在20℃时的直流电阻应符合GB/T 3956—2008中的规定。

（2）成品电缆绝缘电阻　20℃时应不小于1500MΩ·km。工作温度下的绝缘电阻应不小于0.15 MΩ·km。

（3）电压试验

1）5min电压试验：成品单芯电缆应经受3500V工频浸水电压试验5min不击穿，多芯电缆应能经受工频3500V电压试验5min不击穿。

2）4h 电压试验：成品电缆绝缘线芯应经受环境温度下，浸水至少 1h、试验电压为 $4U_0$ 的工频电压试验，电压应逐渐升高并持续 4h，试验过程中应不发生击穿现象，试样长度为 10～15m。

（4）成品电缆的绝缘物理力学性能　应符合表 2-21 的要求。

（5）成品电缆的护套物理力学性能　应符合表 2-21 的要求。

（6）成品电缆的护套表面应有规定的连续标志　标志应清楚、容易辨认、耐擦。成品电缆标志应符合 GB/T 6995—2008 的规定。

二、港机电缆

1. 产品应用

港机电缆是一种适用于有较大机械应力、能频繁移动、抗扭转的可卷盘连接电气设备用电缆。港机电缆采用高强度芳纶丝编织，内、外护套紧密挤压，从而形成整体加强层，以确保能对抗高强度的拉力等；用对称式线芯绞合方式，防止起鼓；具有耐油、耐磨、耐寒、防水、耐弯曲、柔软、高阻燃特性，应用于起重机、龙门吊、斗轮机、自动化设备等。

2. 产品特性

1）导体绞合方式：符合 GB/T 3956—2008 第 5 类导体。

2）温度范围：固定安装：－40～80℃；移动安装：－5～80℃。

3）用于拖链系统使用寿命：大于 50 万次循环。

4）系统代号：GK。绝缘材料：EPR。护套材料：氯丁胶或聚氨酯。

5）小节距绞合和芳纶增强纤维单螺旋绞合。

6）高强度，高韧性聚氨酯（PU）弹性体护套，耐油和化学腐蚀，抗撕裂，低温柔软性好，弹性强，应力缓冲性好，耐磨、耐压。

7）圆形护套粘连结构，适用于反复收放的场合。

8）电压等级：0.6kV/1kV、3.6kV/6kV、6kV/10kV。

9）电缆的长期允许工作温度为 90℃，户外最低工作温度为－35℃，并具备耐臭氧、紫外线和潮湿的特性。

3. 电缆结构尺寸

1）0.6/1kV　GKEUR 港机电缆结构尺寸见表 2-22。

表 2-22　0.6/1kV　GKEUR 港机电缆结构尺寸

标称截面积 /mm^2	结构组成/mm （镀锡铜丝）	电缆最大外径 /mm	电缆近似重量 /（kg/km）	电缆承受力 （最大）/N
3×16+3×4	3×126/0.40+3×56/0.30	32	1000	2500
3×25+3×6	3×196/0.40+3×84/0.30	32	1500	3500
3×35+3×6	3×276/0.40+3×84/0.30	35	1960	4000
3×50+3×10	3×396/0.40+3×84/0.40	39	2950	4500
3×70+3×16	3×380/0.49+3×126/0.40	45	3720	5500
3×95+3×16	3×513/0.49+3×126/0.40	51	4470	6500
3×120+3×16	3×630/0.49+3×126/0.40	56	5620	7500
3×150+3×25	3×777/0.49+3×196/0.40	61	7080	9600
3×185+3×35	3×976/0.49+3×276/0.40	67	8450	12000
3×240+3×50	3×1281/0.49+3×396/0.40	74	11160	13000

2）中压 GKEFR 港机电缆结构尺寸见表 2-23。

表 2-23　中压 GKEFR 港机电缆结构尺寸

电压等级/kV	标称截面积/mm^2	结构组成/mm（镀锡铜丝）	电缆最大外径/mm	电缆近似重量/（kg/km）	电缆承受力（最大）/N
3.6/6	3×25+3×6	3×196/0.40+3×84/0.30	47	3010	1500
	3×35+3×6	3×276/0.40+3×84/0.30	51	3650	2100
	3×50+3×10	3×396/0.40+3×84/0.40	56	4520	3000
	3×70+3×16	3×380/0.49+3×126/0.40	60	5560	4200
	3×95+3×16	3×513/0.49+3×126/0.40	66	7000	5700
	3×120+3×16	3×630/0.49+3×126/0.40	69	8180	7200
6/10	3×25+3×6	3×196/0.40+3×84/0.30	53	3620	1500
	3×35+3×6	3×276/0.40+3×84/0.30	57	4250	2100
	3×50+3×10	3×396/0.40+3×84/0.40	62	5120	3000
	3×70+3×16	3×380/0.49+3×126/0.40	65	6280	4200
	3×95+3×16	3×513/0.49+3×126/0.40	71	7810	5700
	3×120+3×16	3×630/0.49+3×126/0.40	75	9030	7200

4. 结构示意图

港机电缆结构如图 2-13 所示。

5. 主要技术指标

1）绝缘阻抗：最小 100MΩ/km。

2）弯曲半径：6 倍电缆直径。

三、盾构机电缆

1. 产品应用

随着我国国民经济的高速发展，基础建设中市政管道、铁路隧道、公路隧道、地铁、露天煤矿等工程，需要大量的隧道掘进设备，盾构机是一种高智能的集机、电、液压、计算机运用于一体的大型隧道施工设备。盾构机电缆一般采用 6kV 以上系统电压，同时要求电缆具备抗拉、耐磨、防水、耐蚀、耐油，耐扭转、耐弯曲等性能。适用于盾构机及类似设备的是铜芯金属屏蔽橡皮绝缘橡皮护套软电缆。

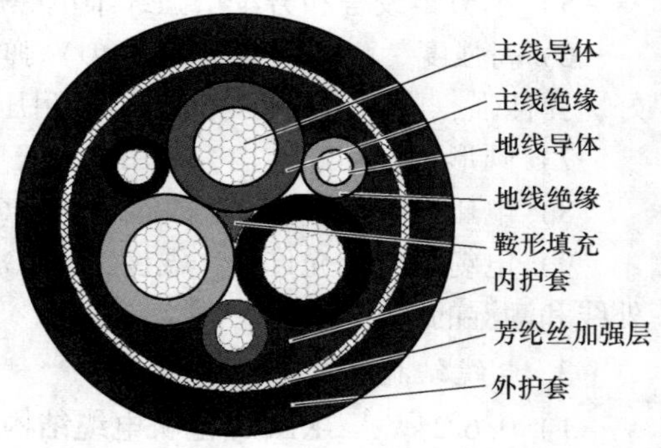

图 2-13　港机电缆结构

2. 产品特性

1）电缆导体的长期允许工作温度为 90℃。

2）电缆最小弯曲半径为电缆直径的 6 倍。

3. 产品结构

1）导体应符合 GB/T 3956—2008 中的第 5 种软铜导体的规定。

2）动力线芯导体和绝缘必须有屏蔽。

4. 产品型号名称及用途（见表2-24）

表2-24　盾构机电缆型号名称及用途

型　号	名　称	用　途
UGEFPT-6/10	移动金属屏蔽橡套软电缆	额定电压6kV/10kV机械电源连接，环境温度下限-40℃
UGEFPT-8.7/15	移动金属屏蔽橡套软电缆	额定电压8.7kV/15kV机械电源连接，环境温度下限-40℃
UGEFPT-12/20	移动金属屏蔽橡套软电缆	额定电压12kV/20kV机械电源连接，环境温度下限-40℃

5. 产品技术要求

1）导体单线应镀锡。

2）动力线芯绝缘抗拉强度不小于6.5MPa。

3）绝缘电阻换算到20℃时应符合表2-25的规定。

表2-25　盾构机电缆绝缘电阻指标

标称截面积/mm^2	25	35	50	70	95	120
绝缘电阻最小值/MΩ·km	550		500		450	

4）节径比应不大于12。

5）局部放电量应不超过10pC。

四、卷筒电缆

1. 产品概述

卷筒电缆需适应非常恶劣的环境，具有超强耐油、耐磨、耐弯曲、防紫外线、抗张力等性能。高性能卷筒电缆相比普通橡套卷筒电缆还需解决横向纵向开裂、易断、易老化等一系列性能问题。该类产品适用于需要移动电缆供电的各种场所，如电动平板车、各种起重机、液压抓斗等，以及卷筒机、输送机、收缆机、移动行车、天车及各种大型移动设备用电缆，它具有供电简单、操作安全可靠、结构紧凑、电缆磨损少等特点。卷筒电缆同时也可在拖链系统中用作卷筒和拖曳电缆。卷筒电缆随拖轴或其他类似装置的导向进行收展运动。

1）执行标准：企业标准。

2）产品型号：LMYCW YCT ZMFLJR，电压等级：0.6kV/1kV。

3）芯数、截面范围：3~6芯，6~240mm^2所有型号的卷筒电缆。

2. 产品特点

本产品具有耐寒、耐磨、耐腐蚀、柔软、防酸、防碱等特性及超强的机械负载承受能力。具有良好的抗弯曲、耐扭转性能，比普通的橡套电缆性能高数倍。

3. 线缆结构

1）导体：符合GB/T 3956—2008第5种导体要求。

2）绝缘：乙丙橡胶。

3）护套：特种丁腈复合料或优质PUR混合料或氯丁混合橡胶。

4）颜色：黑色。

5）弯曲半径：6D，D为电缆外径。

6）温度范围：移动安装，-15~70℃；固定安装，-20~70℃。

4. 主要技术指标

1）成品电缆导体（R类）直流电阻符合GB 3956第5种导体规定。

2）20℃时绝缘电阻不小于50MΩ/km。

3）成品电缆经受交流50Hz 3.5kV/5min电压试验不击穿。

5. 型号规格范围

LMYCW	乙丙绝缘氯丁护套移动吊机用软电缆	3～6芯	6～240mm²。
YCT	乙丙绝缘氯丁护套升降机用软电缆	3～6芯	6～95mm²。
ZMFLJR	乙丙绝缘氯丁护套加强型卷筒用软电缆	3～6芯	6～240mm²。

五、潜油泵电缆

1. 简述

潜油泵电缆为固定敷设在陆地或海上平台油井的潜油泵机组用动力电缆。它将地面或海上平台电源传输给井下潜油电动机，为电动机提供动力。潜油泵电缆包括潜油泵引接电缆和潜油泵电力电缆。

潜油泵机组安装示意图如图2-14所示。

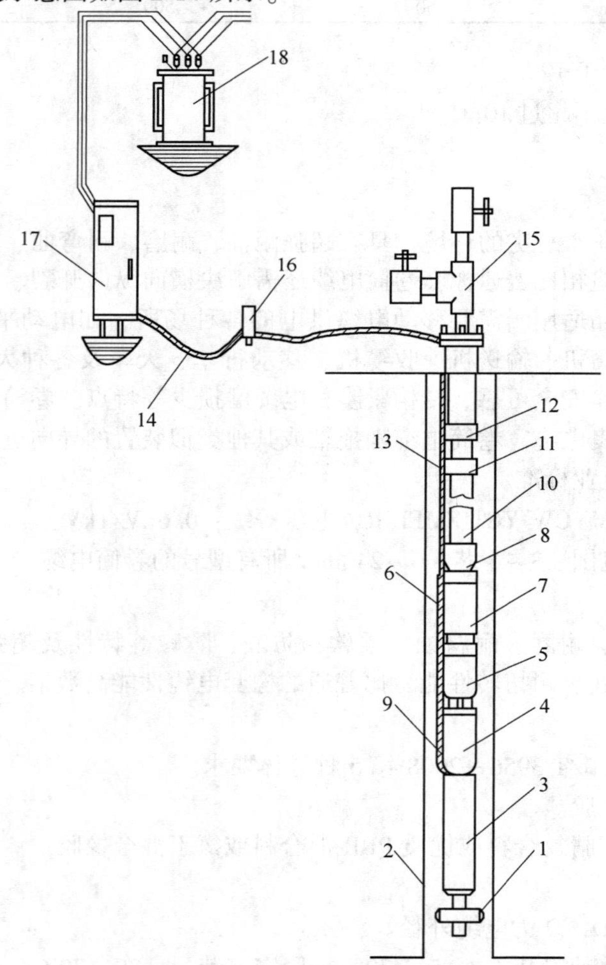

图2-14　潜油泵机组安装示意图

1—扶正器　2—套管　3—电动机　4—保护器　5—吸入及处理装置　6—电缆护罩　7—泵　8—泵出口接头　9—引接电缆　10—油管　11—单流阀　12—泄油阀　13—电力电缆　14—地面电缆　15—井口装置　16—接线盒　17—控制柜　18—变压器

国内产品现执行标准 JB/T 5332—2011《额定电压 3.6/6kV 及以下电动潜油泵电缆》，实际生产时还要参照 GB/T 16750—2015《潜油电泵机组》中的有关规定。

2. 电缆型号

(1) 电缆型号规格表示方法　如图 2-15 所示。

图 2-15　电缆型号规格表示方法

1）系列代号。

潜油泵引接电缆，用 QYJ 表示；潜油泵电力电缆，用 QY 表示。

2）导体材料代号。

铜导体，省略。

3）绝缘材料代号。

① 聚丙烯（包括改性聚丙烯），用 P 表示；

② 乙丙橡胶，用 E 表示；

③ 交联聚乙烯，用 YJ 表示；

④ 聚酰亚胺-四氟乙烯六氟丙烯共聚物（氟 46）复合薄膜/乙丙橡胶组合绝缘，用 YE 表示；

⑤ 聚酰亚胺-四氟乙烯六氟丙烯共聚物（氟 46）复合薄膜/可熔性聚四氟乙烯组合绝缘，用 YF 表示。

4）内护套材料代号。

① 铅（铅合金），用 Q 表示；

② 乙丙橡胶，用 E 表示；

③ 氯磺化聚乙烯，用 H 表示；

④ 丁腈聚氯乙烯复合物，用 F 表示；

⑤ 丁腈橡胶，用 N 表示。

5）铠装层材料代号。

① 镀锌钢带铠装，省略；

② 蒙乃尔钢带铠装，用 M 表示；

③ 不锈钢带铠装，用 X 表示。

6）结构特征代号。

① 扁形，省略；

② 圆形，用 Y 表示。

（2）示例

1）额定电压 1.8kV/3kV 的聚酰亚胺-氟 46 复合薄膜/乙丙橡胶组合绝缘铅内护套不锈钢带连锁铠装扁形潜油泵引接电缆，$3\times20\text{mm}^2$，表示为 QYJYEQX3 3×20 JB/T 5332.2—2011。

2）额定电压 3.6kV/6kV 的乙丙橡胶绝缘乙丙橡胶内护套镀锌钢带连锁铠装圆形潜油泵电力电缆，$3\times35\text{mm}^2$，表示为 QYEEY6 3×35 JB/T 5332.4—2011。

3. 电缆结构特点

（1）典型电缆结构示意图　额定电压 3.6kV/6kV 的乙丙橡胶绝缘铅内护套蒙乃尔钢带连锁铠装扁形潜油泵电力电缆 QYEQM6 3×16 JB/T 5332.3—2011 如图 2-16 所示。

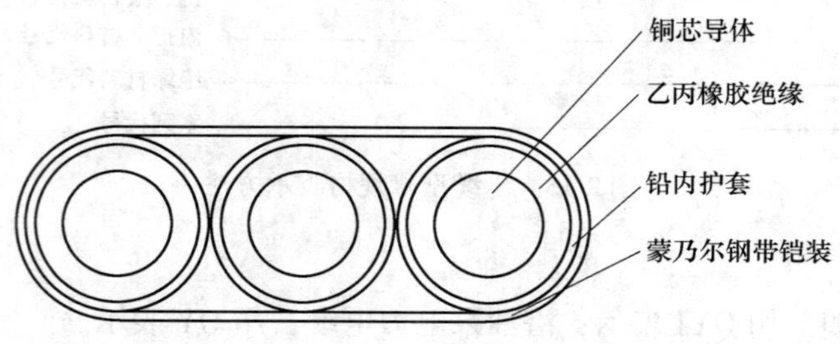

图 2-16　潜油泵电缆结构

（2）电缆结构特点

1）导体。

① 潜油泵电缆导体多采用铜导体或镀锡铜导体，且导体标称截面积在 20mm^2 以下者均为单根实心导体。其标称直径和导体电阻规定见表 2-26。

表 2-26　潜油泵电缆导体标称直径及电阻要求

导体标称截面积 /mm²	导体标称直径/mm			20℃导体最大直流电阻 /（Ω/km）	
	实心导体	绞合导体（7 根单丝）	绞合导体（7 根单丝）	不镀锡	镀锡
10	3.57	—	—	1.84	1.85
13	4.11	—	—	1.30	1.34
16	4.48	—	—	1.15	1.16
20	5.19	—	—	0.814	0.839
20	—	5.98	5.41	0.830	0.865
25	5.64	—	—	0.728	0.735
35	6.54	—	—	0.516	0.527
35	—	7.42	6.81	0.521	0.543
40	7.35	—	—	0.405	0.418
40	—	8.33	7.57	0.415	0.432
50	—	9.35	8.56	0.329	0.342
70	—	10.80	—	0.264	0.271

② 与铜导体相比，铝的成本低廉，重量也轻，因此对于同样载流量的电缆而言，其制造成本会低得多。

但铝一般不作为潜油泵用电缆导体的理想材料，因为其电导率仅为同截面铜导体的

61%，若采用铝导体传输与铜导线相等的电流，必须增大铝导体截面，电缆尺寸会变大，采油井筒套管的环境空间势必变小。

铝导体比铜导体更难进行铜铝连接和端头连接。连接铝导体端子时，必须采用专用压紧式接头。

③ 铜导体的主要缺点是易被硫化氢（H_2S）侵蚀。电缆在高温、多硫化氢井中使用时，绝缘线芯外还应挤包连续铅包护层，以达到密封效果。

2）绝缘。

① 耐温等级为90℃的潜油泵电缆绝缘材料多采用聚丙烯（改性聚丙烯）的热塑材料。聚丙烯是价格较为低廉的绝缘材料，适用于低温油井，适用温度范围为－10（环境）～96℃（导体）。

② 耐温等级为120℃及以上的潜油泵电缆绝缘材料多采用乙丙橡胶绝缘或聚酰亚胺-F46复合薄膜/乙丙橡胶组合绝缘材料。

三元乙丙橡胶在低环境温度（－40℃）的情况下仍具有较好的挠性，适合在硫化氢（H_2S）井况中应用，还可以防止多种油井处理液对绝缘的侵蚀。

聚酰亚胺-F46复合薄膜/乙丙橡胶组合绝缘，配以电缆束紧的合理结构，如绝缘线芯外挤包连续铅包护层或绝缘线芯外连续挤包0.2mm左右厚氟塑料层后再挤包连续铅包护层等，使得电缆在导体最高工作温度为204℃时仍能有效运行。国外产品已运行在导体最高工作温度232℃（450℉）下。

三元乙丙橡胶材料在油中的膨胀，虽然通过合理调整配方可以减弱，但它仍高度依赖外部束紧层来保护其完好性。

3）铅内护套。铅护套是一种连续的、无接缝的包敷在导体绝缘层外表的金属护套。这种结构为绝缘层提供了一种极好的气液屏障。在含硫化氢的井中，铅也是保护铜的有效屏障。

4）衬垫层。在有铅包电缆结构的制造过程中，金属铠装前需要有衬垫层材料保护铅层表面免受机械损伤。该衬层也为电缆内部结构提供了附加强度和保护。

典型的衬垫层是纤维（涤纶）丝编织层或绕包阻燃纤维带层等。

5）内护套。电缆铠装前个别型号电缆（QYPN型）的绝缘线芯和圆形电缆成缆后均需挤包内护套，其目的是保护绝缘层免受机械损伤。

目前最常用的护套材料有丁腈混合橡胶和三元乙丙混合橡胶。

6）铠装。铠装是用于电缆安装、敷设和运输期间提供机械保护的电缆外层金属结构。它对裸露在井液中的橡胶弹塑性材料的膨胀有限制作用，还起着一定的纵向支撑作用。

铠装材料一般采用镀锌钢带，对于一些特殊井矿条件采用不锈钢带或蒙乃尔钢带。

4. 电缆成品检验项目及要求

1）成品电缆的结构尺寸应符合相应产品标准的规定。

2）成品电缆20℃时导体直流电阻应符合表2-26的规定。

导体电阻不平衡度应不大于3%（GB/T 16750—2015《潜油电泵机组》中的规定不大于2%）。测量不平衡度时，在电缆一端将三相导体短接，在电缆另一端测量三回路的直流电阻，试验为整盘电缆，导体不平衡度（%）按下式进行计算。

导体电阻不平衡度(%)＝(回路最大电阻值－回路最小电阻值)/回路电阻平均值×100

3）成品电缆20℃时绝缘电阻应符合相应产品标准的规定。

4）成品电缆15.6℃下泄漏电流应符合下列规定：

① 交联聚乙烯绝缘在15kV直流电压下测试值应不大于15μA/km；

② 聚丙烯、乙丙橡胶绝缘电阻应符合表2-27的规定（试验方法执行JB/T 5332.1—2011附录E）。

表2-27 潜油泵电缆绝缘电阻的规定

导体标称截面积/mm^2	聚丙烯绝缘泄漏电流/（μA/km）		乙丙橡胶绝缘泄漏电流/（μA/km）	
	1.9mm绝缘	2.3mm绝缘	1.9mm绝缘	2.3mm绝缘
10	0.22	0.20	0.56	0.49
13	0.25	0.22	0.62	0.54
16	0.27	0.23	0.67	0.58
20	0.30	0.26	0.74	0.65
25	0.36	0.31	0.89	0.78
35	0.40	0.34	0.99	0.86
40	0.44	0.38	1.10	0.95
50	0.48	0.41	1.20	1.04
70	0.53	0.46	1.33	1.14

5）成品电缆试样经高温高压试验后，绝缘电阻应大于500MΩ（试验方法执行JB/T 5332.1—2011附录B）。

6）绞合导体密封性能试验（试验方法执行JB/T 5332.1—2011附录A）。

电缆如有导体密封性能要求，应经空气差压试验。试样长度为305mm，空气压强为0.0343MPa，试验持续时间为1h，试验结果如无气泡出现，则认为通过密封性能试验。

7）成品电缆电压试验。成品电缆承受表2-28规定的电压试验后应不击穿。

表2-28 成品电缆电压试验的规定

额定电压/kV	试验电压/kV		施加电压时间/min
	直　流	交流（有效值）	
1.8/3	27	9	5
3.6/6	35	13	5

8）4h高电压试验。取5~10m成品电缆，剥去所有护层，将线芯浸入水中至少1h后，在导体和水之间施加$3U_0$的试验电压4h。

9）成品电缆铠装层弯曲试验（试验方法执行JB/T 5332.1—2011附录C）。铠装层弯曲试验机或手工弯曲的圆筒直径见表2-29。

表2-29 铠装层弯曲试验机或手工弯曲的圆筒直径

电缆类型	弯曲圆筒直径/mm
扁电缆	20×裸铠装电缆厚度
圆电缆	14×裸铠装电缆外径

检查弯曲圆筒上受弯曲部位、累计弯曲360°的试样，弯曲后钢带相邻层应不分开。

10）绝缘性能。绝缘性能应符合 JB/T 5332.1—2011 中 5.2 的规定。

11）内护套材料物理力学性能应符合 JB/T 5332.1—2011 中 5.3 的规定。

思考题

1. 本节主要介绍了哪些类型的特种橡皮绝缘电缆？它们的主要用途是什么？
2. 硅橡胶类电缆的主要技术特征体现在哪些方面？
3. 潜油泵电缆铠装层的作用是什么？请说出铠装层材料的种类。
4. 请叙述潜油泵电缆导体不平衡度的计算公式并会操作。

第三章

橡皮及其配方

◇◇◇ 第一节　电线电缆用橡皮的性能

一、电气绝缘性能

电线电缆是用来传输电能的，导体上要通过电流，绝缘层要承受一定的电压，所以一定要研究绝缘材料在电压的作用下所产生的一些主要物理现象和过程。这些现象有电导、极化、介质损耗和击穿等。这四种现象所对应绝缘材料的参数分别是绝缘电阻率、介电系数、介质损耗角正切和击穿强度。这几个参数构成了绝缘材料的主要电气绝缘性能。

1. 绝缘电阻和绝缘电阻率

绝缘材料是用以隔绝电荷的，理想的绝缘材料是不导电的，但实际绝对不导电的绝缘材料是不存在的。由试验可知，任何绝缘材料，只要在其两端加直流电压，就会有三种电流通过：即瞬时充电电流 I_c、吸收电流 I_p 和泄漏电流 I_g。其中瞬时充电电流随时间下降很快趋近于零；吸收电流是由于介质极化而引起的电流，随着介质极化的缓慢进行而缓慢下降为零；唯有泄漏电流是由材料内部带电质点在电场作用下做定向移动所引起的，它不随时间的延长而变化。我们所观察到的电流 I，就是由这些电流叠加而成的，电流 I 随时间逐渐下降，最后趋于一个稳定值 I_g，如图 3-1 所示。

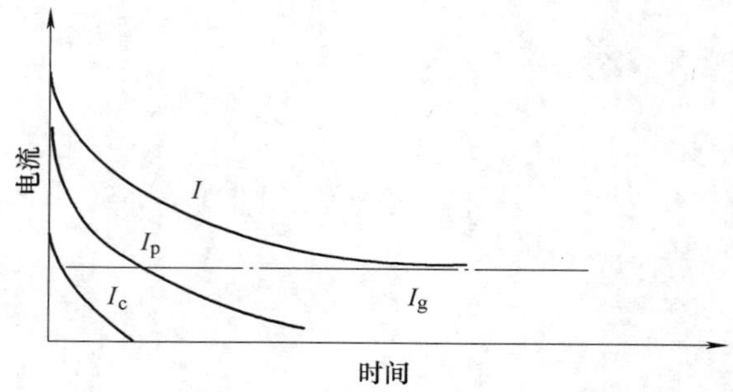

图 3-1　直流电压作用下通过橡皮的电流-时间关系

所谓绝缘电阻就是所加直流电压与泄漏电流的比值，即

$$R = U/I_g \tag{3-1}$$

由于绝缘材料的种类不同，电流趋向于稳定的时间也不一样。通常取加压后 1min 的电流值来计算绝缘电阻。

绝缘材料的绝缘电阻一般都很高，它不仅与绝缘材料的分子结构和组成有关，而且也和绝缘材料与电线电缆的几何形状和尺寸有关。为了比较不同绝缘材料的绝缘性能，通常取绝缘材料单位面积、单位厚度的绝缘电阻进行比较。在均匀电场作用下，绝缘电阻与绝缘层的厚度 δ 成正比，而与电极面积 A 成反比，即

$$R = \rho_v \frac{\delta}{A} \tag{3-2}$$

式中比例系数 ρ_v 称为体积绝缘电阻率，也称电阻率，单位为欧姆 · 米（Ω · m）。

作为绝缘材料，其绝缘电阻率越大越好，这是绝缘材料电性能的一个重要参数。绝缘材

料的电阻率和下列因素有关。

（1）绝缘电阻率与温度的关系　绝缘电阻率随温度上升而迅速下降，这是由于温度升高时材料中的自由离子数目增加而且其运动能量也增加，从而导致泄漏电流显著增加，绝缘电阻迅速下降，一般服从下列指数关系

$$\rho_v = \rho_0 e^{-at} \tag{3-3}$$

式中　ρ_0——温度 $t=0$℃时的体积电阻率（Ω·m）；

a——电阻率的温度系数（1/℃）；

t——温度（℃）。

（2）绝缘电阻率和电场强度的关系　在电场强度较低时，绝缘电阻率与电场强度几乎无关；在电场强度较高时，由于离子迁移率增加，绝缘电阻率也随之下降，在接近击穿的高电场范围时，绝缘电阻率随电场强度近似按指数规律急剧下降，因为此时不仅离子迁移率迅速增加，而且还出现了大量的电子迁移。

（3）绝缘电阻率和杂质含量的关系：各种杂质中的导电离子，特别是水分，会大大降低绝缘电阻率。含有杂质的绝缘材料，吸湿后其绝缘电阻率下降的趋势尤为明显。

绝缘电阻率是电线电缆绝缘材料的主要电气绝缘性能之一，所以一般都要求其绝缘电阻率不低于某一数值，否则绝缘层中泄漏电流会很大，不仅浪费电能，而且会使电缆过度发热而导致损坏。

常用橡胶的绝缘电阻率见表3-1。

表3-1　常用橡胶的绝缘电阻率

材料名称	绝缘电阻率 ρ_v/Ω·m	材料名称	绝缘电阻率 ρ_v/Ω·m
天然橡胶	$(1\sim6)\times10^{13}$	丁基橡胶	$>10^{13}$
丁苯橡胶	$10^{11}\sim10^{13}$	乙丙橡胶	6×10^{13}
丁腈橡胶	$10^{8}\sim10^{9}$	硅橡胶	$10^{9}\sim10^{15}$
氯丁橡胶	$10^{7}\sim10^{10}$	氯磺化聚乙烯	10^{12}

2. 介电系数

在一个平板电容器的两极板间施以电压 U（V），而在极板上则充上电荷 Q（C）时，则电荷量与电压的比值 C 被称为该电容器的电容（F），即

$$C=\frac{Q}{U} \tag{3-4}$$

式（3-4）为通过测量电容器的施加电压和累积电荷来计算电容的公式。

在均匀电场（平板电容器中间可近似视为均匀电场）下，电容 C 与电极板面积 S 成正比，与电极间的厚度 δ 成反比，即

$$C=\varepsilon\frac{S}{\delta} \tag{3-5}$$

式（3-5）是按电容器的材料性能和结构尺寸来计算其电容。

式（3-5）中比例系数 ε 叫作绝缘的介电系数。介电系数越大，表明这种材料在电场中单位体积所能贮存的电能越多。当电极板的面积单位为 m^2、厚度单位为 m 时，ε 的单位为

F/m。

真空具有最小的介电系数，以 ε_0 表示，是一个基本常数。

$$\varepsilon_0 = 8.86 \times 10^{-12}\,\text{F/m}$$

任何绝缘材料的介电系数均大于真空的介电系数，通常把某种材料的介电系数相对于真空介电系数的值称为该材料的相对介电系数，以 ε_r 表示，它是无量纲的数。人们通常把相对介电系数简称为介电系数。常用橡胶的相对介电系数见表 3-2。

表 3-2　常用橡胶的相对介电系数

材料名称	相对介电系数 ε_r	材料名称	相对介电系数 ε_r
天然橡胶	2.3~3.0	丁基橡胶	2.1~2.4
丁苯橡胶	2.9	乙丙橡胶	3.0~3.5
丁腈橡胶	13.0	硅橡胶	3.0~3.5
氯丁橡胶	9.0	氯磺化聚乙烯	7~10

3. 介质损耗角正切

在交流电压的作用下，消耗于绝缘层中的有功功率叫作介质损耗。介质损耗的来源主要有两个方面：一个是自由离子的迁移引起的电导损耗；另一个是偶极子转向极化而引起的偶极损耗。每米长度上电缆的介质损耗 W（W/m）可以按下式计算

$$W = U^2\omega C\tan\delta \tag{3-6}$$

式中　U——电缆导体对地电压（V）；

ω——角频率，无量纲值，$\omega = 2\pi f$；

f——电源频率（Hz）；

C——每米长度电缆的电容（F/m）；

$\tan\delta$——绝缘电介质损耗角正切。

$\tan\delta$ 的物理意义可以通过加在绝缘上的交流电压 U 与绝缘层中通过的电流 I 之间的矢量关系来了解。如图 3-2 所示，电流与电压间的夹角为 ϕ，电流矢量可以分解为两个分量，$I_p = I\sin\phi$ 与电压矢量 U 相垂直，代表电线的纯电容电流，是电流的无功分量；$I_a = I\cos\phi$ 与电压矢量相平行，是电流的有功分量；I_p 与 I 之间的夹角为 δ，叫作介质损耗角，从图 3-2 可以看出

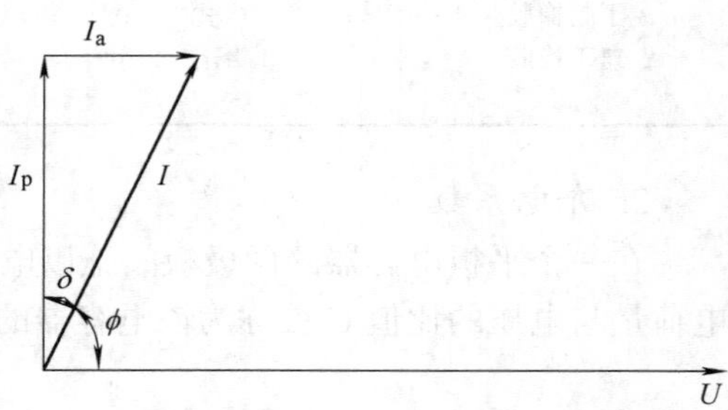

图 3-2　绝缘介质损耗角正切 $\tan\delta$ 的简化矢量图

$$\tan\delta = I_a/I_p = \frac{UI_a}{UI_p} = \frac{W}{U^2\omega \cdot C} \tag{3-7}$$

即介质损耗角正切是电流有功分量与无功分量的比；同时也是能量的有功分量与无功分量的比。$\tan\delta$ 越大，损失于介质中的能量也越多。

绝缘材料的 $\tan\delta$ 决定于其本身的分子结构和组成，以及配合剂的性能和组分及杂质含量等。常用橡胶的 $\tan\delta$ 值见表 3-3。

表 3-3　常用橡胶的 $\tan\delta$ 值

橡胶名称	$\tan\delta$ 值（1kHz）	橡胶名称	$\tan\delta$ 值（1kHz）
天然橡胶	0.0016～0.0030	丁基橡胶	0.0030
丁苯橡胶	0.0032	乙丙橡胶	0.004（60Hz）
丁腈橡胶	0.055	硅橡胶	0.001～0.01

绝缘介质损耗还与下列运行条件有关：

（1）温度的影响　温度对介质损耗的影响较大。当温度升高时，分子中的极性基团定向容易，故损耗随温度而增加，当温度增加到一定限度时，由于大分子的热运动增加，建立极化的松弛时间下降，所以偶极损耗便随温度的升高而下降。当温度继续升高时，电导损耗增加极快，则损耗随温度升高而剧烈增加，如图 3-3 所示。

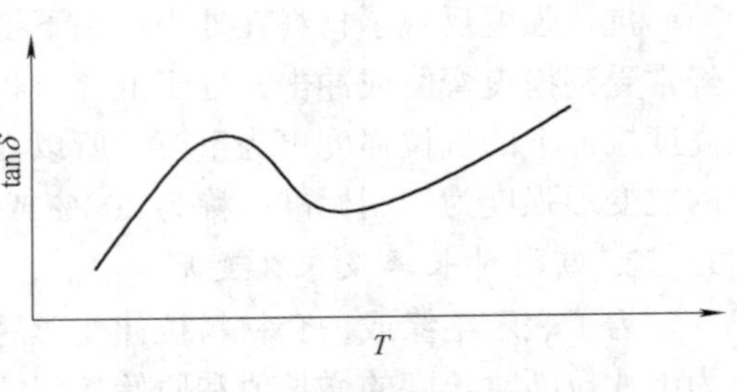

图 3-3　$\tan\delta$-温度曲线

（2）频率的影响　输电频率的变化对 $\tan\delta$ 也有影响，但对于一般工农业供电来说，其供电频率为 50Hz，是一个固定数值，故可以不考虑其影响。但对于高频工作下的通信电缆来说，如果 $\tan\delta$ 大，则信号衰减很快，因此对于通信电缆来说要求 ε 和 $\tan\delta$ 都要小。

（3）电场强度的影响　当电场强度大到一定值时，由于介质内部气孔或电极边缘将会出现局部放电，会引起 $\tan\delta$ 显著增加。此外，由于电场强度增大，会使离子电导率增强，也将引起 $\tan\delta$ 的增加。

4. 击穿场强

绝缘材料是在电压作用下工作的，当施加于绝缘材料的电压增大到一定程度时，材料就由绝缘状态突变为导电状态，这一跃变现象称为绝缘材料的击穿。绝缘材料在发生击穿时，通过绝缘层的电流剧烈地增加，出现局部烧焦熔化现象。绝缘材料在击穿时所能承受的最大电压叫作击穿电压。在均匀电场下击穿电压和绝缘厚度之比叫作击穿强度。击穿强度也是绝缘材料性能的重要参数之一，它决定了绝缘材料在电场作用下保持绝缘的极限能力，因而在很多情况下绝缘击穿成为决定电工及电子设备最终寿命的重要因素。在近代工业中，高压输电电压的提高以及高能粒子加速器的发展，都要求电气绝缘技术向高电场强度方向发展。在低电压下使用的电子器件，虽然电压不高，但是绝缘厚度很薄，所以仍有很多高场强绝缘问题，所以绝缘材料的击穿强度是一个非常重要的电性能参数。常用橡胶的击穿强度见表 3-4。

表 3-4　常用橡胶的击穿强度

材料名称	击穿强度/（kV/mm）	材料名称	击穿强度/（kV/mm）
天然橡胶	20～30	乙丙橡胶	28～30
丁苯橡胶	20～30	硅橡胶	15～20
丁腈橡胶	20	丁基橡胶	20～30
氯丁橡胶	20	氯磺化聚乙烯	20～25

二、非电气性能

1. 抗拉强度

橡皮试片在均匀增加的拉力下，逐渐变形直至被拉断所需的负荷称为拉断力。

拉断力和试片的横截面积之比叫作抗拉强度，公式如下

$$\sigma = \frac{P}{S} \tag{3-8}$$

式中 σ——抗拉强度（MPa）；

P——拉断力（N）；

S——试片横截面积（mm^2）。

抗拉强度反映了材料在外力作用下抵抗变形的能力。但对橡皮绝缘电线电缆来说，由于经常受到拖曳弯曲或冲击，处于低变形状态，在这种低变形状态下橡皮表现的抗变形能力比高度拉伸下的抗拉强度更为重要。所以在实际生产上多以变形为200%或300%定伸条件下的抗变形强度为控制标准，称为200%或300%时的定伸强度。

2. 断裂伸长率及永久变形

为了表示绝缘或护套材料拉伸变形的能力，通常采用断裂伸长率这一指标。断裂伸长率为试片拉断时长度的增长值和原始长度的比值，用百分数表示，其公式为

$$\varepsilon = \frac{L - L_0}{L_0} \tag{3-9}$$

式中 ε——拉断时的断裂伸长率（%）；

L——拉断时试样的实际长度（mm）；

L_0——试样的原始长度（mm）。

永久变形是橡皮拉断裂静放一定时间后的伸长率，也用百分数表示，其公式为

$$\varepsilon_1 = \frac{L_1 - L_0}{L_0} \tag{3-10}$$

式中 ε_1——永久变形（%）；

L_1——试样拉断后静放一段时间（3min）后的长度（mm）；

L_0——试样的原始长度（mm）。

对于电线电缆用橡皮，不仅希望它具有较大的抗拉强度，同时也希望具有一定的断裂伸长率，以适应实用中的变形能力。橡皮材料的断裂伸长率随温度的升高、材料的老化及吸潮而明显下降。

永久变形表明材料塑性的大小，它和硫化程度有关。硫化得越充分，则永久变形越小。对于电缆来说，永久变形越小越好，以保证电缆有足够的弹性。

3. 抗撕裂强度

橡皮绝缘及橡皮护套电缆，往往用于矿山和采掘工业的移动电器设备上，经常受到剪切方向的机械力作用，这就要求电缆护套具有一定的抗撕裂能力。

抗撕裂强度是将具有一定形状的试样，在拉力机上以一定的速度拉伸到拉断，所需之拉断力与割口部位厚度之比。其公式为

$$\Psi_s = \frac{P}{n} \tag{3-11}$$

式中 Ψ_s——抗撕裂强度（N/mm）；

n——试样撕裂部位的厚度（mm）；

P——试样撕断时的负荷（N）。

试验证明，橡皮的抗撕裂性能和补强剂、填料以及含胶量、硫化程度有密切关系。

活性炭黑能增加抗撕裂性，是由于链状炭黑能阻碍裂纹增长和改变裂纹的方向，因此对提高硫化橡皮的抗撕裂强度有显著作用。

填料也是影响抗撕裂性的重要因素。试验证明，适当增加碳酸钙含量，可以提高橡皮的抗撕裂强度。但滑石粉和陶土粒子具有各向异性，橡皮沿着压延方向容易撕裂。另外，提高含胶量也是提高抗撕裂性的有效措施，一般含胶量提高到60%时抗撕性有明显提高，但这会增加材料的成本。

此外，在生产中恰当地控制橡皮硫化程度，也可以在一定程度上提高橡皮的抗撕裂强度。

4. 耐磨性

耐磨性是材料抵抗磨损的能力。对于移动式敷设的橡皮绝缘电缆如矿用橡套软电缆等，需要经常在地面上、矿石间往复拖动，护套有一定的耐磨性是非常必要的。

要想得到高耐磨性，必须使电缆橡皮表面硬度与弹性获得适当配合，可以从以下几个因素考虑。

（1）综合利用各种不同类型橡胶的耐磨性能　不同类型的橡胶其耐磨性也不同。

玻璃化温度低的橡胶耐磨性好，橡胶的耐磨性随其玻璃化温度的降低而提高。例如顺丁橡胶有优异的耐磨性。将天然橡胶与顺丁胶并用，可以获得较好的耐磨效果。

此外，橡胶分子结构中有共轭体系存在，可使橡胶的耐磨性提高。如丁苯橡胶中的苯环是个共轭稳定基团，它能吸收并均匀分散外部能量，使大分子链不易受到破坏。

含有极性基团的橡胶也具有很好的耐磨性，如氯丁橡胶、丁腈橡胶等。

当然选用橡胶品种时要考虑其综合性能，不能仅从耐磨性考虑。

（2）合理调整填充补强剂的品种、用量和分散程度　炭黑是提高耐磨性最好的填充补强剂。耐磨性与结合胶含量有直接关系，凡是能使橡胶-炭黑之间相互作用加强的因素均对耐磨性有利。所以随着炭黑比表面积增大，结构性提高和分散度提高，耐磨性都会明显提高。添加中超耐磨炭黑的橡皮比添加槽法炭黑的橡皮的耐磨性要好，甚至比填加高耐磨炭黑的橡皮的耐磨效果还好。

（3）考虑硫化条件对耐磨性的影响　一般来讲，耐磨性随硫化压力的提高而提高，随硫化温度的提高而降低，如图3-4所示。

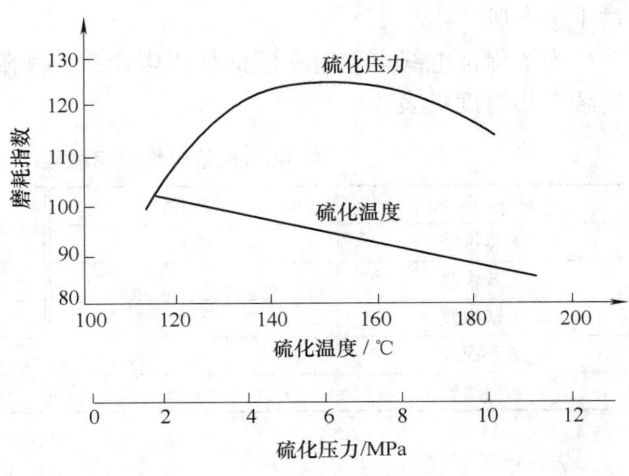

图3-4　硫化条件与耐磨性的关系

5. 弹性

弹性是指材料在外力作用下发生形变，在外力消除后回复到原来形状的能力。

橡胶的弹性是大分子链之间位置可逆变形引起的。分子柔顺性好和分子间作用力小的橡胶弹性好，松弛时间短、永久变形小的橡胶回弹性高。在通用橡胶中，顺丁橡胶和天然橡胶分子柔顺性好，所以弹性较好。丁苯橡胶和丁基橡胶弹性较差。丁腈橡胶和氯丁橡胶等极性橡胶由于分子间作用力较大而使弹性有所下降。

在一定的范围内，弹性随着交联程度的提高而增加。此外，适当增加橡皮的含胶量及硫化剂和促进剂的用量，可以增加弹性。

6. 耐热性

高分子绝缘材料在短时间或长期承受高温作用下或温度剧变时，仍能保持良好的力学性能和电绝缘性能的能力称为耐热性。一般说来耐热性包括两方面含义：一种是在各种温度下耐热变形的能力；另一种是在热作用下耐热氧老化的能力。

各种橡胶由于其分子结构不同，在热作用下力学性能变化可分为三类：第一类如天然橡胶、丁苯橡胶、氯丁橡胶和丁腈橡胶，它们在室温下具有较高的抗拉强度，而随着温度的升高抗拉强急剧下降；第二类如丁基橡胶和硅橡胶，它们在室温下抗拉强度并不太高，但温度对其影响不大；第三类如氯磺化聚乙烯及氟橡胶等，它们的抗拉强度在一定的温度前随温度上升而急剧下降，但在一定温度后如再继续升温，抗拉强度基本不再变化。

研究各种橡胶在热氧作用下的稳定性，对确定橡皮绝缘电线电缆的长期使用温度和工艺加工温度具有重要意义。在电线电缆制造过程中，如混橡、挤出、硫化等过程中，有时温度可达200℃以上，如果橡料不具备在一定的高温下的抗热氧化能力，加工过程中就可能被氧化而失去使用价值。

所有高分子材料的氧化反应都表现为两种现象：一是聚合物大分子或网状分子断链降解，使结构松散并降低相对分子质量，导致软化、发黏和低分子物挥发；二是被氧化的链段连接起来，被氧桥连成一个网状结构，使结构紧实、相对分子质量增大，其结果导致硬脆开裂。

不同种类的高分子材料，由于其分子结构不同，所以对氧化作用的反应能力也不同。非极性橡胶碳氧分子的氧化反应能力由聚合物链中的双键数目和位置所决定，对于氧化反应，双键在主链位置要比在侧链位置活泼得多。丁苯橡胶与天然橡胶相比，主链上双键密度较低，因而不易被氧化，所以其耐热和耐老化性均优于天然橡胶。丁基橡胶饱和度较高，所以它的耐热性、耐老化性及耐臭氧性较好。乙丙橡胶具有高度饱和结构，所以其耐热老化性超过丁基橡胶。

为了保证电线电缆有一定的使用寿命，必须限制其使用温度。电线电缆常用橡胶的最高连续工作温度见表3-5。

表3-5　电线电缆常用橡胶的允许最高连续工作温度

材料名称	工作温度/℃	材料名称	工作温度/℃
天然橡胶	70	丁腈橡胶	120
丁苯橡胶	70	丁腈-聚氯乙烯复合物	80
丁基橡胶	90	硅橡胶	200
氯丁橡胶	90	氯磺化聚乙烯	105
乙丙橡胶	90	氟橡胶	300

7. 耐寒性

高分子材料在低温环境下仍能保持使用要求所需要的物理力学性能的特性叫作耐寒性。

船用电缆、飞机和宇宙飞行器用的电线电缆、风力发电用的电缆及高纬度地区用电线电缆，均要求护套材料具有耐寒性。

当橡胶由高温逐步向低温变化时，其变形能力（弹性）逐渐消失而变得硬脆。当材料温度降低到某一温度时，橡胶出现脆性，此温度叫作脆化温度。脆化温度可以作为材料耐寒性的指标。

在电线电缆工业中使用的天然橡胶、硅橡胶和乙丙橡胶等耐寒性都比较好，天然橡胶和乙丙橡胶在－60～－50℃时仍能保持良好的力学性能，硅橡胶在－100℃时仍具有足够的柔软性。丁苯橡胶和丁基橡胶耐寒性一般为－40℃，但氯丁橡胶的耐寒性却很差。

8. 耐湿性

绝缘材料在相对湿度很高，甚至在浸水的情况下仍能保持使用性能的能力称为耐湿性。它可用吸水性和透湿性两个基本指标来衡量。

吸水性是指材料放入水中吸收水分的能力。一般采用称重法测出材料试片单位面积的吸水量以表示其吸水性大小。吸水量 W 用下式表示

$$W=\frac{G_2-G_1}{S} \tag{3-12}$$

式中　G_1——浸水前试片重量（mg）；

G_2——浸水后试片重量（mg）；

S——试片的表面积（cm^2）。

透湿性是指水蒸气透过材料的性能。材料的透湿性与其分子结构有关，也与温度的湿度条件有关。极性的高分子材料的透湿性要比非极性的高分子材料高。当温度和湿度提高时，材料的透湿性也随之提高。不同材料的透湿性，则是用在某一固定温度、湿度下每100g材料平衡时吸附的水量来表示。

9. 耐光性

绝缘材料在日光（特别是紫外线）作用下，保持物理力学性能的能力称为耐光性。

某些高分子材料吸收了紫外光能后，产生光化作用而导致光降解。天然橡胶和各种合成橡胶在紫外光作用下会有不同的光降解现象。橡皮中的硫化剂和少数配合剂（如苯基-β-萘胺），增大了橡胶对光的敏感性。但加入硫化橡皮中的大部分配合剂（如炭黑、氧化锌、促进剂等）能强烈地吸收光能，因而起到了保护硫化橡胶的作用。

10. 耐油性

绝缘材料在和油类接触时，能抵抗油类对高分子绝缘材料的溶解或溶胀的能力称为耐油性。

耐油性对矿用电缆、石油工业探测电缆、飞机和汽车电线、电动机引接线、船用电缆等特别重要。丁腈橡胶和氯丁橡胶有比较好的耐油性。

耐油性的大小，实际上往往采用浸油后力学性能的变化来表示，即用在一定温度和一定浸油时间作用后，测试片浸油前后的力学性能（抗拉强度、断裂伸长率）的变化率来表示。

11. 耐臭氧性

绝缘材料在一定的温度和时间下，能抵抗一定浓度的臭氧作用的能力称为耐臭氧性。

臭氧和一般的氧不同，臭氧的化学反应能力比氧强得多，它很容易分解形成反应能力极

强的原子氧。一般氧化反应中，氧常袭击弱碳氢键生成氢过氧化物，而臭氧主要袭击双键本身，选择性很强。

许多橡胶都有双键，臭氧袭击使双键断裂，在应力作用下可以出现与应力方向垂直的裂纹，称为臭氧龟裂。龟裂程度和橡胶受力变形时的断后伸长率有关，断后伸长率低时龟裂深而长；断后伸长率高时，龟裂浅而短。当断后伸长率为20%～50%的低值时，龟裂最严重。但当断后伸长率低到没有变形时，臭氧只能在橡胶表面形成硬氧化膜，并不发生龟裂。

氯丁橡胶也有双键，但因含卤素的双键活性低，所以耐臭氧性较好。异丁橡胶分子中无双键，其耐臭氧性比氯丁橡胶还好。

12. 阻燃性（不延燃性）

绝缘材料被明火点燃，当离开火源时，火焰在材料上的蔓延仅在限定范围内，或在规定时间内能够自行熄灭的特性，称为阻燃性，又称不延燃性。

对于矿用电缆、船用电缆以及电站码头和某些公共场合使用的电线电缆，均要求有一定的阻燃性。

材料的阻燃性决定于分子结构组成。一般来说，由碳氢原子组成或含有氧原子的高分子材料容易燃烧。当高分子材料中含有卤族原子（如氯、氟等）时，将增加其阻燃性。在橡胶中，天然橡胶、丁苯橡胶、丁基橡胶、乙丙橡胶和丁腈橡胶等容易燃烧；而氯丁橡胶、氯磺化聚乙烯、氯化聚乙烯、氟橡胶等则相对不易燃烧。为了提高橡胶的阻燃性，可以在橡胶的配合剂中加入阻燃剂或惰性填充剂，以改善其阻燃性。

常用氧指数评价材料的阻燃性。氧指数是指在氮气和氧气混合气体中，维持试样燃烧的最小氧浓度值。

13. 老化性能

橡胶或橡皮在贮存及使用过程中，在热、电、光、氧气、臭氧、潮气、化学介质、高能辐射线、机械应力、高价金属离子以及微生物等因素的长期作用下，在绝缘结构内部发生了不可逆的物理-化学变化，使原有的性能逐渐恶化，直至破坏、丧失使用性能，这个过程称为老化。

（1）绝缘材料老化的类型　通常按老化机理和老化因素的不同来划分老化的类型，可以分为：

1）热老化。热老化是橡皮长期受热作用所引起的最基本的老化形式。只有应用于真空中或充氮或氢气中的绝缘材料才有纯粹的热老化形式。

2）热氧老化。热氧老化是橡皮在热和空气中氧的联合长期作用下所引起的老化形式。由于实际使用中橡皮材料大部分都和空气接触，因此热氧老化是绝缘材料老化形式中最主要的一种形式。习惯上所称的热老化实际是指热氧老化。

3）光老化或光氧老化。橡皮材料在户外使用时，材料在光和氧的长期作用下发生光氧老化。

4）臭氧老化。空气中有臭氧，若橡皮材料中有一部分对臭氧特别敏感，这时臭氧老化将成为其主要老化形式。

5）化学老化。橡皮材料在水、溶剂、酸、咸等化学物质的长期作用下引起的老化称为化学老化，如水解、环境应力开裂等。

6）生物老化。长期在热带、湿热带地区使用的电缆产品，常因霉菌的侵蚀而使橡皮的性能变坏，这种老化就是生物老化。

7）疲劳老化。橡皮材料在外加机械力的反复作用下逐渐破坏，称为疲劳老化。引起疲劳的根源是应力作用下发生的降解现象。

8）高能辐射老化。高能辐射线作用于橡皮材料后，往往使原子离子化，有时进一步产生游离基离子。游离基离子具有强反应能力，可以引起断链反应和交联反应，若有氧存在，情况更为复杂。这种老化称为高能辐射老化。

9）电老化。橡皮绝缘材料在高电压或高电场长期作用下所引起的老化，称为电老化。电老化中往往伴有电晕放电、火花放电、电树枝化、电化学腐蚀等。

10）大气老化。户外环境中所能碰到的各种因素所引起的老化，是各种因素共同作用的结果。

（2）橡皮材料老化的一般规律　橡皮材料的老化过程是很复杂的，其一般规律性虽然可以加以概括，但只能看作是一种总的倾向。

1）橡皮材料老化是一种自由基连锁反应。高分子材料的化学键，在热、光、电、力等的作用下断裂，形成最初自由基，自由基是活化能力很强的活化中心，从而引起一系列自由基连锁反应。热老化、热氧老化、光老化均属于此种反应。

2）在老化过程中，引起橡皮材料结构变化的两个反应是降解反应和交联反应。降解反应使相对分子质量下降；交联反应使相对分子质量增大，并逐渐形成网状结构。这两个反应对材料的性能变化的影响往往是不同的，甚至是相反的。

3）老化通常从表面开始，然后再深入到内部。橡皮老化时往往内部还没有出现明显的变化以前，表面上早已出现了老化的迹象。

表面上出现的老化迹象有失去光泽、变色、龟裂、纹裂、粉化、起泡、剥落、长霉、变形、发黏等。

如果老化深入至橡皮材料内部，那就会出现机械强度下降、发脆、弹性模量增大或下降、硬度下降、断后伸长率提高或降低等变化，其他电性能、物理性能等也相应变化。

应当指出，也有的老化是从内部首先开始的，如电树枝化。

4）老化往往从分子结构的弱点开始。材料中最弱的化学键往往是老化的起点，热老化往往从最弱的碳-碳键开始。氧化老化往往从最弱的碳-氢键开始，而水解往往从最弱的碳-杂键开始。

5）聚集态和相态对老化也有重要影响。结构晶相分子敛集紧密，不容易渗透扩散，因此可以认为结晶区的老化要比非晶区的老化程度轻。

6）材料中的各种杂质和添加剂也可影响老化速度。

（3）经热氧、光引起的老化反应历程　由于热氧和光引起的老化是橡皮材料最主要的老化形式，这里仅以热氧光老化为例叙述其老化反应历程。

橡胶是一种高分子材料，这种材料在热氧光作用下的老化是按照自由基的反应历程进行的，反应大致分为三个阶段。

1）链的引发。高分子 RH 受热氧光的作用生成自由基，即

$$RH \xrightarrow{\text{热氧光}} R\cdot + H\cdot$$

$$RH + O_2 \longrightarrow R\cdot + HO_2\cdot$$

$$R\cdot + O_2 \longrightarrow RO_2\cdot$$

2）链增长。自由基自动催化生成过氧化自由基（ROO·）和大分子过氧化氢物（ROOH），过氧化氢物又产生新的自由基，如此反复进行连锁反应，即

$$RO_2\cdot + RH \longrightarrow ROOH + R\cdot$$
$$ROOH \longrightarrow RO\cdot + HO\cdot$$
$$ROOH + RH \longrightarrow RO\cdot + R\cdot + H_2O$$
$$RO\cdot + RH \longrightarrow ROH + R\cdot$$
$$HO\cdot + RH \longrightarrow R\cdot + H_2O$$

由以上反应式可以看出，一个自由基能反应生成三个R·，这样氧化具有自动催化的性质，促使高分子材料迅速老化。

3）链终止。大分子自由基相结合生成稳定的产物，使链反应终止，即

$$R\cdot + R\cdot \longrightarrow R—R$$
$$R\cdot + RO_2\cdot \longrightarrow ROOR$$
$$RO_2\cdot + RO_2\cdot \longrightarrow ROOR + O_2$$
$$RO_2\cdot + RO\cdot \longrightarrow ROR + O_2$$
$$R\cdot + HO\cdot \longrightarrow ROH$$

上述反应引起分子的降解和交联，改变了材料的分子结构，从而改变了材料的性能，使之老化劣变。

（4）老化的标志　绝缘材料的老化是一个漫长的过程，而且老化的迹象有种种表现。用什么指标来衡量材料的老化程度呢？用什么办法来预测材料的老化性能呢？对橡皮材料来说，通常以加速老化的方法来预测其老化性能。即测量其在一定条件下加速老化前后的抗拉强度和断后伸长率的变化率，以表征其老化性能。其变化率的绝对值越小，则其老化性能越好。可以用下式来进行计算

$$TS = \frac{\sigma_1 - \sigma_0}{\sigma_0} \times 100\% \tag{3-13}$$

$$EB = \frac{\varepsilon_1 - \varepsilon_0}{\varepsilon_0} \times 100\% \tag{3-14}$$

式中　TS——抗拉强度变化率（%）；

EB——断裂伸长率变化率（%）；

σ_0——老化前抗拉强度（MPa）；

σ_1——老化后抗拉强度（MPa）；

ε_0——老化前断裂伸长率（%）；

ε_1——老化后断裂伸长率（%）。

（5）绝缘的防老化措施

1）在绝缘材料中加入各种防老剂。防老剂是一类能大大提高绝缘材料的热加工性能或延长材料使用寿命的化学物质，包括抗氧剂、热稳定剂、变价金属离子抑制剂、紫外线吸收剂和光屏蔽剂等。

2）物理防护。在绝缘材料外面加一层护层以阻隔日光的照射和大气的直接接触。各种材料根据其用途、场合不同，可采取不同的防护措施，如涂漆、涂胶、涂复合塑料、涂蜡、

涂油、在电线外编织纤维涂沥青、挤制黑色尼龙护套等。

3）提高加工工艺，确保混橡、挤出工艺参数的正确设计和控制，对橡皮的老化性能也有重要的实际意义。

思　考　题

1. 橡皮材料的电绝缘性能指标有哪些？
2. 列出橡皮材料的非电性能常考核的项目、对应的指标及检测方法。

◇◇◇ 第二节　橡　　胶

橡胶是一种有机高分子聚合物，它区别于其他聚合物的最主要标志，是它在很广的温度范围内有极为优秀的高弹性、柔顺性，此外，橡胶还有良好的抗拉强度、抗撕裂性、耐疲劳以及电绝缘性等性能。它是制造各种电线电缆绝缘层和护套的重要材料。橡胶制品品种繁多，使用条件各不相同。为了适应各种电线电缆制品的使用要求，除了对产品进行合理的结构设计外，更主要的是要有合理的配方。只有恰当地设计配方，合理地掺用各种配合剂，通过配合剂种类和数量的变化，获得不同性能的橡胶，才能满足不同条件的使用要求。

包覆在电线电缆导电线芯上的绝缘橡皮，用以保证电线电缆的电气绝缘性能。由于电线电缆的使用条件不同，因而要选用不同特性的橡胶。护套橡皮主要应具有优良的综合物理、力学性能，耐环境性能对电缆橡皮也很重要。

橡胶由于具有良好的综合性能已成为一种重要的工业材料，在各行各业获得了极为广泛的应用。橡胶按其来源，可分为天然橡胶和合成橡胶。

一、天然橡胶（NR）

天然橡胶是由三叶橡胶树采割天然胶乳，经凝固、清洗、压片和熏烟加工制成的产品。

天然橡胶具有优良的电气绝缘性能，工艺加工性好，具有很好的机械强度和弹性以及耐寒性，所以天然橡胶是制造电线电缆的主要原材料之一。

天然橡胶在电缆工业中主要用作电线电缆的绝缘和护套，长期使用温度为60～65℃，电压等级可达6kV，对柔软性、弯曲性和弹性要求较高的电线电缆，天然橡胶尤为适宜，但不能用于直接接触矿物油或有机溶剂的场合。

1. NR的组成

NR的组成成分一般包括橡胶烃、丙酮抽出物、灰分、蛋白质和水分等。其中，橡胶烃成分占90%以上，其他非橡胶成分约占10%。

1）水分。橡胶含水量多少，因制造时的干燥程度，贮存时的湿度以及非橡胶成分的吸水性不同而有所差异。含水量过多，不但使橡胶在贮存中容易发霉，而且影响橡胶的加工，如混炼时配合剂容易结团而分散不均匀；挤出过程中易产生气泡；硫化过程中也易产生气泡。1%以内的少量水分，在橡胶加工过程中可以除去。

2）灰分。在乳胶凝固过程中，大部分灰分留在乳清中一起被除去，仅少部分转入胶片。灰分是一些无机盐类物质，除因其吸水性较大会降低电绝缘性能外，还会因其含有微量的铜、锰等变价金属离子而使橡胶氧化老化速度大大加快，因此灰分是一种极为有害的物质，其含量必须严格控制。

3）蛋白质。蛋白质具有吸水性，影响橡胶的电绝缘性能和耐水性能，但可以促进橡胶的硫化和减缓橡胶的老化过程。

4）丙酮抽出物。它是一种树脂状物质，主要是一些高级脂肪酸和固醇类物质。其中有些起天然防老剂和促进硫化的作用，有的还起着帮助粉状物配合剂在混炼过程中分散和对橡胶的软化作用。因此，丙酮抽出物是一种天然的增塑剂、防老剂和硫化活化剂，对橡胶塑炼和硫化过程都有促进作用。

2. 天然橡胶的分子结构

天然橡胶的主要成分是橡胶烃，橡胶烃是以异戊二烯链节为主的高分子化合物，其化学结构式为

$$*\!-\!\!\left[H_2C-\underset{\substack{|\\CH_3}}{C}=CH-CH_2\right]_n\!\!-\!*$$

式中 n 为聚合度。天然橡胶的聚合度平均有 5000 左右，相对分子质量范围为 10 万～180 万，平均分子量为 70 万左右。实际上，天然橡胶是多种不同相对分子质量的聚异戊二烯的混合物，分子结构有顺式 1，4 和反式 1，4 两种。在现代橡胶工业中使用的大多是三叶橡胶树上采集的天然橡胶，其主要成分是顺式-1，4-聚异戊二烯。由于每个异戊二烯链节中都存在着双链，因此天然橡胶是一种不饱和化合物。这种不饱和性质支配着天然橡胶的化学变化。

3. 天然橡胶的性质

天然橡胶因分子结构较为规整，在低温时易结晶，属结晶型橡胶，因而具有较高的机械强度，优异的抗撕裂性和耐屈挠疲劳性能。其分子不含极性基团，主要为顺 1，4 结构，因而分子链柔顺性好，使天然橡胶具有良好的介电性、耐寒性、弹性和耐磨性。天然橡胶的性质见表 3-6。

表 3-6　天然橡胶的性质

项　目	数　值
密度/（g/cm^3）	0.9～0.95
热导率（45～100℃）/［W/（m·k）］	0.15
门尼黏度（ML_{1+4}·100℃）	90～150
电气强度（交流）/（kV/mm）	20～30
相对介电系数	2.0～3.0
体积电阻率/Ω·m	（1～6）$\times 10^{13}$
玻璃化温度/℃	－75～－70

天然橡胶在 130～140℃时软化，150～160℃时变黏软，200℃时开始分解，温度降低，橡胶慢慢变硬，弹性逐渐降低，低于 10℃时逐渐结晶化而变硬。继续冷却至－72℃以下，则变成像玻璃一样既硬又脆的固体，即进入了玻璃态。

天然橡胶具有较高的机械强度，属于结晶型橡胶，在外力作用下拉伸会生成结晶，产生自补强作用。纯橡胶硫化后的抗拉强度为17～29MPa。

纯净的天然橡胶化学性质活泼，反应能力很强，工业上用的天然橡胶因含有非橡胶组分及天然防老剂，才使其比较稳定，然而天然橡胶的耐臭氧老化和耐热氧老化性能依然较差。

由于天然橡胶是一种不饱和的烯类高分子有机化合物，所以它具有烯类高分子有机化合物的一切化学反应特征，如反应速度慢、反应不完全、不均匀，同时具有多种化学反应并存的现象，如氧化裂解反应和结构化反应并存等。此外，天然橡胶还有氢化、氯化等加成反应。

在橡胶的各类化学反应中，从工艺角度来看，最重要的是氧化裂解反应和结构化反应。前者是橡胶大分子氧化裂解过程，是橡胶塑炼的理论基础，也是硫化橡皮老化的重要原因。后者是橡胶分子之间发生化学交联，形成空间网状结构的过程，是橡料进行硫化加工的理论基础。因此，必须正确掌握这两类化学反应的规律，以期达到所期望的裂解程度和交联程度。

4. 分类与分级

天然橡胶由于制造方法的不同，分为烟片胶、绉片胶和标准马来西亚天然胶（SMR）。

在GB/T 8081—2008标准中，规定了天然生胶标准橡胶的规格和技术要求。

电缆工业用的主要是烟片胶（GB/T 8089—2007）和SMR。根据其性能指标不同，烟片胶又分为1～5个不同的等级（包括国产NR及进口NR）。在电线电缆工业中对烟片胶的使用规定：一级胶可作为优质绝缘橡皮用；二级胶可作为一般橡皮或护套橡皮用；三级胶以及一、二级胶的外皮只能作为护套橡皮和垫芯用。

天然橡胶虽有优良的电气绝缘性能和工艺加工性，以及很好的机械强度、弹性和耐寒性，但是也有一定的缺点，即天然橡胶的耐老化性能差，在热、光、氧、臭氧及有害金属（微量）作用下，老化速度极快，加上NR胶不耐油、可燃烧，这些弱点限制了天然橡胶在电线电缆方面的应用范围。电线电缆为了满足不同的使用环境和某些性能的要求，也大量使用合成橡胶。

二、丁苯橡胶（SBR）

丁苯橡胶是丁二烯苯乙烯橡胶的简称，是由丁二烯单体和苯乙烯单体在乳液中，在催化剂作用下聚合而成的高分子弹性体。其分子结构式为

$$*\!-\!\left[H_2C-\underset{H}{C}=CH-CH_2\right]_n\!-\!*\!-\!\left[\underset{C_6H_5}{CH}-CH_2\right]_n\!-\!*$$

分子式：（C_4H_6）n（C_8H_8）m。

相对分子质量：120000～150000（黏度法测定）。

丁苯橡胶的耐磨性、热老化性能和耐射线辐射性优于天然橡胶，但弹性、耐寒性、电绝缘性能以及机械强度不如天然橡胶，故丁苯橡胶常与天然橡胶并用作为电线电缆的绝缘材料。丁苯橡胶与天然橡胶的性能比较见表3-7。

表 3-7 丁苯橡胶与天然橡胶的性能比较

丁苯橡胶优于天然橡胶的性能	丁苯橡胶逊于天然橡胶的性能
耐磨性	塑炼、混炼性
耐老化性	无补强的丁苯橡胶力学性能差
过分酸化后可以还原	酸化速度慢
加工不易先期硫化	累积热较大
耐大气老化性	耐寒性差
	抗曲挠性、抗撕裂性、黏着性差

电缆工业用丁苯橡胶，主要是冷丁苯橡胶，牌号为 1500 号、1502 号、1503 号。

丁苯橡胶外观呈黄色或黄褐色块状，橡胶中不允许含有泥沙、铁屑、木屑等外来杂质。丁苯橡胶（SBR）1502 技术要求应符合 GB/T 12824—2002 的规定。

三、乙丙橡胶

1. 制法与分类

乙丙橡胶是以乙烯和丙烯为主要单体的共聚物，其分子结构式为

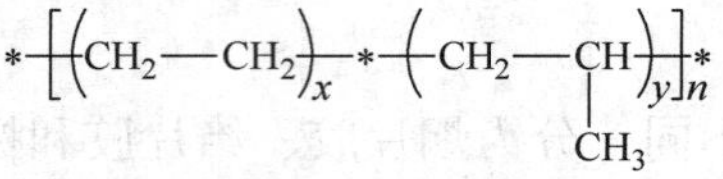

$$*\!\left[\left(CH_2—CH_2\right)_x*\left(CH_2—\underset{\displaystyle CH_3}{\underset{|}{CH}}\right)_y\right]_n\!*$$

此为二元乙丙橡胶，由于二元乙丙橡胶是饱和聚烃，采用过氧化物进行硫化，这样就存在硫化速度慢、硫化剂价格高、过氧化物易于爆炸、操作不安全等缺点，而且硫化后橡皮的性能也不好。为此在合成时加入少量非共轭二烯类单体（第三单体）进行共聚，使第三单体的一个双键残留在共聚物中，从而制得可以用传统硫化方法进行硫化的乙烯-丙烯-二烯烃三元共聚物，即三元乙丙橡胶（EPT）。

选择第三单体时主要考虑三种单体的共聚性、橡胶的硫化速度、生产成本等因素。常用的第三单体为双环戊二烯（DCPD）、乙叉降冰片烯（ENB）、1，4-已二烯（1，4-DH）。三元乙丙胶按其第三单体，硫化速度和门尼黏度值，大致可分为三种类型。用乙叉降冰片烯作为单体的 E 型乙丙橡胶因为硫化速度快，已成为乙丙橡胶的主要品种。此种橡胶的丙烯含量为 40% ~60%，第三单体含量为 2% ~5%。其分子结构式为

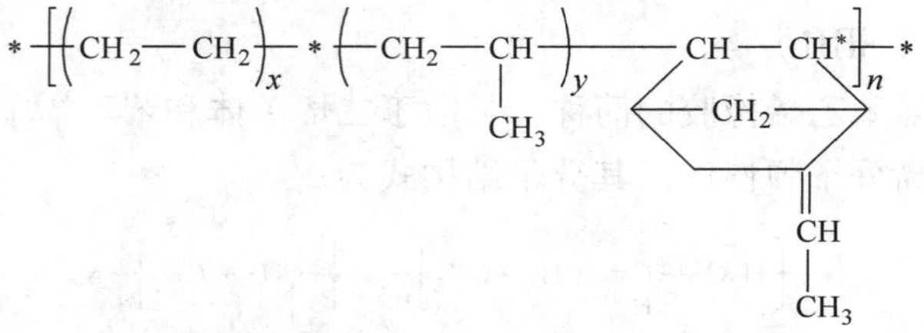

$$*\!\left[\left(CH_2—CH_2\right)_x*\left(CH_2—\underset{\displaystyle CH_3}{\underset{|}{CH}}\right)_y—CH—CH^*\right]_n\!*$$

（CH—CH* 为含 CH_2 桥的降冰片烷环的一部分，环上带 $=CH—CH_3$ 侧基）

乙丙橡胶由于引入的丙烯以无定形排列，破坏了聚乙烯原来的结晶性，因而成为不规整共聚非结晶型橡胶，同时又保留了聚乙烯的某些特性。三元乙丙橡胶引入了不饱和的第三单体，随之引入了不饱和的基团，但这种不饱和双键在侧链，因此使其在基本性质上与二元乙丙橡胶并无大的差异。

2. 乙丙橡胶的性能

由于乙丙橡胶具有高度的饱和结构，且分子链上原子和基团的排列与天然橡胶很相似，分子链比较柔顺，使乙丙橡胶具有许多优异性能。

（1）耐臭氧性非常好 乙丙橡胶的耐臭氧性远远超过丁基橡胶和氯丁橡胶。在含臭氧 100×10^{-6}的介质中，乙丙橡胶经过2430h仍不龟裂。而一般认为耐臭氧老化性能较好的丁基橡胶仅经过534h即产生较大裂口，氯丁橡胶则只有46h，在30%臭氧浓度下氯丁橡胶只经过7min即出现裂纹，而乙丙橡胶经过1h后仍无变化。丁基橡胶中掺入少量乙丙橡胶可使耐臭氧性显著改善。三元乙丙橡胶与天然橡胶（35/65）或与丁苯橡胶（30/70）并用时，可以显著改善耐臭氧性。

（2）耐候性和颜色稳定性非常好，可以使制品不发生龟裂，颜色经久不变 乙丙橡胶在阳光下曝晒3年不见裂纹，丁苯橡胶仅5天即发生裂口，70天断裂；天然橡胶150天出现大的裂口。

（3）耐热老化性优越，超过丁基橡胶 乙丙橡胶不易老化，可长期使用于温度为85～90℃的条件下，短期使用温度可达150℃。

（4）耐寒性较好 在－55℃时仍有较好的曲挠性，在－57℃时才开始变硬，－77℃时变脆。

（5）弹性大、压缩变形小 冲击弹性好，回弹率可达50%～60%，仅次于顺丁橡胶和天然橡胶，而且在低温下的弹性保持较好。

（6）电绝缘性能优异，超过丁基橡胶 尤其是乙丙橡胶的耐电晕性很突出。丁基橡胶的耐电晕性不超过2h，而乙丙橡胶则可达两个月以上。乙丙橡胶的相对介电系数为3.0～3.5，介质损耗角正切（60Hz）0.004，体积电阻率为$10^{13}\sim10^{14}\Omega\cdot m$；在交流电压下，击穿强度为28～30kV/mm，浸水后电绝缘性能仍很稳定。乙丙橡胶用于高压电缆绝缘时，有不发生电树、水树的突出优点。

（7）耐化学腐蚀性好 特别是对无机酸和极性溶剂，有良好的稳定性。

（8）密度小（$0.87g/cm^3$） 是合成橡胶中密度最小的品种。

乙丙橡胶的主要缺点是硫化速度慢，和其他橡胶并用时共硫化性差。此外，其黏着性差（因为分子中既无反应性基团又不含极性基，故黏合力小），不耐燃，耐油性不好。

3. 乙丙橡胶的用途

由于乙丙橡胶具有许多优良的性能，加之原料易得，价格便宜，使其获得了广泛的应用。乙丙橡胶可以用作各种绝缘制品，如电线电缆（高压电缆、船用电缆、电动机引接线等）。此外，乙丙橡胶与丁苯橡胶、丁腈橡胶、顺丁橡胶及天然橡胶并用，可以提高制品的耐热老化性能和耐臭氧性。

四、氯丁橡胶（CR）

氯丁橡胶是聚氯丁二烯橡胶的简称，氯丁是电缆工业中应用较多的合成橡胶之一。

氯丁橡胶是在适当的催化剂、调节剂和防老剂等存在的情况下，由2-氯丁二烯1，3聚合而成的，其分子结构式为

$$-CH_2-\underset{\underset{Cl}{|}}{C}=CH-CH_2\sim$$

1. 氯丁橡胶的优点

1）由于氯丁橡胶的分子结构中有氯原子，使它具有阻燃性和一定的耐油性能。

2）氯丁橡胶的物理、力学性能和天然橡胶相近，属于自补强性橡胶，纯胶的抗拉强度

很高，并有一定的耐溶剂性和抗撕裂性能。

3）氯丁橡胶的耐老化性能极为优越，特别表现在耐大气老化和耐臭氧老化上，仅次于乙丙橡胶。

2. 氯丁橡胶的缺点

1）由于氯原子的存在，使氯丁橡胶成为具有极性的材料，因而它的介质损耗大，电绝缘性差，只能用于低压橡皮绝缘电线。

2）由于氯丁橡胶中有氯原子的存在，形成了活性点，因而其在存放期间容易自硫化，在工艺上容易早期硫化（即焦烧）和在加工中粘辊。

3. 氯丁橡胶的分类

我国生产的氯丁橡胶有硫调节型、非硫调型和混合型三类。非硫调型氯丁橡胶由于不含硫黄，稳定性高，在电缆工业中被大量使用。由于氯丁橡胶具有阻燃性，特别适用于煤矿电缆、船用电缆和航空电线。氯丁橡胶还可用作低压电线的绝缘，用氯丁橡胶作为绝缘和护套的电线电缆可用于户外。

五、丁腈橡胶

丁腈橡胶为丁二烯和丙烯腈的共聚物，具有优良的耐油和耐溶剂性能，主要用作电线电缆的护套，用来制造潜油电动机的动力电缆和电动机、电器的引出线，也可与 PVC 制成复合物，用作机车车辆电线电缆的护层材料或作为 PVC 非迁移性增塑剂，用来制造汽车用低压电线的绝缘。其分子结构式为

$$\sim CH_2-CH=CH-CH_2-CH_2-\underset{\substack{|\\ CN}}{CH}-CH_2-\underset{\substack{|\\ CH\\ \|\\ CH}}{CH}\sim$$

1. 丁腈橡胶的性能

1）丁腈橡胶的最大特点是具有良好的耐油性，仅次于聚硫橡胶、氯醚橡胶和氟橡胶。它对于非极性的油类和溶剂有高度的稳定性，但在极性溶剂如丙酮、芳烃以及含氯的有机化合物中将膨胀或溶解。

2）未经补强的硫化丁腈橡胶，其机械强度是很低的，抗拉强度为 3～4.5MPa，以炭黑补强后抗拉强度显著提高（15.4～25.2MPa），断裂伸长率为 550%～660%，而且随丙烯腈含量增加，无论抗拉强度、定伸强度和硬度都相应提高。其耐磨性比天然橡胶好。

3）丁腈橡胶比天然橡胶、丁苯橡胶耐热性好一些。它的最高连续使用温度为 75～80℃，当丙烯腈的含量增加和配方适宜时，可以在 120℃下连续使用。

4）丁腈橡胶的电性能较差，而且随温度的变化，影响电性能的幅度比天然橡胶还大。

5）由于极性氰基的存在，丁腈橡胶的耐寒性显著降低，而且随着丙烯腈的增加，其玻璃化温度提高，耐寒性更差。

6）丁腈橡胶的耐臭氧性不好，一般需要加抗臭氧剂加以保护。

2. 丁腈橡胶的用途

丁腈橡胶主要用于制造耐油橡胶制品，如耐油电线电缆、耐油胶管等。由于丁腈橡胶的绝缘电阻小，可制造导电橡胶制品（添加乙炔炭黑），以消除粘辊或绝缘材料加工时的静电。

丁腈橡胶与聚氯乙烯的共混物常被称为丁腈－聚氯乙烯复合物。这种复合材料大体可分为两类。

1）以聚氯乙烯为主体，掺入部分丁腈橡胶而制成的非硫化型复合物。其中丁腈橡胶起着增塑剂的作用，因而可以改善聚氯乙烯塑料的耐油性、耐磨性、弹性和老化性能，并获得持久的增塑效果。

2）以丁腈橡胶为主体，掺入20%～40%的聚氯乙烯树脂作为补强剂的硫化型复合物，这样可以改善丁腈橡胶的力学性能、耐大气老化和耐臭氧性能，并能降低成本。这种复合物是电缆工业用的优良护套材料。

丁腈橡胶与三元乙丙橡胶共混，可以获得耐油、耐候性兼优的复合橡胶。

六、氯磺化聚乙烯（CSPE）

氯磺化聚乙烯是将聚乙烯溶解于四氯化碳（或四氯乙烯或六氯乙烷）中，以偶氮二异丁腈为催化剂或在紫外光照射下，用氯-二氧化硫混合气体或亚磺酰氯反应而得。其分子结构式为

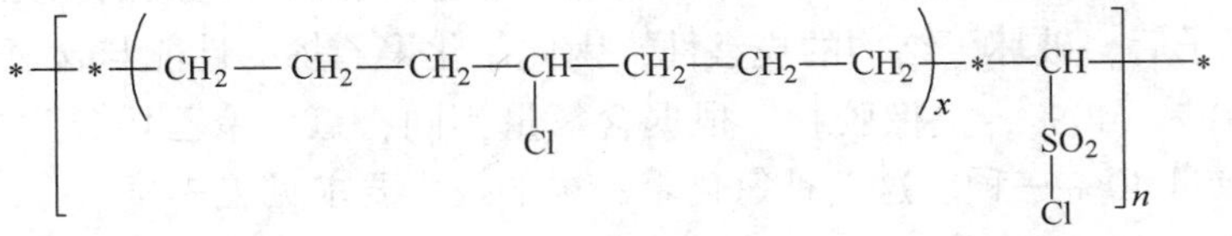

$$*\!-\!\left[*\!-\!\left(CH_2-CH_2-CH_2-\underset{\displaystyle Cl}{\underset{|}{CH}}-CH_2-CH_2-CH_2\right)_x\!-\!*-\underset{\displaystyle Cl}{\underset{|}{\underset{\displaystyle SO_2}{\underset{|}{CH}}}}\right]_n\!-\!*$$

1. 氯磺化聚乙烯的品种

聚乙烯经氯化和磺化处理后，结构的规整性受到破坏，变成了可硫化的无定形的弹性体材料。根据其含氯量及含硫量的不同可分为很多品种，一般含氯量为29%～43%，含硫量为1.0%～1.4%。我国生产的氯磺化聚乙烯橡胶有LHYJ23、LHYJ29、LHYJ33、LHYJ40等品种（字母后面的数字表示相应品种的最低含氯量）。

LHYJ33型氯磺化聚乙烯橡胶是采用相对分子质量为8万～10万的高密度聚乙烯制成的。门尼黏度为55，具有良好的挤出性能、物理力学性能和一定的电绝缘性能，是应用最广的品种。电线电缆用氯磺化聚乙烯橡胶主要采用这一品种。

2. 氯磺化聚乙烯橡胶的性能

（1）具有较好的耐热性　最高连续使用温度为90～105℃，优于氯丁橡胶。

（2）具有较高的抗拉强度和耐磨性　氯磺化聚乙烯属于自补强橡胶，不加补强剂就有很好的强度，用炭黑补强后其强度更加提高，而且耐磨性也很好。

（3）具有较好的电绝缘性能　氯磺化聚乙烯橡胶虽属于极性橡胶，但与其他极性橡胶相比，其电绝缘性能是最好的，特别是绝缘电阻受湿度的变化影响不大。其相对介电常数在长期浸水后变化很小，同时又具有很好的耐电晕性。

（4）有优异的阻燃性　它的阻燃性仅次于氯丁橡胶。

（5）有优异的耐臭氧、耐日光、耐大气老化性能　如在常温的张力作用下，在浓度为100×10^{-6}臭氧中，氯磺化聚乙烯超过两周也不龟裂。

（6）具有良好的耐油性及耐化学药剂性　氯含量越高，其耐油性越好。氯磺化聚乙烯橡胶耐酸、耐碱，对化学药剂和氧化剂也较稳定。

（7）具有优良的耐湿性　其吸水性很小。氯磺化聚乙烯橡胶浸水两年后，力学性能变化不大，抗拉强度仍能保持在14MPa左右，断后伸长率约为320%。

（8）良好的工艺性　氯磺化聚乙烯可在一般橡胶机械上加工，并可与其他橡胶掺和混用。

氯磺化聚乙烯橡胶的缺点是压缩永久变形较大，抗撕裂性差，低温弹性差。

3. 氯磺化聚乙烯橡胶的用途

氯磺化聚乙烯橡胶是一种综合性能良好的合成橡胶，主要用于需耐油、耐热及耐老化的场合，在电线电缆工业中有着广泛的用途，常用于船用电缆、矿用电缆、电气机车和内燃机车以及电焊机电缆的绝缘和护套，还可以用于汽车、飞机用的高压点火线、电线电缆的插头和交联聚乙烯高压电缆的弹性屏蔽材料。

七、氯化聚乙烯橡胶（CPE）

氯化聚乙烯橡胶是高密度聚乙烯的氯化产物。其制造方法有两种：一种是将聚乙烯溶于四氯化碳或氯苯等有机溶剂中进行氯化，称为溶液法；另一种是将粉状聚乙烯悬浮于水介质中进行氯化，称为水相悬浮法。

氯化聚乙烯橡胶的化学结构可以看作是乙烯、氯乙烯和二氯乙烯的三元共聚物。乙烯分子中引入了氯原子后，破坏了结构的规整性，因此氯化聚乙烯的性能与含氯量有关。氯化聚乙烯含氯量为30%～40%，呈橡胶状。根据含氯量不同，氯化聚乙烯分为含氯量30%、含氯量35%、含氯量40%三种。这三种氯化聚乙烯的技术要求见表3-8。

表3-8　氯化聚乙烯的技术要求

项　目	数　值		
	含氯量30%	含氯量35%	含氯量40%
外观	白色微粒	白色微粒	白色微粒
聚乙烯相对分子质量，不小于	10^5	10^5	10^5
密度/（g/cm³）	1.14	1.15	1.24
挥发物，不大于（%）	0.1	0.1	0.1
残余结晶（%）	2～10	无	无
100%定伸强度/MPa	2.0～2.5	1.0～1.5	1.0～1.5
抗拉强度/MPa	8.0～10.0	9.0～12.0	10.0～12.0
断后伸长率（%）	700～800	750～850	750～850
脆化温度/℃	-70	-70	-70
硬度（邵氏）	70～75	65～70	65～70

氯化聚乙烯橡胶有优良的耐大气老化性、耐臭氧性、耐热性。其抗撕裂性和耐曲挠龟裂性较氯磺化聚乙烯橡胶好，但耐油性、弹性、加工性和压缩变形性能不如氯磺化聚乙烯橡胶。

氯化聚乙烯橡胶为极性橡胶，电绝缘性能不好，40℃时的体积电阻率为8×10^9～$7.1\times10^{10}\Omega\cdot m$，相对介电系数为5.7～7.4，但耐电晕性较好。

氯化聚乙烯橡胶主要用于需耐油、耐溶剂、耐老化的场合，在电线电缆工业上主要用于护套材料，如船用电缆、机车车辆电缆、矿用电缆、电力电缆和控制电缆的护套等。如用于绝缘，只限于低压电线、B级电动机引接线等。氯化聚乙烯橡胶用于高压塑料绝缘电缆的半导电屏蔽层时，过渡电阻比较稳定，优于其他聚烯烃半导电材料。氯化聚乙烯橡胶与聚氯乙烯能很好掺和，两者并用能改善聚氯乙烯的抗冲击性能。聚乙烯中掺用氯化聚乙烯后可提高聚乙烯的阻燃性和耐环境应力开裂性能。

由于氯化聚乙烯橡胶（以下简称 CPE）与氯丁橡胶（以下简称 CR）和氯磺化聚乙烯橡胶（以下简称 CSM）性能相近，将 CPE 理解为“氯丁橡胶或其他相当材料的混合物组成”，已经为绝大多数电线电缆生产厂商和用户所接受，因此用 CPE 替代 CR 或 CSM 具有一定的认知度。目前国内 CPE 用量最大的还是以空调线为主体的橡套软电缆，如 YZW 以及相似德国 VDE 标准的 H05RN-F 和 H07RN-F 等。橡套软电缆的护套和绝缘用料占 CPE 产量的 90% 左右，其中绝缘用 CPE 占一小部分。电梯电缆和电焊机电缆的护套也可用 CPE 做护套，但由于生产技术的原因，至今没有得到推广，仅在少数有条件的厂家试用。CPE 用作矿用电缆的护套，其最高工作温度为 65℃、90℃；对于有抗撕裂性要求的护套，很多厂在技术上还没有解决好。中型、重型橡套扁电缆在我国新老国家标准中尚没有相应的产品标准，但近十多年来，市场的需求量却很大，如起重机、行车、电梯和电站输送煤炭轨道车等用重型橡套扁电缆，其工作条件恶劣，且都有阻燃和耐油、耐候的要求。

八、硅橡胶

硅橡胶是一种既耐高温又耐低温的特殊合成橡胶，由于其分子结构和其他合成橡胶有显著的不同，所以具有特殊的性质。

1. 硅橡胶的结构特点

硅橡胶的分子主链为硅氧键，硅原子上连有一个或两个有机侧基，如甲基、乙烯基或苯基等。其分子结构通式为

$$-\underset{\substack{|\\R}}{\overset{\substack{R\\|}}{Si}}-O-\underset{\substack{|\\R}}{\overset{\substack{R\\|}}{Si}}-O-\underset{\substack{|\\R}}{\overset{\substack{R\\|}}{Si}}-$$

式中，R 主要是甲基（CH_3）、乙烯基（CH_3CH_2）、苯基（C_6H_5）等。

从分子结构看，硅橡胶具有以下特点。

1）由于硅橡胶的分子主链为硅氧键，其分解能比 C-C 键能大得多，而且硅为不燃元素，使硅橡胶具有无机材料的特点，耐热性较高。

2）以 Si-O-为主键，其上连接着有机基团，由于分子的可移动性和链的可旋性较大，使硅橡胶具有有机材料的特点。

3）分子结构中没有双键，属于饱和橡胶，又因分子链被烃基所包围，使其有较好的疏水性、耐老化性和耐臭氧性。

4）硅橡胶的分子结构对称，属于非极性橡胶。

2. 硅橡胶的品种

硅橡胶的品种随着取代基 R 的不同多达十几种。在电缆工业中获得应用的有二甲基硅橡胶、甲基乙烯基硅橡胶、苯基硅橡胶和氟硅橡胶等。

1）二甲基硅橡胶简称甲基硅橡胶，其分子结构式为

$$\left[-\underset{\substack{|\\CH_3}}{\overset{\substack{CH_3\\|}}{Si}}-O-\right]_n \quad (n{=}5000\sim10000)$$

这种硅橡胶硫化活性低，压缩永久变形大，目前在电缆工业中已较少应用。

2）甲基乙烯基硅橡胶，其分子结构式为

$$-\!\left[\begin{array}{c} CH_3 \\ | \\ Si \\ | \\ CH_3 \end{array}\!-\!O\right]_m\!\!-\!\left[\begin{array}{c} CH_3 \\ | \\ Si \\ | \\ HC=CH_2 \end{array}\!-\!O\right]_n\!-* \quad (m=5000\sim10000, n=10\sim20)$$

这种硅橡胶易于硫化，压缩永久变形小，耐热老化及工艺性能好，可以在 -70 ~300℃的温度范围内保持弹性，耐老化性和电绝缘性能也好。由于在二甲基硅橡胶分子链中引入少量的乙烯基，大大提高了它的硫化活性，提高了硫化剂的交联效率和热老化性能，特别是高温下压缩永久变形小。不过乙烯基含量也不宜太多，否则热稳定性反而恶劣，最适宜的乙烯基含量为0.1% ~0.15%（摩尔分数）最好。此种硅橡胶在电缆行业中应用最多。

此外，还有苯基硅橡胶、氟硅橡胶、腈硅橡胶、硼硅橡胶等。

3. 硅橡胶的性能

1）具有很高的耐热性和优异的耐寒性，长期工作温度为 -60 ~200℃。

2）优良的电绝缘性能，即使在温度和频率变化时或受潮时仍较稳定。又由于硅橡胶有无机材料的特点而使其具有耐电晕及耐电弧的优越性能。

3）具有优异的耐臭氧老化、热氧老化、光老化和大气老化的性能。硅橡胶在室外曝晒几年后性能无显著变化。

4）具有较小的吸水性和良好的防霉性。硅橡胶长期存放后，其吸水性不超过0.015%，对各种藻类霉菌无滋生作用，故不会生霉，很适合热带、湿热带条件下使用。

5）某些硅橡胶具有耐油、耐燃和耐辐射性能。

6）无臭、无味、无生理毒害，对人体健康没有不良影响。

7）导热性好，其热导率为普通橡胶的2倍。

硅橡胶的主要缺点是抗拉强度、抗撕裂性低，耐酸碱性较差，不易加工，价格也比其他橡胶贵。硅橡胶的基本性能见表3-9。

表3-9 硅橡胶的基本性能

性能	数值
密度/（g/cm^3）	0.97
硬度（邵氏）	30 ~80
脆化温度/℃	-115 ~ -70
长期工作温度/℃	180 ~200
耐辐射剂量/nad	10^8
抗拉强度/MPa	4.0 ~12.0
断裂伸长率（%）	200 ~800
体积电阻率 $\rho_v/\Omega\cdot m$	$10^{13}\sim10^{15}$
相对介电常数/（10^3Hz）	3.0 ~3.5
介质损耗角正切 $\tan\delta$/（10^3Hz）	0.001 ~0.01
电气强度/（kV/mm）	15 ~20

4. 硅橡胶的用途

硅橡胶最大的特点是耐高温、耐寒性优越，可长期在 -60 ~200℃工作环境中使用，具有优异的耐老化性能（耐臭氧、耐氧化、耐放射、耐光、耐候），透明，无毒，无味，绝缘性能佳，加工性能好。缺点是耐磨性能、抗撕裂性能和耐油、耐化学介质腐蚀性差。

硅橡胶制品广泛用于电热电器、电子电气行业、航空、国防、机械、建筑工业、医疗、食品、卫生领域，是制作密封件、耐热衬垫、隔板、减振材料、绝缘元件、室外使用的密封件等的最佳橡胶材料。

硅橡胶具有很多优异的性能，对应于这些性能其有不同的用途。硅橡胶的特性及相应用途见表 3-10。

表 3-10 硅橡胶的特性及相应用途

特 性	用 途
耐热性：硅橡胶比普通橡胶具有好得多的耐热性，可在 150℃下几乎永远使用而无性能变化；可在 200℃下连续使用 10000h；在 350℃下也可使用一段时间	广泛应用于要求耐热的场合：热水瓶密封圈，压力锅圈，耐热手柄
耐寒性：普通橡胶脆化温度为 -30 ~ -20℃，硅橡胶则在 -70 ~ -60℃时仍具有较好的弹性，某些特殊配方的硅橡胶还可承受极低温度	低温密封圈
耐候性：普通橡胶在电晕放电产生的臭氧作用下迅速降解，而硅橡胶则不受臭氧影响，且长时间在紫外线和其他气候条件下，其物理性能也仅有微小变化	户外使用的密封材料
电性能：硅橡胶具有很高的电阻率，且在很宽的温度和频率范围内其阻值保持稳定，同时硅橡胶对高压电晕放电和电弧放电具有很好的抵抗性	高压绝缘子；电视机高压帽；电器零部件等
导电性：当加入导电填料（如炭黑）时，硅橡胶便具有导电性	键盘导电接触点；电热元件部件；抗静电部件；高压电缆用屏蔽；医用理疗导电胶片
导热性：当加入某些导热填料时，硅橡胶便具有导热性	散热片；导热密封垫；复印机、传真机导热辊
抗辐射性：含有苯基的硅橡胶的耐辐射能力大大提高	电绝缘电缆；核电厂用插接器等
阻燃性：硅橡胶本身可燃，但添加少量阻燃剂时，它便具有阻燃性和自熄性，且因硅橡胶不含有机卤化物，因而燃烧时不冒烟或放出毒气	各种防火严格的场合
透气性：硅橡胶薄膜比普通橡胶及塑料膜具有更好的透气性。其另一特征就是对不同的透气率具有很强的选择性	气体交换膜；医用品；人造器官

在电线电缆工业中，硅橡胶用于制造船用电缆、航空用电线、电动机引接线及特殊电线电缆（如原子能、宇宙飞行器用电线）和医疗用电线的绝缘。硅橡胶也可以制造热收缩管，用于电线电缆的插头终端等。

九、乙烯-乙酸乙烯酯共聚物（EVA）

乙烯-乙酸乙烯（醋酸乙烯）酯共聚物简称 EVA。它是由乙烯（E）和乙酸乙烯（VA）共聚而制得的，英文名称为 Ethylene Vinyl Acetate，分子结构式为

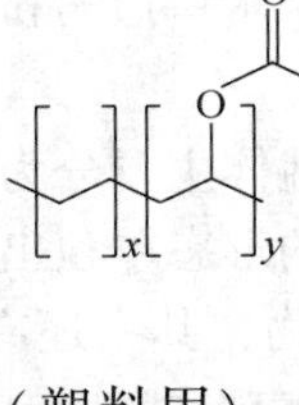

$$\left[\!-CH_2-CH_2-\right]_x\left[-CH_2-\underset{\displaystyle O-\overset{\displaystyle O}{\overset{\|}{C}}-CH_3}{\underset{|}{CH}}-\right]_y$$

分子式：$(C_2H_4)n(C_4H_6O_2)m$。

其制备方法通常有高压本体聚合（塑料用）、溶液聚合（PVC 加工助剂）、乳液聚合（黏合剂）、悬浮聚合。乙酸乙烯（VA）含量高于 30% 的采用乳液聚合，乙酸乙烯含量低的用高压本体聚合。

1. EVA 特性

与聚乙烯相比，EVA 由于在分子链中引入了乙酸乙烯单体，从而降低了结晶度，提高了柔韧性、抗冲击性、填料相溶性和热密封性能。一般来说，EVA 树脂的性能主要取决于分子链上乙酸乙烯的含量。因其构成组分比例可调，从而可以符合不同的应用需要，乙酸乙烯的含量越高，其透明度、柔软度及坚韧度会相对越高。其特性如下：

（1）耐水性　密闭泡孔结构，不吸水，防潮，耐水性能良好。

（2）耐蚀性　耐海水、油脂、酸、碱等化学品腐蚀，抗菌、无毒、无味、无污染。

（3）加工性　无接头，且易于进行热压、剪裁、涂胶、贴合等加工。

（4）防振动　回弹性和抗张力高，韧性高，具有良好的防振、缓冲性能。

（5）保温性　隔热，保温防寒及低温性能优异，可耐严寒和曝晒。

（6）隔音性　密闭泡孔，隔音效果好。

2. EVA 分类

乙烯与乙酸乙烯共聚物是乙烯共聚物中最重要的产品，国外一般将其统称为 EVA。但是在我国，人们根据其中乙酸乙烯含量的不同，将乙烯与乙酸乙烯共聚物分为 EVA 树脂、EVA 橡胶和 EVA 乳液，其分类见表 3-11。

表 3-11　EVA 分类

分　类	VA 含量	性　能
EVA 树脂	小于 40%	柔韧性、抗冲击性、填料相溶性和热密封性能
EVA 橡胶	40% ~70%	产品很柔韧，富有弹性特征
EVA 乳液	70% ~95%	呈乳液状态，外观呈乳白色或微黄色

3. EVA 用途

EVA 被广泛应用于发泡鞋料、功能性棚膜、包装膜、热熔胶、电线电缆及玩具等领域。一般来说，EVA 树脂的用途主要取决于分子链上乙酸乙烯的含量。在电线电缆方面，随着计算机及网络工程的不断发展，出于对机房安全的考虑，人们越来越多地使用无卤阻燃电缆和硅烷交联电缆。由于 EVA 树脂具有良好的填料包容性和可交联性，因此在无卤阻燃电缆、半导体屏蔽电缆和二步法硅烷交联电缆中使用较多。另外，EVA 树脂还被应用于制作一些特殊电缆的护套。在电线电缆中使用的 EVA 树脂，乙酸乙烯含量一般为 12% ~24%。

十、热塑性弹性体（TPE）

热塑性弹性体（Thermoplastic Elastomer，TPE）是一种既具有传统交联硫化橡胶的高弹性、耐老化、耐油性的特点，同时又具有普通塑料加工方便、加工方式广的特征的材料，可采用注射、挤出、吹塑等加工方式生产，水口边角粉碎后 100% 直接二次使用。

1. TPE 的制备方法

通常按制备方法的不同，热塑性弹性体主要分为化学合成型热塑性弹性体和橡塑共混型热塑性弹性体两大类。前者是以聚合物的形态单独出现的，有主链共聚、接枝共聚和离子聚合之分。后者主要是橡胶与树脂的共混物，其中还有以交联硫化出现的动态硫化胶（TPE-TPV）和互穿网络的聚合物（TPE-IPN）。现在，TPE 以 TPS 和 TPO 为中心，在世界各地获得了迅速发展，两者的产耗量已占到全部 TPE 的 80% 左右。双烯类 TPE 和氯乙烯类 TPE 也成为通用 TPE 的重要品种，其他如 TPU、TPEE、TPAE、TPF 等则转向了以工程应用为主。

2. TPE 的性能特点

(1) 优点

1) 可用一般的热塑性塑料成型机加工，例如注射成型、挤出成型、吹塑成型、压缩成型、递模成型等。

2) 能用橡胶注射成型机硫化，时间可由原来的 20min 左右缩短到 1min 以内。

3) 可用压出机成型硫化，压出速度快、硫化时间短。

4) 生产过程中产生的废料（逸出飞边、挤出废胶）和最终出现的废品，可以直接返回再利用。

5) 用过的 TPE 旧品可以简单再生之后再次利用，减少环境污染，扩大资源再生来源。

6) 不需硫化，节省能源。以高压软管生产能耗为例：橡胶为 188MJ/kg，TPE 为 144MJ/kg，可节能 25% 以上。

7) 自补强性大，配方大大简化，从而使配合剂对聚合物的影响制约大为减小，质量性能更易掌握。

8) 为橡胶工业开拓新的途径，扩大了橡胶制品的应用领域。

(2) 缺点　TPE 的耐热性不如橡胶，随着温度上升物理性能下降幅度较大，因而适用范围受到了限制。同时，其压缩变形、回弹性、耐久性等同橡胶相比较差，价格上也往往高于同类的橡胶。但总的说来，TPE 的优点仍十分突出，而缺点则在不断改进之中，作为一种节能环保的橡胶新型原料，发展前景十分看好。

3. TPE 的种类

(1) 烯烃类 TPO　烯烃类 TPE 系以 PP 为硬链段和 EPDM 为软链段的共混物，简称 TPO。由于它比其他 TPE 的密度小（仅为 0.88g/cm^3），耐热性高达 100℃，耐候性和耐臭氧性也好，因而成为 TPE 中又一发展很快的品种。1973 年出现了动态部分硫化的 TPO，1981 年出现了完全动态硫化型的 TPO，性能大为改观，最高温度可达 120℃。这种动态硫化型的 TPO 简称为 TPV，主要是对 TPO 中的 PP 与 EPDM 混合物在熔融共混时，加入能使其硫化的交联剂，利用密炼机、螺杆机等机械高度剪切的力量，使完全硫化的微细 EPDM 交联橡胶的粒子，充分分散在 PP 基体之中。通过这种交联橡胶的“粒子效果”，导致 TPO 的耐压缩变形性、耐热老化性、耐油性等都得到明显改善，甚至达到了 CR 橡胶的水平，因而人们又将其称为热塑性硫化胶。

(2) 聚酯类 TPEE　聚酯弹性体以聚丁撑对苯二甲酸酯（PET）为硬段，以聚四甲撑醚二醇（PTMG）或以脂肪族聚酯（聚内酯）为软段，两者嵌段聚合而成。前者为聚酯-聚醚型聚酯弹性体，以杜邦公司的 Hytrel 为代表；后者为聚酯-聚酯型聚酯弹性体，以日本东洋纺织公司的 Pelplen 为代表。聚酯类热塑性弹性体的特点是回弹性特别好、蠕变小、耐热性优良、抗低温曲挠性及抗弯曲疲劳性好、耐油；其缺点是不耐水解、价格贵。由于聚酯类弹性体在熔点以上的黏度随温度的上升急剧降低，所以挤出时必须选择合适的加工温度，温度过高固然无法加工成线缆，温度过低则会造成挤出机设备的损坏。由于聚酯类弹性体有较高的吸水率，故挤出前必须烘干。

(3) 聚氨酯类（TPU）　聚氨酯弹性体的柔段是由长链二醇与二异氰酸酯加聚而成的，其硬段由短链二醇与二异氰酸酯加聚而成。硬软链段的交替组合构成了聚氨酯弹性体的大分子，两者的比例决定了弹性体的硬度。根据长链二醇主链是脂肪族类还是芳香醚类，聚氨酯可分为聚酯类与聚醚类两大种类。由于聚酯类聚氨酯不耐水解，所以电线电缆行业常用聚醚型聚氨酯。聚氨酯弹性体具有极好的耐磨性，其磨损是在包括橡胶在内的所有弹性体中最小的。同时，它还具有突出的耐臭氧性能。聚氨酯在3%的臭氧浓度中，在20%的拉伸状态下，500h后虽外观有变色，但其力学性能基本不变。此外，聚氨酯的强度高，耐油性能极佳，且耐弯曲疲劳，基本不长霉，所以在一些环境要求苛刻的应用场合，它是电缆护套的首选材料。

（4）苯乙烯类TPS　苯乙烯类TPS为丁二烯或异戊二烯与苯乙烯嵌段型的共聚物，其性能最接近SBR橡胶，是化学合成型热塑性弹性体中最早被人们研究的品种之一，是目前世界上产量最大的TPE，代表性的品种为苯乙烯-丁二烯-苯乙烯嵌段共聚物（SBS）。近些年来，异戊二烯取代丁二烯的嵌段苯乙烯聚合物（SIS）发展很快，SBS和SIS的最大问题是不耐热，使用温度一般不能超过80℃。同时，其强伸性、耐候性、耐油性、耐磨性等也都无法同橡胶相比。为此，近年来美欧等地对它进行了一系列性能改进，先后出现了SBS和SIS经饱和加氢的SEBS和SEPS。SEBS（以BR加氢做软链段）和SEPS（以IR加氢做软链段）可使抗冲强度大幅度提高，耐天候性和耐热老化性也好。日本三菱化学在1984年又以SEBS、SEPS为基料制成了性能更好的混合料，并将此饱和型TPS命名为“Rubberron”上市。

（5）氯乙烯类TPVC、TCPE　氯乙烯类TPE分为热塑性PVC和热塑性CPE两大类，前者称为TPVC，后者称为TCPE。TPVC主要是PVC的弹性化改性物，又分为化学聚合和机械共混两种形式。机械共混主要是部分交联NBR混入PVC中形成的共混物（PVC/NBR）。TPVC实际说来不过是软PVC树脂的衍生物，只是因为压缩变形得到很大改善，从而形成了类橡胶状的PVC。现在CPE橡胶与CPE树脂共混的带有TPE功能的TCPE，也开始得到应用。今后，TPVC和TCPE有可能成为我国代替部分NR、BR、CR、SBR、NBR橡胶和PVC塑料的新橡塑材料。

（6）含氟热塑性弹性体　含氟热塑性弹性体以四氟乙烯-乙烯共聚物或偏氟乙烯均聚物为硬段，以偏氟乙烯、六氟丙烯及四氟乙烯三聚物为软段。其特点是可高温塑化成型，透明、无毒、热塑流动性好，热稳定性优良，耐热性随聚合物中软段、硬段单体组成结构与含量而有区别，耐化学药品性、耐介质性、耐候性好，不燃。

4. TPE的用途

由于热塑性弹性体集橡胶和塑料的特性于一体，加工方便，使用灵活，所以特别适合于小批量的特殊规格线缆，它能有效地帮助中小线缆厂家扩展品种，使之能更好地适应市场的需求。

思考题

1. 掌握常用橡胶的品种、用途。
2. 掌握常用橡胶的分子结构特点与性能特点。
3. 简单分析常用橡胶的结构与性能的关系。

◇◇◇ 第三节　橡胶配合剂

虽然橡胶具有很多优良性能，但各种橡胶必须加入适量的有关化学物质才能制成有实用价值的橡胶制品。这不仅是加工工艺上的需要，重要的是加入合适的化学物质后可改善橡胶的性能，满足相应的使用要求，降低橡胶制品的成本。这些加入的化学物质统称为橡胶配合剂。

橡胶配合剂的材料种类很多，在橡胶中的作用也很复杂。根据配合剂在橡胶中的主要作用，又可分为硫化剂、硫化促进剂、防老剂、软化剂、补强剂、填充剂以及特殊用途的配合剂。一种材料在不同的橡胶中可起不同的作用，在同一种橡胶中也可起几种作用，选用时应特别注意。

为保证橡胶制品的质量，除应正确选择橡胶配合剂的材料及其用量外，橡胶配合剂的基本性能还应符合以下要求。

1）具有高度的分散性。

2）容易被橡胶浸润。

3）含水量少。

4）不应有对橡胶产生不利影响的杂质，如铜、锰等。

5）不应含有无机酸和能水解的盐类。

6）无毒或毒性小。

7）对电线电缆而言，还必须有良好的电绝缘性能。

8）价格便宜，来源可靠。

橡胶配合剂的类型、基本作用、性能要求及参考用量见表 3-12。

表 3-12　橡胶配合剂的类型、基本作用、性能要求及参考用量

<table>
<tr><th colspan="2">类　型</th><th>基本作用</th><th>主要要求</th><th>参考用量
（以橡胶重量为 100 份计）</th></tr>
<tr><td rowspan="3">硫化体系</td><td>硫化剂</td><td>使橡胶发生物理化学变化，由线型转化为网状结构，使橡胶由可塑性物质转变成弹性物质，改进橡皮物理力学性能，耐老化性能</td><td>1. 硫化曲线平坦
2. 与橡胶有较好的相容性
3. 活性大
4. 不恶化橡皮性能</td><td>1～3 份，对于氯丁橡胶，硅橡胶和丁基橡胶可达 10 份</td></tr>
<tr><td>硫化促进剂</td><td>增强硫化剂活性，促进橡胶与硫化剂之间的反应，提高硫化速度、降低硫化温度、缩短硫化时间、减少硫化剂用量，提高硫化胶的性能</td><td>1. 有适当的临界温度
2. 硫化曲线平坦
3. 能改进橡皮质量
4. 焦烧时间适宜</td><td>1～5 份</td></tr>
<tr><td>活化剂（促进助剂）</td><td>使有机促进剂发挥其活性</td><td>1. 与橡胶相容性好
2. 不含水分和杂质（灰分）</td><td>10 份以下</td></tr>
<tr><td rowspan="9">防护体系</td><td>防老剂</td><td>延长橡胶制品的使用寿命</td><td rowspan="6">1. 与橡胶有较好的相容性，易于混合均匀
2. 易产生协同效应
3. 在热作用下比较稳定
4. 不易喷霜、不污染
5. 不含灰分、水分和机械杂质
6. 粒度适当
7. 不恶化橡皮性能，与其他配合剂（硫化促进剂）不发生有害反应
8. 无毒</td><td>0.5～3 份</td></tr>
<tr><td>防焦剂（硫化延缓剂）</td><td>加工过程中防止胶料焦烧（先期硫化），提高橡胶加工的安全性</td><td>0.2～1 份</td></tr>
<tr><td>抗氧剂</td><td>防止和延迟橡皮氧化老化（热氧裂解）</td><td>1～2 份</td></tr>
<tr><td>抗臭氧剂</td><td>防止臭氧对橡皮袭击，保护橡皮免受臭氧老化</td><td>1～3 份</td></tr>
<tr><td>有害金属抑制剂</td><td>防止有害金属铜、锰、铁离子对橡皮的氧化催化反应，防止橡皮老化</td><td rowspan="2">1～3 份</td></tr>
<tr><td>光吸收剂</td><td>能吸收紫外光，防止和延迟橡皮受光发生氧老化</td></tr>
<tr><td>避鼠剂</td><td>防止鼠害</td><td rowspan="3">1. 与橡皮相容性好
2. 不恶化橡皮其他性能
3. 在热作用下比较稳定</td><td rowspan="3">适量</td></tr>
<tr><td>杀蚁剂</td><td>杀灭白蚁，保护橡皮不受白蚁损坏</td></tr>
<tr><td>防霉剂</td><td>防止霉菌繁殖恶化橡皮性能</td></tr>
</table>

（续）

<table>
<tr><th colspan="2">类　型</th><th>基本作用</th><th>主要要求</th><th>参考用量
（以橡胶重量为100份计）</th></tr>
<tr><td>软化体系</td><td>软化剂（增塑剂）</td><td>1. 调节橡皮塑性，使橡皮便于加工
2. 调节橡皮柔软性，使之符合使用要求</td><td>1. 与橡胶互溶性好
2. 不挥发，在热加工时比较稳定
3. 无毒
4. 增塑效果好
5. 不含有害杂质（灰分）
6. 不恶化橡皮性能</td><td>10份左右</td></tr>
<tr><td rowspan="2">填充补强体系</td><td>补强剂</td><td>改进橡皮物理力学性能，如抗拉强度、定伸强度、硬度、弹性、耐磨性、抗撕裂性、耐曲挠性等</td><td rowspan="2">1. 相容性好，易于分散混均
2. 粒度大小适当
3. 不易吸潮
4. 不含有害杂质及灰分
5. 电绝缘性能好
6. 来源可靠</td><td rowspan="2">数量较大，往往达100份</td></tr>
<tr><td>填充剂</td><td>改善橡皮工艺性能，能增加橡皮容积，降低橡皮成本</td></tr>
<tr><td rowspan="4">特殊用途配合剂</td><td>着色剂</td><td>使橡皮具有某一种颜色，起到美观和分色的作用</td><td rowspan="4">1. 相容性好
2. 稳定
3. 不含杂质、水分、灰分
4. 不恶化橡皮性能</td><td rowspan="4">适量</td></tr>
<tr><td>阻燃剂</td><td>使橡皮具有难燃和非燃性能</td></tr>
<tr><td>导电剂</td><td>使橡皮具有一定的导电性能，常用于制造半导电橡皮</td></tr>
<tr><td>其他特殊物质</td><td>赋予橡皮某一特性的物质</td></tr>
</table>

一、硫化剂

能在一定条件下使橡胶发生硫化（交联）的物质统称为硫化剂。所谓硫化是使橡胶线性分子结构通过硫化剂的“架桥”而变成立体型网状结构，从而使橡胶的物理力学性能（如抗拉强度、断裂伸长率、耐磨性、弹性等）得到明显的改善。

橡胶用的硫化剂种类很多，随着合成橡胶的发展和应用，硫化剂的品种类型也在不断增加。硫化剂的种类有硫黄、含硫化合物、碲、硒、过氧化物、醌类化合物、胺类化合物、树脂、金属氧化物等。硫化剂的选用，主要取决于橡胶的种类及其制品的用途。

1. 硫黄

硫黄适用于不饱和橡胶，广泛应用于天然橡胶及部分合成橡胶中。常用的硫黄有硫黄粉、升华硫黄（又称硫黄华）和沉淀硫黄三种。电线电缆行业中使用最多的是硫黄粉。

硫黄粉由硫铁矿煅烧、熔融冷却结晶成硫黄块，再经粉碎、筛选而成。硫黄粒子平均直径为15～20μm，是斜方形结晶，熔点为114～119℃。

硫黄不溶于水，稍溶于乙醇和乙醚，溶于二硫化碳和四氯化碳。硫化橡皮耐热性低、强度高、对铜线有腐蚀作用（绝缘橡皮中使用尤为慎重），适用于天然橡胶和某些合成橡胶。在电线电缆橡皮配方中，硫黄用量为0.2～5份（以生胶重量为100份计，下同），若有促进剂的加入，可使硫黄用量相应减少。

2. 秋兰姆

全名为二硫化四甲基秋兰姆，商品名为TMTD（或TT），是电线电缆橡皮中使用比较广

的硫化剂，又可做硫化促进剂。其熔点不低于140℃，密度为1.29g/cm^3，为白色或灰白色粉末，无味、无毒，但有刺激作用。它是天然橡胶的超速促进剂，加热至100℃以上时可分解生成自由基，故可进行橡胶交联。其分子结构式为

$$\begin{matrix} H_3C \\ H_3C \end{matrix}\!\!>N-\overset{\overset{\displaystyle S}{\|}}{C}-S-S-\overset{\overset{\displaystyle S}{\|}}{C}-N\!\!<\!\!\begin{matrix} CH_3 \\ CH_3 \end{matrix}$$

使用秋兰姆做硫化剂可改善橡皮的耐热性和耐老化性，硫化曲线平坦，不易焦烧，适用于天然橡胶、丁苯橡胶、丁腈橡胶以及一切含有双键的不饱和橡胶。在一般的耐热橡皮中，秋兰姆的用量为2~3份，而在连续硫化橡皮配方中用量为2~5份；做促进剂用时用量为0.3~0.5份。应当指出，秋兰姆在氯丁橡胶中不起硫化作用而只能做延缓剂，为了克服秋兰姆临界温度低的缺点，一般都与其他促进剂并用。还应当指出，秋兰姆使用在绝缘橡皮中也容易造成无镀层铜导体变色、发黑、氧化。

3. 二硫代吗啡啉（DTDM）

其分子结构式为

$$O\!\!<\!\!\begin{matrix} CH_2-CH_2 \\ CH_2-CH_2 \end{matrix}\!\!>N-S-S-N\!\!<\!\!\begin{matrix} CH_2-CH_2 \\ CH_2-CH_2 \end{matrix}\!\!>O$$

DTDM在硫化温度下能分解出活性硫，从而使橡胶产生交联反应，其含硫量约为27%，硫化操作安全。DTDM单独使用硫化速度较慢，常与硫化促进剂并用以提高硫化速度。DTDM不喷霜、不变色、不污染、易分散。硫化胶耐热、耐老化性能好，特别适用于丁基橡胶。

4. 金属氧化物

金属氧化物作为硫化剂主要用于氯丁橡胶、氯磺化聚乙烯等。常用的金属氧化物有氧化锌、氧化镁、氧化铅、四氧化三铅等。

（1）氧化锌（ZnO）　密度为5.6g/cm^3，是一种白色粉末，无毒、无味。氧化锌在橡胶中应用比较广泛，在通用型氯丁橡胶中常与氧化镁并用作为主硫化剂，在天然橡胶及其他烯烃橡胶中可作为促进剂的活化剂。除此之外，它还兼有补强作用，在耐日光老化的橡皮中又起屏蔽紫外线的作用。氧化锌在天然橡胶和丁基橡胶中用量为5~10份，在氯丁橡胶中与氧化镁并用，一般用量为5份。

（2）氧化镁（MgO）　氧化镁在氯丁橡胶中作为副硫化剂使用，混炼时能防止氯丁橡胶先期硫化。氧化镁能提高氯丁橡胶的抗拉强度、定伸强度和硬度，能中和卤化橡胶等在硫化期间或在其他氧化条件下所产生的少量氯化氢。能赋予氯磺化聚乙烯橡胶良好的物理力学性能，特别是永久变形比较小，但耐水性较差，一般用量为2~7份。氧化镁为白色疏松粉末，密度为3.20~3.23g/cm^3，在空气中能逐渐吸收水分和二氧化碳变成碱或碳酸镁，从而使活性降低，故应密封保管。

5. 有机过氧化物

有机过氧化物有很好贮存的稳定性，在合理使用时比较安全，在通常硫化温度下仍有足够的活性。应用于橡胶中比较稳定的有机过氧化物可以分为以下两个基本类型。

1）带有羧酸基团的过氧化物，如过氧化二苯甲酰，其分子结构式为

$$C_6H_5-\overset{\overset{\displaystyle O}{\|}}{C}-O-O-\overset{\overset{\displaystyle O}{\|}}{C}-C_6H_5$$

本品为无色结晶至白色粒状固体，熔点为103.5℃，密度为1.16g/cm^3，溶于苯、三氯甲烷、乙醚，微溶于水及乙醇，适用于硅橡胶，也可用于硫化由偏氟乙烯和三氟乙烯共聚制得的氟橡胶，一般用量为1.5～3份，在甲基硅橡胶中用量为4～6份。其不能用于有炭黑的配方中，否则会干扰硫化。

带有羧酸基团的过氧化物还有过氧化二乙酰，其分子结构式为

$$CH_3-\underset{\underset{O}{\|}}{C}-O-O-\underset{\underset{O}{\|}}{C}-CH_3$$

其外观为无色片状结晶，有刺激性气味，微溶于冷水，可溶于乙醇、乙醚，与酸作用产生有毒蒸气，易燃，遇明火急剧分解，不宜长期贮存，贮存温度不应高于25℃，对振动、撞击敏感，有引爆危险。此类带羧酸基团的过氧化物的硫化特点：对酸类的敏感性低，分解温度低，有炭黑存在时不会硫化。

2）无羧酸基团的过氧化物，如过氧化二异丙苯（DCP），其分子结构式为

$$C_6H_5-\underset{CH_3}{\overset{CH_3}{C}}-O-O-\underset{CH_3}{\overset{CH_3}{C}}-C_6H_5$$

外观为无色、无臭、透明菱形结晶，熔点为41～42℃，密度为1.08g/cm^3，分解温度为120～125℃，室温下稳定，见光逐渐变成微黄色，不溶入水，溶于乙醇、丙酮、四氯化碳、苯中，广泛用于天然橡胶及合成橡胶硫化剂，不易喷霜，耐老化性能好，耐热、耐寒，加入氧化锌后能改善力学性能，一般用量为1～2份。本品硫化后的分解物不易挥发，从而使胶料带有强烈的气味，故使用时应选用无味DCP。本品不能硫化丁基橡胶和氯磺化聚乙烯橡胶。

无羧酸基团的过氧化物的硫化特点：对酸类敏感性强，需调整胶料的pH值，分解温度较高，对氧的敏感性比含有羧酸基团的过氧化物低。

使用有机过氧化物时应注意安全。当过氧化物与苯胺、三乙基苯胺及丁胺接触时即产生爆炸反应，在使用时应特别注意。

6. 树脂类硫化剂

树脂类硫化剂主要是一些热固性的烷基酚醛树脂和环氧树脂。用烷基酚醛树脂硫化不饱和碳链橡胶（如天然橡胶）和丁基橡胶可显著提高硫化橡胶的耐热性。其常用的主要品种是苯酚基甲醛树脂，如叔丁基苯酚甲醛树脂和叔辛基苯酚甲醛树脂等。环氧树脂对羧基橡胶及氯丁橡胶均有较好的硫化效果，其硫化橡皮耐曲挠性好，生热少。

7. 对苯醌二肟（GMF）

对苯醌二肟的分子结构式为

$$HO-N=C_6H_4=N-HO$$

纯品为淡黄色针状结晶，工业品为深棕色粉末，密度为1.2～1.4g/cm^3，分解温度为240℃，易溶于乙醇、乙酸、乙酸乙酯，溶于热水，不溶于冷水、苯和汽油，用作丁基橡胶、天然橡胶、丁苯橡胶、聚硫"ST"型橡胶的硫化剂，特别适用于丁基橡胶，氧化剂（如Pb_3O_4、PbO_2）对其有活化作用；在胶料中易分散，硫化快，硫化胶定伸强度高；临界温度比较低，有焦烧倾向，加入某些防焦剂（如苯酐、防焦剂NA）、促进剂（如秋兰姆、噻唑类、二硫代氨基甲酸盐类）能有效地改善操作安全性。当用促进剂DM做活性剂时，抗焦烧

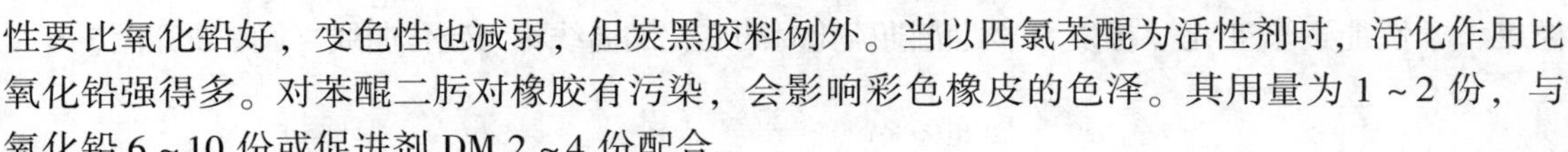

性要比氧化铅好，变色性也减弱，但炭黑胶料例外。当以四氯苯醌为活性剂时，活化作用比氧化铅强得多。对苯醌二肟对橡胶有污染，会影响彩色橡皮的色泽。其用量为1~2份，与氧化铅6~10份或促进剂DM 2~4份配合。

8. 三烯丙基异氰脲酸酯（硫化剂TAIC）

分子式：$C_{12}H_{15}N_3O_3$。

外观为淡黄色液体或结晶体或粉化白色粉末，密度为1.16~1.18g/cm³。TAIC是一种含芳杂环的多功能烯烃单体，不溶于水，微溶于烷烃，全溶于芳烃、乙醇、丙酮、卤代烃和环戊烯烃等，应用于辐照交联、化学交联体中，可显著提高交联制品的耐热性、耐溶剂性、耐候性、耐蚀性和阻燃性，同时能改善力学性能和电性能，可作为以下用途。

1）多种热塑性塑料（如PE、PVC、PP、HZPS、CPE、EVA等）的交联改性剂；

2）特种橡胶（如CPE、EPDM、TP-2、HNBR等）的助硫化剂；

是一种用途十分广泛的新型高分子材料助剂。

9. N，N′-间亚苯基双马来酰亚胺（PDM或HVA-2）

其分子结构式为

PDM作为多功能橡胶助剂，在橡胶加工过程中既可做硫化剂，也可做过氧化物体系的助硫化剂，还可以作为防焦剂和增粘剂，既适用于通用橡胶，也适用于特种橡胶和橡塑并用体系。其在天然橡胶中与硫黄配合，能防止硫化返原，改善耐热性，降低生热，提高耐老化性。PDM在引发剂引发下可以作为硫化剂硫化乙丙橡胶、天然橡胶、氯磺化聚乙烯橡胶、丁基橡胶、丁腈橡胶、氯丁橡胶和氟橡胶等。

二、硫化促进剂

硫化促进剂简称促进剂，是橡胶配合剂中的重要材料。在橡胶胶料中配入少量硫化促进剂，能使硫化剂活化，大大促进橡胶与硫化剂之间的反应，提高硫化速度，降低硫化温度、缩短硫化时间、减少硫化剂用量，并能提高或改善硫化橡皮的物理力学性能。合理选用促进剂可有效提高生产效率、降低生产成本。

促进剂按其化学结构的不同，可以分为噻唑类、秋兰姆类、次磺酰胺类、胍类等8大类。现仅介绍电线电缆工业中常用的6类。

根据促进剂硫化速度的快慢不同，国际上习惯以促进剂M的促进效率为标准，将促进剂分为以下等级：凡硫化速度大于促进剂M的属于“超速”或“超超速”促进剂；硫化速度低于促进剂M的为“中速”或“慢速”促进剂；和M相同或相近的为“准超速”促进剂。

1. 促进剂的基本性能

（1）临界温度　促进剂发挥其促进效果的最低温度称为临界温度。各种促进剂的临界温度各不相同，如促进剂M为125℃，促进剂DM为130℃，促进剂TMTD为100℃。临界温度越高，硫化速度越慢，但温度过低，易发生焦烧。

（2）硫化曲线　在硫化过程中随硫化时间的延续，硫化反应逐渐深入，交联度增加，

橡皮力学性能逐渐变化。橡皮力学性能随硫化时间变化的曲线称为硫化曲线（图3-5和图3-6）。

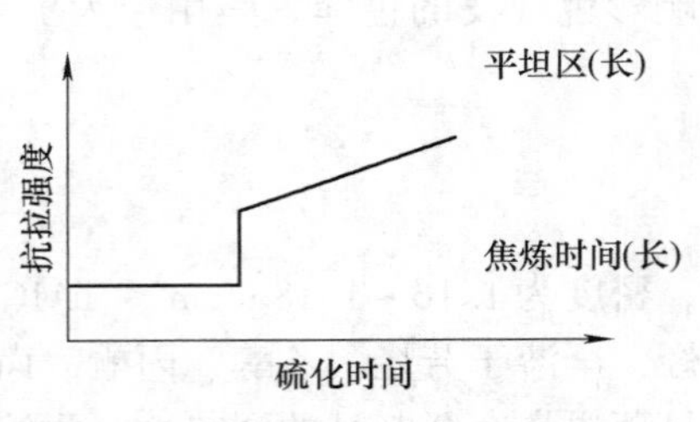

图3-5　理想硫化剂的硫化曲线

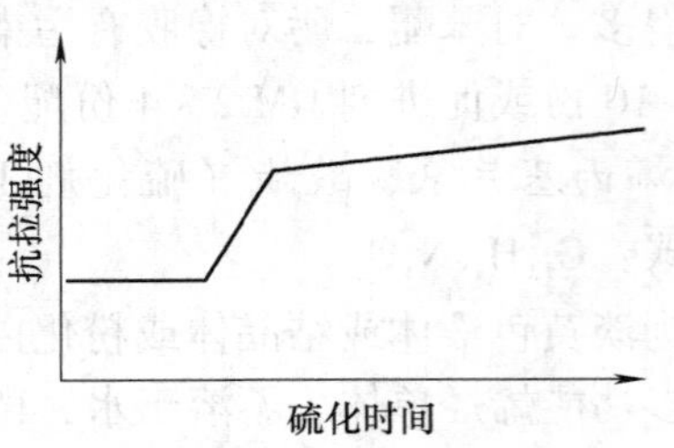

图3-6　典型硫化剂的硫化曲线

理想的硫化剂实际上是不存在的，但可以合理选择促进剂、硫化剂，使硫化曲线接近理想硫化剂、促进剂的特性。

（3）焦烧性能　焦烧是指橡料加工过程中，橡料过早局部交联、变硬、失去热塑性流动的现象。从橡料开始变硬到不能进行塑性流动的时间为焦烧时间。

焦烧是橡料加工过程中稳定性的一个指标。

焦烧时间过短，则加工不安全，易造成废品；如果焦烧时间太长，则可能降低硫化速度，特别对于连续硫化来说，更为明显。

通常用门尼黏度值的变化来表示焦烧。门尼黏度随时间的变化曲线称为焦烧曲线，如图3-7所示。

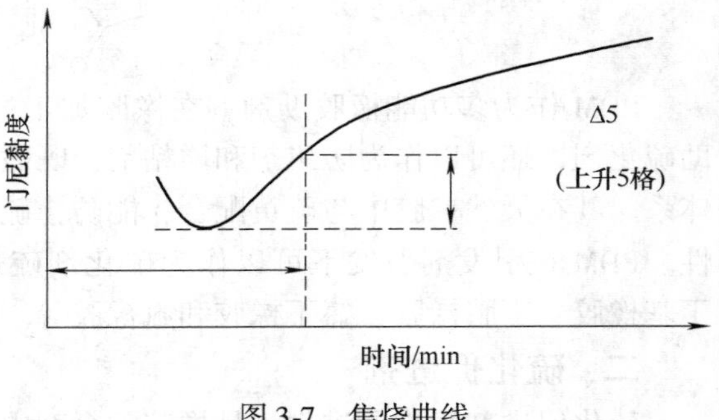

图3-7　焦烧曲线

促进剂对橡料的焦烧时间起决定的影响，所以应选择合适的促进剂。

（4）硫化平坦性　硫化分几个反应阶段：焦烧（或硫化起步）、欠硫、正硫和过硫，正硫的时间范围称为硫化平坦区，促进剂应使橡料在最宜硫化时间内有宽广的硫化平坦性。在这段时间内，橡皮性能保持恒定。宽广的硫化平坦性是防止过硫并使橡皮均匀硫化的必需条件。

2. 常用硫化促进剂

（1）噻唑类促进剂　这类促进剂是有机促进剂中较早应用的品种，属于酸性促进剂。其特点是具有较高的硫化活性，能赋予硫化橡胶良好的耐老化和耐疲劳性能。其应用比较广泛，主要品种有以下两种。

1）硫醇基苯并噻唑：商品名称为促进剂M（又名促进剂MBT）。

其分子结构式为

（苯环）—N、—S— ⪢ C—SH

其为黄色粉末，密度为1.42g/cm^3，熔点不低于170℃，微臭味极苦，无毒，贮藏稳定，为通用型促进剂，对天然橡胶及二烯类通用合成橡胶具有快速促进作用，硫化平坦性较好；临界温度为125℃，因临界温度较低，混炼时有焦烧的可能，但在氯丁橡胶中则起硫化延缓剂的作用；在橡胶中容易分散，不污染，用作第一促进剂时的用量为1～2份，用作第二促

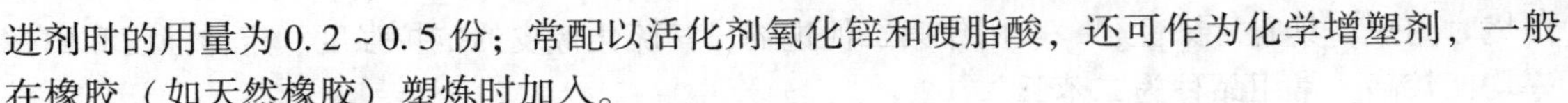

进剂时的用量为 0.2～0.5 份；常配以活化剂氧化锌和硬脂酸，还可作为化学增塑剂，一般在橡胶（如天然橡胶）塑炼时加入。

2）二硫代二苯并噻唑：商品名称为促进剂 DM。

其分子结构式为

$$C_6H_4\langle{}^{N}_{S}\rangle C—S—S—C\langle{}^{N}_{S}\rangle C_6H_4$$

其为淡黄色粉末，无臭、无毒、有苦味，密度约为 1.50g/cm^3，溶点不低于 160℃，无吸湿性，为稳定的化合物；临界温度为 130℃，140℃以上活性增大，是天然橡胶及合成橡胶通用的促进剂；活性稍小于促进剂 M；其临界温度较高，操作安全，不易早期硫化，硫化曲线平坦；在氯丁橡胶塑炼时加入 DM 有增塑作用，可做氯丁橡胶的防焦烧剂；在橡胶中易分散不污染，硫化橡皮老化性能优良；一般用量为 0.75～4.0 份，常与其他促进剂并用以提高其活性。

（2）秋兰姆类　这类促进剂呈酸性，属于超速促进剂，包括一硫化秋兰姆、二硫化秋兰姆和多硫化秋兰姆。二硫化秋兰姆和多硫化秋兰姆可用于无硫黄硫化时的硫化剂。作为促进剂一般用作第二促进剂，与噻唑类和次磺酰胺类促进剂并用以提高硫化速度。与次磺酰胺类促进剂并用时，能延缓橡料开始硫化反应的时间，硫化开始以后反应又能进行得特别快，橡皮的硫化程度也比较高。这种并用体系在低硫硫化中特别重要。

最常用的秋兰姆类促进剂为二硫化四甲基秋兰姆（TMTD），它既可作为促进剂使用也可作为硫化剂使用，用作促进剂时用量一般为 0.1～0.6 份。

（3）次磺酰胺类　这是一类后效性促进剂，呈酸性，具有焦烧时间长、硫化活性大的特点，硫化橡皮的硫化程度比较高，物理力学性能优良，耐老化性能相当好，胶料硫化曲线平坦。由于合成橡胶的发展，高分散性炉法炭黑的推广应用，迟效性良好的促进剂成为发展最快、最有前途的一类促进剂。

1）N-环己基-2-苯并噻唑次磺酰胺，商品名称为促进剂 CZ，其分子结构式为

$$C_6H_4\langle{}^{N}_{S}\rangle C—S—NH—C_6H_{11}$$

本品为淡黄色粉末，稍有气味、无毒，密度为 1.31～1.34g/cm^3，熔点不低于 94℃，贮存稳定，易产生结团现象，但不影响使用。其硫化临界温度为 138℃，具有抗焦烧性优良和硫化速度快的优点。本品变色轻微，不喷霜，硫化橡皮的耐老化性能优良，尤其适用于含碱性较高的炉法炭黑橡料。采用促进剂 CZ 时，应配加以氧化锌和硬脂酸，可采用 TMTD 或其他碱性促进剂做第二促进剂，一般 CZ 用量为 0.5～2 份。

2）N-氧二乙撑-2-苯并噻唑次磺酰胺，商品名为促进剂 NOBS，其分子结构式为

$$C_6H_4\langle{}^{N}_{S}\rangle C—S—N\langle{}^{CH_2—CH_2}_{CH_2—CH_2}\rangle O$$

本品为淡黄色粉末、无毒，密度为 1.34～1.40g/cm^3，熔点为 80～86℃，遇热时逐渐分解，故应低温贮存，贮存时间超过 6 个月以上时，胶料焦烧倾向增加。其硫化临界温度在 138℃以上，焦烧时间比用促进剂 CZ 更长、操作更安全。本品在胶料中容易分散、不喷霜、变色轻微，一般用量范围为 0.5～2.5 份，并配以 0.2～0.5 份硫黄。

（4）胍类　这类促进剂为碱性中速促进剂，使用较早，硫化平坦性差，硫化起点较慢，

焦烧时间短，具有污染性，一般用作第二促进剂，其硫化橡皮的抗拉强度、定伸强度和回弹率均比较高，常用品种为二苯胍。

二苯胍，商品名为促进剂 D（或 DPG），其分子结构式为

$$C_6H_5—NH—\underset{\underset{NH}{\|}}{C}—NH—C_6H_5$$

本品为白色粉末，无毒，密度为 1.13～1.19g/cm^3，熔点不低于 144℃，硫化临界温度为 141℃，硫化平坦性较差，有污染性。促进剂 D 常用作噻唑类、秋兰姆类及次磺酰胺类促进剂的活化剂，与促进剂 DM 或 TMTD 并用可用作连续硫化。在氯丁橡胶中有增塑剂作用，做第一促进剂时用量为 1～2 份，做第二促进剂时用量为 0.1～0.5 份。

（5）二硫代氨基甲酸盐类　这是一类超速促进剂，呈酸性，不污染，硫化平坦区范围小，焦烧时间短，加工过程中胶料容易产生早期硫化现象，硫化操作不安全，易产生欠硫或过硫，但若使用得当，则硫化橡皮的物理力学性能及耐老化性能均能大幅改善。常用的锌盐品种如下：

1）二甲基二硫代氨基甲酸锌，商品名为促进剂 PZ，其分子结构式为

$$\left[\begin{matrix}CH_3\\CH_3\end{matrix}>N—\overset{\overset{S}{\|}}{C}—S\right]_2Zn$$

本品又称促进剂 ZDMC，为白色粉末，无味、无毒，密度为 1.65～1.74g/cm^3，熔点为 240～255℃，硫化临界温度约为 100℃，硫化活性与促进剂 TMTD 相似，贮存稳定，但低温时活性较大，焦烧倾向大，混橡时容易引起先期硫化。促进剂 PZ 特别适用于要求压缩变形低的丁基橡胶，要求耐老化性能优良的丁腈橡胶和三元乙丙橡胶。促进剂 PZ 对噻唑类促进剂有活化作用，可做第二促进剂。在使用时必须加氧化锌，一般也需加入一些硬脂酸。促进剂 PZ 易分散、不污染，用量为 0.3～1.5 份。

2）二乙基二硫代氨基甲酸锌，商品名为促进剂 EZ（或 ZDC），分子结构式为

$$\left[\begin{matrix}H_5C_2\\H_5C_2\end{matrix}>N—\overset{\overset{S}{\|}}{C}—S\right]_2Zn$$

促进剂 EZ 为白色或灰白色粉末，无味、无毒，密度为 1.45～1.51g/cm^3，熔点不低于 175℃，贮存稳定，可用作超速促进剂，硫化临界温度低易焦烧，单用时活性不如促进剂 PZ。胶料在 120～135℃时硫化速度很快，若温度再升高，硫化平坦区变窄，易于产生过硫。如果加入少量促进剂 TMTD、DM 阻焦剂或防老剂 MB，能改进焦烧性能。EZ 用作天然橡胶、丁基橡胶的促进剂时，需加入氧化锌活化剂。EZ 的用量一般为 0.1～1 份。

（6）硫脲类　这类促进剂的抗焦烧性能较差，促进效力较低，是氯丁橡胶的优良促进剂。最常用的主要有乙撑硫脲，又称 2-硫醇基咪唑啉，商品名为促进剂 Na-22。其分子结构式为

$$S=C<\begin{matrix}NH—CH_2\\ |\\ NH—CH_2\end{matrix} \rightleftharpoons \begin{matrix}H_2C—N\\ |\\ H_2C—NH\end{matrix}>C—SH$$

乙撑硫脲　　　　2-硫醇基咪唑啉

本品为白色结晶粉末，味苦，吞食有害，可能对胎儿造成伤害，密度为 1.43g/cm^3，熔

点不低于190℃，贮存稳定，密封贮存在阴凉、干燥、通风良好处，在胶料中易分散，不污染、不变色。

促进剂Na-22可用于各种氯丁橡胶、氯磺化聚乙烯橡胶、氯化聚乙烯橡胶促进剂，适用于金属氧化物硫化，特别是以氧化锌、氧化镁做硫化剂时效果更好，工艺安全、不易焦烧。在正常硫化温度下硫化速度较快，随Na-22用量增加硫化速度仍能加快，但焦烧性能将有所下降。与促进剂DM并用可改善耐焦烧性能。用Na-22做促进剂的橡皮定伸强度高，压缩变形小，弹性好，耐热性高，一般用量为0.25~1.5份。

在选用促进剂时，必须考虑电线电缆的使用性能要求和橡胶的特性，促进剂对胶料工艺性的影响，促进剂本身的活性大小和硫化平坦性的好坏以及促进剂的某些物理化学性质的变化和结构成分的变化等。所用的促进剂在性能上各有其局限性，所以很少单独使用。大多数情况下是两种并用或共用多种促进剂，以互相取长补短并能充分发挥它们的促进作用。

三、活化剂（助促进剂）

在橡皮配方中，凡能使有机促进剂发挥其活性的物质称为硫化活化剂或称为助促进剂。几乎所有的有机促进剂都要借助活化剂才能显著地表现出促进剂的性能。活化剂分为无机和有机两大类。

1. 无机活化剂

常用的无机活化剂有氧化锌、氧化镁、一氧化铅和四氧化三铅等。

（1）氧化锌（ZnO）　前面已经介绍过氧化锌在氯丁橡胶中做硫化剂使用。它还是天然橡胶、合成橡胶促进剂的活化剂，也可做补强剂和着色剂，做活化剂既能加快硫化速度，又能提高硫化程度。在用噻唑类、次磺酰胺类、秋兰姆类、胍类促进剂时，氧化锌均可增加其活性。其一般用量为5~10份，与超促进剂并用时为1~2份。

（2）轻质氧化镁（MgO）　它除做氯丁橡胶的硫化剂外，兼做活化剂和无机促进剂，通常和氧化锌并用，一般用量为2~7份。

（3）一氧化铅（PbO，又称黄丹）　一氧化铅为黄色粉末，无味、有毒，密度为9.1~9.7g/cm^3，吸潮后易结团，影响在胶料中的分散性。在氯丁橡胶和氯磺化聚乙烯橡胶中做硫化剂时，易产生先期硫化，加入硬脂酸和松焦油能减少胶料的焦烧倾向。在氯丁橡胶中能提高硫化胶的耐酸性和耐水性能。与氧化镁并用时，硫化胶具有优良的耐热性能。对采用醌类硫化剂的三元乙丙橡胶有活化作用。由于一氧化铅密度大、有毒，一般应避免使用。用量为10~25份。

（4）四氧化三铅（Pb_3O_4，又称红丹）　为橙红色粉末，无味、有毒，密度为8.3~9.2g/cm^3，可为天然橡胶、丁苯橡胶、丁腈橡胶的活化剂，也可做氯丁橡胶和氯磺化聚乙烯橡胶的硫化剂。用途与一氧化铅相似，但不适于热硫化。它在丁基橡胶中能提高硫化程度，在氟橡胶中除做活化剂外，还可做氟化氢接受体。一般用量为1~15份。由于有毒，使用时应注意。

2. 有机活化剂

（1）硬脂酸　系白色或微黄蜡状固体，稍有脂肪味，无毒，密度为0.9g/cm^3，在胶料中起活化剂和软化剂的作用。金属氧化物在有脂肪酸存在的情况下，才能使促进剂有较大的活性，故一般均将氧化锌与硬脂酸并用作活化剂。硬脂酸能使硫黄及其他粉末配合剂在胶料中分散，尤其对炭黑、氧化锌的分散更好，适用于天然橡胶和合成橡胶，一般用量为0.2～2份。硬脂酸除做活化剂使用外，还可做软化剂使用，用量为0.3～10份。本品使用过多时，易喷出橡胶表面使铜线发黑，所以在绝缘橡皮中一般少用或不用。

（2）硬脂酸锌　本品系纯白色粉末，有特殊气味、无毒，吸入肺部有刺激作用，密度为1.05～1.10g/cm³，熔点为115～120℃，常用作活化剂和隔离剂，也可用作增塑剂和软化剂，适用于天然橡胶和合成橡胶，用量为1.0～2.0份。

除上述活化剂外，还有二乙醇胺、三乙醇胺等。

四、防焦剂（硫化延缓剂）

在加工过程中防止橡料焦烧（先期硫化）的材料统称为防焦剂，又称硫化延缓剂。其基本作用在于提高橡胶加工的安全性，延长胶料的贮存期限，在橡胶混炼和挤出过程中特别重要。但加入防焦剂时，应不妨碍在硫化温度下促进剂的正常作用，不应对橡皮的物理力学性能产生有害的影响。

在氯丁橡胶中常用促进剂M和促进剂DM做防焦剂，除此以外常用的防焦剂有以下几种。

1. 邻苯二甲酸酐

分子结构式为

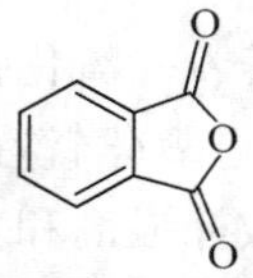

本品简称苯酐，是邻苯二甲酸分子内脱水形成的环状酸酐。苯酐为白色固体，密度为1.53g/cm³，熔点不低于130℃，沸点为284.5℃，能升华，贮存稳定。

苯酐为天然橡胶、异戊橡胶、顺丁橡胶、丁苯橡胶和丁腈橡胶的通用型防焦剂，能改善操作安全性，对硫化时间和橡皮老化性能影响很小，易于分散、不喷霜、污染性小，不适用于秋兰姆无硫黄硫化，不用于白色橡料，一般用量为0.25～1.0份，用量过多会大大延长硫化时间。

2. N-亚硝基二苯胺

商品名为防焦剂NA，其分子结构式为

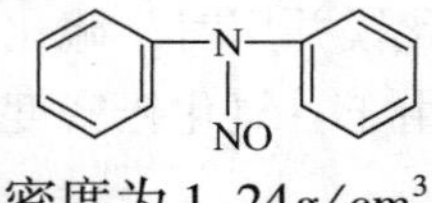

N
NO

本品为黄色或黄褐色结晶粉末，密度为1.24g/cm³，熔点不低于63℃，贮存稳定，一般用作天然橡胶和合成橡胶（丁基橡胶除外）的防焦剂，易分散、不喷霜，对含有噻唑类、秋兰姆、二硫代氨基甲酸盐类促进剂很有效，对克服因用炉黑引起的焦烧具有特殊功效，一般用量为0.3～1.0份。

3. 二氯二甲基乙内酰脲

分子结构式为

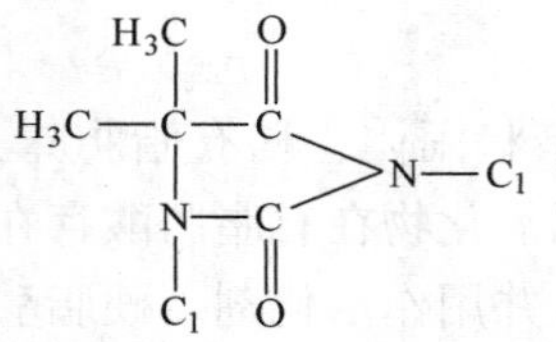

H_3C　O
H_3C—C—C
N—C_1
N—C
C_1　O

本品用作天然橡胶和丁苯橡胶的防焦剂，能使胶料有良好的抗焦烧性能，在硫化温度下不延迟硫化，在阳光、紫外线照射下，橡皮不变色，也不改变力学性能和耐老化性能。

五、防老剂

橡胶及其制品在长期贮存和使用过程中，由于受到热、氧、臭氧、变价金属离子、机械应力、光、高能射线的作用，以及其他化学物质和霉菌的作用，逐渐降低以至失去原来的物理力学性能或完全失去使用价值的过程称为老化。

为了延长橡胶制品的使用寿命，就要在橡胶中配入一些能抑制老化过程的物质，这些物质称为老化防止剂，简称防老剂。

防老剂的种类繁多，作用各异，根据其主要作用可分为抗热氧老化剂、抗臭氧剂、有害金属离子抑制剂、抗疲劳剂、紫外线吸收剂、抗龟裂剂等。现就电线电缆工业常用的防老剂介绍如下。

1. N-苯基-β-萘胺

其分子结构式为

NH

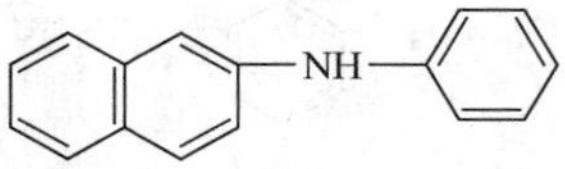

商品名称为防老剂丁（或防老剂 D）。

本品为淡灰色至浅棕色粉末，纯品为白色粉末，易燃，密度为 1.18g/cm^3，熔点不低于 105℃，易溶入丙酮、乙酸乙酯、二硫化碳、氯仿，可溶于乙醇、四氯化碳，不溶于水和汽油，在空气及日光下逐渐变为灰黑色，但不影响防护效果。

它是天然橡胶、丁腈橡胶、丁苯橡胶及氯丁橡胶的通用型防老剂。对热、氧、曲挠龟裂以及一般老化因素均有良好的防护作用并稍优于防老剂 A。对有害金属离子有抑制作用，但比防老剂 A 差。若与防老剂 4010 并用，抗热、氧、曲挠、龟裂及抗臭氧作用均有显著增加。本品易分散、用量为 0.5 ~ 2.0 份，超过 2 份会喷霜。

2. N-苯基-α-萘胺

其分子结构式为

NH

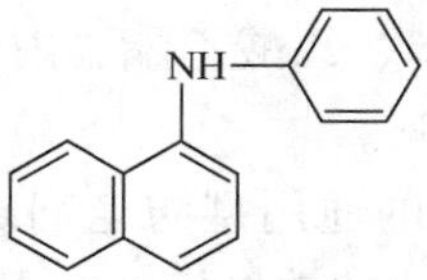

商品名为防老剂甲（防老剂 A）。

本品为黄褐色至紫色结晶块状物质，纯品为无色片状结晶，因含少量甲萘胺及苯胺，有毒、易燃，不可与皮肤接触，密度为 1.16 ~ 1.17g/cm^3，熔点不低于 52℃，日光及空气中渐变紫色，可溶性与防老剂丁相似。

防老剂 A 是天然橡胶、氯丁橡胶的通用型防老剂，对热、氧、曲挠、气候老化、疲劳有良好的防护效果。在氯丁橡胶中兼有抗臭氧老化作用，对变价金属离子有一定的抑制作用。在橡胶中溶解度比防老剂丁大，可达 5%，用量在 3 ~ 4 份时也不喷霜，有污染性。一般用量为 1 ~ 2 份，最高可达 5 份。

3. 防老剂 RD 和防老剂 124

防老剂 RD 和防老剂 124 为同一种化学组成，学名为 2，2，4-三甲基-1，2-二氢化喹啉

聚合体，不同的是防老剂 RD 为树脂状，而防老剂 124 为粉末状，其分子结构式为

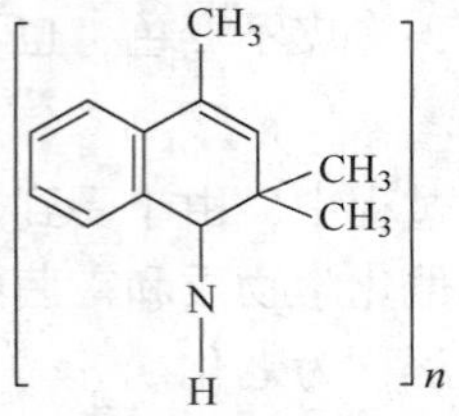

$$\left[\begin{array}{c}\text{2,2,4-三甲基-1,2-二氢喹啉单元：}\ \ce{CH3},\ \ce{CH3},\ \ce{CH3},\ \text{N—H}\end{array}\right]_n$$

防老剂 RD 为琥珀色至灰白色树脂状粉末，无毒，软化点不低于 74℃。防老剂 124 为灰白色粉末，密度为 1.01 ~ 1.08g/cm^3，熔点为 114℃。防老剂 RD 和防老剂 124 溶于丙酮、苯、氯仿、二硫化碳；微溶于石油烃，不溶于水；有污染性但不显著，不易喷霜，对硫化作用无影响；可燃、无毒，适用于天然橡胶和丁苯、丁腈等合成橡胶，用量一般为 0.5 ~ 3 份。

4. 2，6-二叔丁基-4-甲基苯酚

分子结构式为

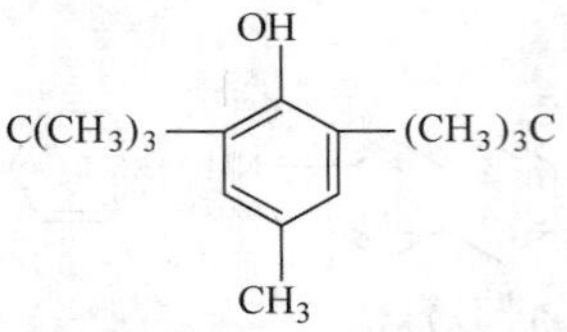

$$\ce{C(CH3)3}—\ce{C6H2(OH)(CH3)}—\ce{(CH3)3C}$$

商品名为防老剂 264，外观为白色至淡黄色结晶粉末，密度为 1.048g/cm^3，熔点为 68 ~ 70℃，可溶于苯、醇、丙酮甲苯、四氯化碳、乙酸乙酯和汽油，几乎不溶于水。是天然橡胶和合成橡胶最普通的酚类防老剂，不变色、不污染、挥发性大、易分散，可直接混入橡胶中；毒性较小，可用于抗热氧化，能抑制铜的作用，一般用量为 0.5 ~ 3 份。

5. N-苯基-N′-环己基-对苯二胺

分子结构式为

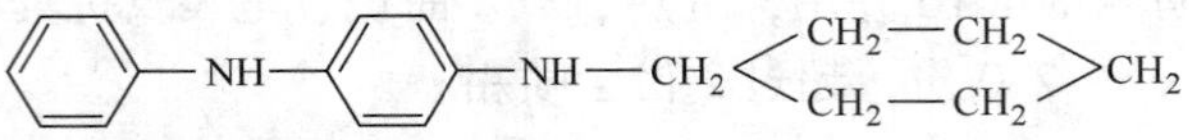

$$\ce{C6H5—NH—C6H4—NH—CH2}<\begin{matrix}\ce{CH2—CH2}\\\ce{CH2—CH2}\end{matrix}>\ce{CH2}$$

商品名为防老剂 4010 或防老剂 CPPD。

本品为灰白色粉末，纯品为白色粉末，对皮肤有刺激性，密度为 1.29g/cm^3，熔点不低于 110℃，极易溶于氯甲烷，易溶于苯、乙酸乙酯、丙酮，难溶于汽油，不溶于水。在空气中或日光下稍变深色，但防护效果不减。

本品为天然橡胶及合成橡胶优良的通用型防老剂之一，尤其适用于天然橡胶和丁苯橡胶。对热、氧、臭氧、光等老化因素防护效果优良，也是对持久机械应力形成的龟裂与曲挠龟裂的有效抑制剂，对高能辐射和铜离子的老化作用也有一定的防护作用，比防老剂 A 和防老剂 D 的防护效果好，与其他防老剂并用则效果更好。本品易分散，用量超过 1 份时可产生喷霜，有污染性，一般用量为 0.15 ~ 1 份。

6. N-苯基-N′-异丙基-对苯二胺

分子结构式为

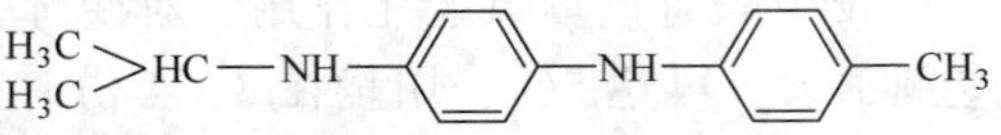

$$\begin{matrix}\ce{H3C}\\\ce{H3C}\end{matrix}>\ce{HC—NH—C6H4—NH—C6H4—CH3}$$

商品名为防老剂 4010NA 或防老剂 IPPD。

本品为灰至淡紫色结晶粉末，纯品为白色晶体，溶于油类、丙酮、苯、乙醇等有机溶剂，难溶于汽油，不溶于水。密度为 1.14g/cm^3，熔点为 70℃，有污染性，易分散、易燃、

微有毒性。防老剂 4010NA 可以抗臭氧、抗曲挠老化、抗热、抗氧、耐光，是抑制铜老化剂，为通用型优良的防老剂，适用于天然橡胶和各种合成橡胶，一般用量为 1 ~4 份，对硫化影响不大，能活化某些促进剂。

7. N，N′-二苯基-对苯二胺

分子结构式为

$$\text{C}_6\text{H}_5\text{—NH—C}_6\text{H}_4\text{—NH—C}_6\text{H}_5$$

商品名为防老剂 H，又名防老剂 DPPD 或防老剂 PPD。本品为灰褐色粉末，纯品为银白色片状结晶，密度为 1. 18 ~1. 22g/cm^3，熔点不低于 140℃，可溶于苯、甲苯、丙酮、乙醚、二氯乙烷、二硫化碳，微溶于乙醇和汽油，不溶于水，贮存稳定。在空气中及日光下易变色，易燃。

本品是天然橡胶、合成橡胶的通用型防老剂，且具有优良的抗曲挠龟裂性能，对热、氧、臭氧、光，特别是铜锰离子的老化防护作用甚佳，尤适用于天然橡胶与合成橡胶的并用体系，但变色及污染严重。其在橡胶中溶解度低，在丁苯橡胶中最高为 0. 7%，在天然橡胶中为 0. 35%，用量超过其溶解度时即出现喷霜现象。当与其他防老剂如防老剂 A 并用时，既能减少其用量又能提高其防护效果。单用时用量范围一般为 0. 2 ~3 份。

8. 2-硫醇基苯骈咪唑

分子结构式为

$$\text{C}_6\text{H}_4\text{(N=C(SH)—NH)}$$

商品名为防老剂 MB，外观为白色或浅黄色结晶粉末，有苦味，无毒，密度为 1. 40 ~1. 44g/cm^3，熔点为 285℃，可溶于乙醇、丙酮、乙酸乙酯，难溶于二氯甲烷，不溶于四氯化碳、苯和水，略有污染性、易分散，当用量超过 2 份时有喷霜现象。单用时作用弱，与防老剂 DNP 并用有协同效应。

防老剂 MB 用作铜抑制剂，可以减弱橡皮中硫化剂对铜线的作用，显著改善橡皮硫化时铜线发黑、橡皮发黏的现象。防老剂 MB 也可作为硫化延缓剂。防老剂 MB 一般用量为 1 ~2. 5 份。

9. N，N′-β-萘基-对苯二胺

分子结构式为

$$\text{C}_{10}\text{H}_7\text{—NH—C}_6\text{H}_4\text{—NH—C}_{10}\text{H}_7$$

商品名为防老剂 DNP。

本品外观为浅灰白色粉末，纯品为浅色亮片状结晶，密度为 1. 26g/cm^3，熔点≥235℃，溶于热苯胺、苯、乙醇、丙酮、氯仿、二硫化碳、乙酸乙酯等，不溶于水，污染性小。用量超过 2 份时易喷霜，是抗热、抗氧、抗大气老化综合型防老剂，是一种优良的铜抑制剂，且对噻唑类促进剂有活化作用。

防老剂 DNP 与防老剂 MB、DOP 等并用有协同效应，适用于天然橡胶和氯丁橡胶、乙丙橡胶、丁苯橡胶、顺丁橡胶及丁腈橡胶等合成橡胶，一般用量为 0. 2 ~1 份。

10. 二丁基二硫代氨基甲酸镍

分子结构式为

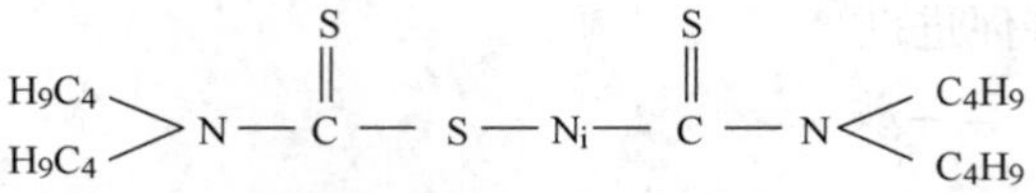

商品名为防老剂 NBC，外观为深绿色粉末，溶点不低于 83℃，不污染、易分散，为优良的抗臭氧剂，可用于耐热、耐大气老化、抗曲挠龟裂的橡胶中。在氯丁橡胶、氯醚橡胶中能提高耐热性、热稳定性，适用于氯丁橡胶、氯醚橡胶、氯化聚乙烯橡胶、丁腈橡胶、丁苯橡胶等合成橡胶，用量为 1～2 份。

11. 6-乙氧基-2，2，4-三甲基-1，2 二氢化喹啉

分子结构式为

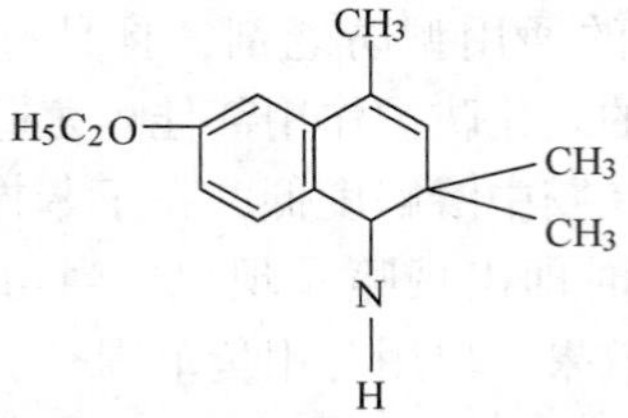

商品名为防老剂 AW。本品为褐色黏稠状液体，纯品为浅褐色黏稠液体，无毒，密度为 1.029～1.031g/cm^3（25℃），能溶于苯、丙酮、二氯乙烷、四氯化碳、溶剂汽油和乙醇，不溶于水，贮存稳定，是特效的防臭氧老化剂，对曲挠龟裂的热氧老化也有防护作用，特别适用于动态条件下使用的产品，不喷霜，有污染性，用量为 1～2 份时对硫化影响不大，增至 3 份则显著促进硫化，使用时促进剂用量应适当减少。

12. 烷基化二苯胺混合物

分子结构式为

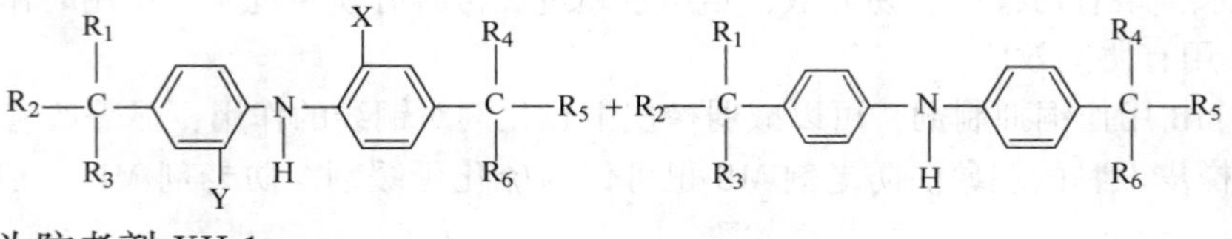

商品名为防老剂 XH-1。

防老剂 XH-1 高效无毒，多替代防老剂丁使用，适用于天然橡胶、丁苯橡胶、异戊橡胶、氯丁橡胶、丁基橡胶及并用橡胶，对由于热、光、臭氧所引起的老化有特别的防护作用和抗疲劳作用，对变价金属、重金属有一定的纯化作用，特别是在氯丁橡胶及并用橡胶中。

由于任一种防老剂的防护作用都有其局限性，而橡胶制品在实际使用中，老化又是受多种因素影响的结果，所以在选择防老剂时应注意下列几点。

1）由于每种防老剂有不同的特点，而且不同配方橡料的老化性能也不同，因此对某一橡料最有效的防老剂，可能对另一橡料无效甚至有害。所以，选用防老剂必须根据各种橡料的老化性能、防老化要求以及各种防老剂的特性统筹考虑、合理选择。

2）当一种防老剂难以满足要求时，应采用两种或多种防老剂并用的方法，使其产生协同效应，以确保防老化效果。

3）有些防老剂对橡皮有着色作用和污染现象。一般说来，酚类防老剂防护作用差，但

不污染或污染很小。而防护作用较好的胺类防老剂，都会使橡皮污染，变色严重。这些矛盾在选用时应统筹考虑。

4）防老剂用量不应超过其在橡胶中的溶解度，以防止喷霜，污染橡皮表面质量。

5）胺类防老剂对橡料焦烧有不良影响，酚类防老剂能延迟硫化，在选用时应当注意。

六、软化剂（增塑剂）

能增加胶料的塑性，使之易于加工，有利于配合剂在胶料中的分散，并能适当改善橡胶制品某些性能的物质，叫作软化剂。

由于软化剂相对分子质量比橡胶小得多，容易活动，加上软化剂和橡胶都是碳氢化合物，两者容易互相渗透、扩散、溶解，所以软化剂在橡胶中的增塑软化机理，是推开橡胶相邻分子的链节，使蜷曲的橡胶分子稍为伸长，增大分子链间的距离，减小分子间的作用力，并产生润滑作用，从而使橡胶的弹性降低、塑性增加。

根据橡料加工工艺和电线电缆的使用特点，对软化剂的基本要求是：电绝缘性能好；软化效果大，用量少，软化速度快；与橡胶互溶性好，挥发性小；不易迁移，不易喷霜，耐寒性好等。实际上目前还没有真正能全部满足上述要求的软化剂，所以多数情况下是两种或两种以上的软化剂并用。

软化剂的种类很多，按其来源和化学成分可分成石油类软化剂、煤焦油类软化剂、植物油类软化剂、酯类软化剂、脂肪酸类软化剂等几大类。电线电缆的橡皮中常用的软化剂见表3-13。

表3-13 橡皮中常用的软化剂

名称	基本性能	用途
1. 石蜡	白色或黄色结晶，密度为0.9g/cm³，熔点为48～58℃，对橡胶有润滑作用，使胶料易于挤出，能改善制品外观，又是物理防老剂	多用于天然及合成橡胶的绝缘和护套
2. 沥青	黑色块状物，黏性好，改善工艺，但有污染，密度为1.0～1.15g/cm³	多用于天然及合成橡胶护套
3. 变压器油	浅黄色液体，凝固点为-25℃，耐氧化，有较好的耐寒性及电绝缘性	是较常用的石油系软化剂，多用于天然及合成橡胶绝缘
4. 机械油（常用20#机油）	棕褐色油状液体，密度为0.91～0.93g/cm³，为润滑性软化剂，工艺性能好	多用于护套
5. 古马隆	淡黄色固体或棕褐色液体（现多使用液体），有助于炭黑分散、防止焦烧、改善挤出工艺、提高力学性能及耐老化性能，有补强作用	用于丁腈橡胶等合成橡胶
6. 硬脂酸	白色或微黄色块状物，密度为0.9g/cm³，熔点为70～71℃，对炭黑、氧化锌分散效果好，为通用型软化剂	用于绝缘和护套，既是有机活化剂又是软化剂
7. 邻苯二甲酸二丁酯（DBP）	透明无可见杂质的油状液体，密度为1.004～1.048g/cm³（20℃），可使制品具有良好的柔软性	氯丁橡胶、丁腈橡胶的增塑剂，稳定性、耐曲挠性、黏着性好，但易挥发，耐久性差
8. 邻苯二甲酸二辛酯（DOP）	透明、无可见杂质的油状液体，密度为0.982～0.988g/cm³（20℃）	主要作为耐寒橡胶的软化剂，增塑效果大，有良好的耐寒性
9. 磷酸三甲苯酯（TCP）	无色或淡黄色油状液体，有毒，相对密度（水=1）1.16	用作阻燃性软化剂。具有很好的阻燃性，电绝缘性、防霉性、耐油性均好，耐热及耐大气老化性也好，但耐寒性较差

七、补强剂

凡是加入橡胶中，经硫化能显著提高橡胶的抗拉强度、定伸强度、硬度、弹性、耐磨性等物理力学性能的填充剂，称为补强剂。常用的补强剂有炭黑、陶土等。

填充剂与补强剂之间无明显的界限，凡对橡胶补强作用不大，但可增加胶料体积，降低成本，改进工艺性能，而又无损于橡胶性能的物质称为填充剂。常用的填充剂有滑石粉、碳酸钙等。

补强剂的补强机理是补强剂的细小粒子填充到橡胶的分子结构中，其表面与橡胶分子的表面接触而产生化学结合和物理吸附，从而对橡胶有补强作用。这种补强作用主要取决于补强剂的粒径、结构、表面性质以及它在橡胶中的分散均匀程度。

补强剂的粒度越小，补强作用越大。因为粒子越细就更易于填充到硫化橡皮的网状组织之中，并与橡胶分子有较大的接触面。

补强剂粒子表面性质是决定橡胶与补强剂之间能否相互浸润，增大吸引力的主要因素。以炭黑为例，由于它表面能吸附很多活性基团（如—OH，—COOH 等），这些基团与橡胶的碳氢分子链形成复杂的化学反应，结果使橡胶分子脱氢而形成炭黑凝胶，这就相应地提高了炭黑的补强效果。

粒子形状和结晶构造对补强作用也有很大影响。补强剂的粒子越小、比表面积越大，补强作用越显著。补强剂粒子有球形和非球形，球形粒子具有较好的补强效果。炭黑一般为无定形和微结晶的集合体，近似于球形，故补强效果大；而陶土一般为针状或片状的结晶性形状，补强效果比炭黑差，但定伸强度会有所提高。

补强剂的粒子聚集在一起成为链状结构称为补强剂的结构性。其联结粒子链的大小或形状，即为结构程度。通常，称这种“联结”为结构化。结构化程度一般用吸油值表示。在粒径相同的条件下，吸油值大表示结构程度高，此时补强剂能使橡皮的定伸强度、硬度和导电性能有所提高，易于混合，但焦烧倾向大。

电线电缆橡皮常用补强剂和填充剂材料如下：

1. 炭黑

炭黑是电线电缆护套橡皮的主要补强剂。炭黑的种类很多，分类方法也各不相同，但按对橡胶的补强效果不同，主要分为活性炭黑和半补强炭黑两大类。

活性炭黑具有高补强作用，能使橡皮具有高的耐磨性、抗拉强度、抗撕裂性和定伸强度等。活性炭黑又可分为高强力型（如槽法炭黑）、通用型（如滚筒法炭黑）和耐磨型（各种耐磨炭黑）三类。

半补强炭黑具有一定的补强效果，能使制品获得高弹性和一定的定伸强度。它在混炼时发热少。半补强炭黑又可分为高定伸强力型（如喷雾法炭黑）和弹性型两类。

若按生产方法不同，炭黑又分为槽法、炉法、热裂法、灯烟、乙炔、滚筒法炭黑等。其中常用的有高耐磨炉法炭黑、半补强炉法炭黑、混气槽法炭黑和乙炔炭黑等。乙炔炭黑主要用于半导电或导电橡皮的配合剂。

由于槽法炭黑混炼时困难、延迟硫化、生热多，而炉法炭黑加工容易、生热少、但补强效果差，故一般将二者并用，以获得良好的补强效果和加工工艺性。此外，不同种类的橡胶对炭黑的补强效能也会显示出不同的效果，如丁苯橡胶显示出很好的效果，而氯丁橡胶则不明显。

2. 陶土

陶土即为含水硅酸铝，是浅灰色至灰黄色粉末，微溶于醋酸或盐酸。掺用陶土的橡胶易于加工，能赋予胶料耐酸、耐碱、耐油、耐磨等性能，有很好的耐热性，抗拉强度和定伸强度比较高。其缺点是质量不稳定，由于粒子具有各向异性的性质，因而撕裂强度较差。又因它对二苯胍吸着率较大，有延迟硫化的作用。

近年来电线电缆行业广泛采用氯化聚乙烯（CPE）作为电缆护套材料。纳米活性高岭土适用于氯化聚乙烯（CPE）电缆护套，代替白炭黑和阻燃剂作为电缆护套补强、阻燃、填充剂。

纳米活性高岭土应用于CPE电缆配方体系可以起到以下作用。

（1）优异的补强性能　纳米活性高岭土有着非常优异的补强性能，优于普通炭黑、白炭黑的补强性能，远超过传统超细填料的补强性能。

（2）优异的阻燃性能　纳米黏土的协从阻燃性能已经被广泛应用在电缆、塑料改性等领域。纳米活性高岭土应用于CPE可以促进坚固碳层形成、降低燃烧速率、增强阻燃效果。

（3）优异的绝缘性能　高岭土类矿物可提供远比其他矿物材料优异的电绝缘性能，增强护套绝缘性能。

（4）良好的加工性能　通过控制纳米活性高岭土体系的表面特性，可提高硫化速度，解决降低硬度、降低门尼黏度等加工难题。

可单独作为CPE补强材料使用，也可以与白炭黑等材料配合使用，一般用量为20～80份。

3. 白炭黑

白炭黑的组成为水合二氧化硅，实际上并无碳原子。其补强作用和炭黑相似，多用于彩色绝缘和护套橡皮，是硅橡胶优良的补强剂，在乙丙橡胶、氯丁橡胶、丁苯橡胶、氯化聚乙烯橡胶中也可应用。配有白炭黑的胶料其促进剂、硫黄、硬脂酸的用量比使用炭黑作为补强剂时增加10%～15%。白炭黑用量视用途而不同，一般为50～60份。白炭黑有气相法和沉淀法两种，目前沉淀法白炭黑已逐渐替代了气相法白炭黑。

4. 滑石粉

滑石粉的主要成分为含水硅酸镁，是白色或淡黄色有光泽的片状结晶，化学性质不活泼，有滑腻感，密度为2.7～2.8g/cm^3，加热减量不大于0.5%，是电线电缆橡皮中普遍使用的一种填充剂，适用于天然橡胶和合成橡胶。

5. 轻质化学碳酸钙

轻质化学碳酸钙一般是指沉淀碳酸钙，为无味、无毒的白色粉末，密度为2.4～2.7g/cm^3，粒子较细，平均为1～3μm，能被酸分解出二氧化碳，不溶于水，主要在胶料中作为白色填充剂使用，在胶料中易分散，不影响硫化。

6. 活性轻质碳酸钙

活性轻质碳酸钙是在制造过程中加入一定量的活性剂（一般为硬脂酸），被覆于碳酸钙粒子表面，以增加其活性。该品为无味的白色粉末，粒子较细，补强性能比轻质碳酸钙大，可作为白色制品的填充剂和补强剂使用。其在合成橡胶中的补强效果显著，对提高硫化橡皮的断后伸长率、撕裂强度、耐曲挠性能比一般碳酸钙高。

八、阻燃剂

一般橡胶均为易燃的碳氢化合物，配入阻燃剂可以保护橡皮不着火或使火焰延迟蔓延。

氯丁橡胶和氯磺化聚乙烯橡胶具有良好的抑燃性，如再配以适当的阻燃剂，可以制成非燃性橡皮。

阻燃剂主要是含磷、卤素、硼、锑等元素的有机物和无机物。常用的阻燃剂有以下几种。

1. 氧化锑（Sb_2O_3）

氧化锑为白色粉末状结晶，有毒，密度为5.67g/cm^3，熔点为655℃，微溶于水，不溶于有机溶剂，适用于丁苯橡胶、氯丁橡胶、丁腈橡胶及硅橡胶，尤其适用于聚氯乙烯橡胶。本品单独使用时阻燃效果不大，但与含有氯的有机化合物配合时，即显示出优良的阻燃作用。氧化锑一般用量为3~5份。

2. 硼酸锌（$3ZnO \cdot 2B_2O_3$）

硼酸锌系白色粉末，无毒，密度为3.64~4.22g/cm^3，熔点为980℃，不吸湿，但能溶于水及酸，适用于丁苯橡胶、氯丁橡胶、氯磺化聚乙烯橡胶等。其一般与含氯化合物并用效果好，加入一定量的氧化锑可提高其阻燃效果。

3. 磷酸三甲苯酯（TCP）

本品为无色无味液体，有毒。它与高聚物的相溶性好，耐气候老化、防霉、耐辐射性能好，适用于合成橡胶，特别是氯丁橡胶和氯化聚乙烯橡胶，与少量的氧化锑并用有协同效应。它也可用作增塑剂，用量一般为10~20份。

4. 氯化石蜡

氯化石蜡是石蜡烃的氯化衍生物，具有低挥发性、阻燃、电绝缘性良好、价廉等优点，近年来作为重要的阻燃剂得到广泛应用。电线电缆行业常用的是氯化石蜡-52和氯化石蜡-70。

（1）氯化石蜡-52　又称氯代烷烃52，为浅黄色至黄色透明黏稠液体，相对密度为1.22~1.26（20℃/25℃）

（2）氯化石蜡-70　又称氯代烷烃，为白色至淡黄色固体粉末，无臭无味，无毒，相对密度为1.65（25℃/4℃），软化点≥90℃。

氯化石蜡适用于天然橡胶及丁苯橡胶、丁腈橡胶、氯丁橡胶、氯化聚乙烯橡胶等合成橡胶，应与氧化锑并用以提高阻燃效果，用量一般为10~20份。

5. 全氯戊环癸烷

本品是结晶白色粉末，微毒，密度为2.015~2.025g/cm^3，熔点为485℃，分解温度不低于650℃，含氯量高达78.3%，氯原子稳定，不影响橡皮的电绝缘性能，热稳定性及耐化学腐蚀性均好，力学性能稍差，无增塑作用，适用于二元乙丙橡胶、三元乙丙橡胶及丁基橡胶。为提高其阻燃作用，常与氧化锑并用，一般用量为10~30份。

6. 氢氧化铝［$Al(OH)_3$］

白色固体，密度为2.4g/cm^3，熔点为300℃（失去水），几乎不溶于水，抗酸作用慢、持久、较强，有收敛作用。

氢氧化铝阻燃原理是吸热分解成氧化铝和水，其生成物是完全无毒、无腐蚀性的物质，

该吸热反应在聚合物的燃烧过程中吸收大量的热，从而保护聚合物，避免其迅速发生分解，延缓易燃副产物的形成，所产生的水蒸气取代氧气，发挥类似惰性气体的作用；在聚合物表面形成氧化铝及碳化产物构成的保护层，进一步抑制燃烧；这层保护层还能通过吸附烟灰颗粒减低烟密度。

氢氧化铝作为阻燃剂不仅能阻燃，而且可以防止发烟，不产生滴下物，不产生有毒气体，因此其在电线电缆行业获得了较广泛的应用，使用量在逐年增加。

7. 氢氧化镁［$Mg(OH)_2$］

氢氧化镁为无色结晶，属六方晶系，系六角形或无定形片状结晶，无气味，密度为 2.36g/cm^3，熔点为350℃，溶于稀酸和铵盐溶液，几乎不溶于水和醇。

氢氧化镁是目前公认的橡塑行业中具有阻燃、抑烟、填充三重功能的优秀阻燃剂，广泛应用于橡胶、化工、建材、塑料及电子、不饱和聚酯和油漆、涂料等高分子材料中。特别适用于矿用导风筒涂覆布、PVC 整芯运输带、阻燃铝塑板、阻燃篷布、PVC 电线电缆料、矿用电缆护套、电缆附件的阻燃、消烟抗静电，可代替氢氧化铝，具有优良的阻燃效果。氢氧化镁与同类无机阻燃剂相比，具有更好的抑烟效果。氢氧化镁在生产、使用和废弃过程中均无有害物质排放，而且还能中和燃烧过程中产生的酸性与腐蚀性气体，单独使用时，用量一般为 40～60 份。

九、特殊用途配合剂

1. 导电剂

导电剂是制造电线电缆用半导电橡皮必不可少的材料。常用的导电剂有：

（1）鳞片状石墨　是碳的结晶体，其晶体结构属于六方晶系，呈层状结构，有金属光泽，质软，莫氏硬度 1～2，密度为 2.2～2.3g/cm^3，具有良好的耐高温、导电、导热、润滑、可塑及化学稳定性。

（2）无定形石墨　又称土状石墨或微晶石墨，是最低级别的天然石墨，外观为墨色粉末，是隐晶质石墨集合体。其形状呈无定形花瓣状及叠层鳞片状，密度为 2.2g/cm^3，有金属光泽，呈低硬度，具有油腻感，化学性能稳定，能传热、导电、耐高温。由于其晶体细小，可塑性强，黏附力良好。

除石墨外，常用的导电剂还有乙炔炭黑和导电炭黑等。

2. 抗静电剂

橡胶在加工过程中，在动态应力和摩擦作用下，常产生表面电荷集聚，使性能受到影响。为防止静电作用，常加入抗静电剂。常用的抗静电剂有：

1）硬脂酰胺丙基-二甲基-β-羟乙基硝酸盐，商品名为抗静电剂 SN。商品形式是含本品 50%～60% 的异丙醇水溶液，呈淡黄色或琥珀色，相对密度为 0.95，温度高于 180℃时可分解。它可以防止橡皮、塑料、树脂等各种物质的表面电荷累积，能直接混入胶料中，一般用量为 0.5～2 份。

2）硬脂酰胺丙基二甲基-β-羟乙基铵二氢磷酸盐，商品名为抗静电剂 SP。商品形式是含本品 35% 的异丙醇水溶液，呈淡黄色透明液体，相对密度为 0.94，抗静电性能良好，一般用量为 0.5～10 份。

3）硬脂酸聚氧乙烯醇酯，商品名为抗静电剂 PES，为黄褐色蜡状物质，可直接混入胶料中，热稳定性好。

3. 着色剂

凡使橡胶制品具有某种颜色的配合剂称为着色剂。在电线电缆产品中，为了便于安装和检修，对5芯及以下的电缆绝缘线芯大多要求分色以示区别。有的电缆按电缆的电压等级不同或用户要求，还规定护套橡皮有特定的色别。对着色剂有以下要求。

1）覆盖充分，着色力强，与色标卡比对颜色纯正无色差，和橡胶相溶性好，易分散，不迁移，不会对邻近线芯造成污染。

2）稳定性好，包括对光、紫外线、溶剂、水及霉菌的稳定性，在硫化过程中不分解，与其他配合剂不发生作用。

3）在使用中不产生铜、锰、铁等有害离子，对电气绝缘性能影响不大。其本身的导电性和分解物产生的导电性都不应忽视。因为虽然其用量很少（一般不超过0.5份），但对体积电阻率有时却影响很大。

着色剂可分为无机和有机两大类。但因无机着色剂着色力差、用量大，故不常用。在电缆橡皮中都用有机着色剂。常用的有机着色剂有：

红色——立索尔宝红、立索尔大红、大红粉、金光红、耐晒大红、耐晒艳红等；

绿色——酚酞绿、颜料绿；

黄色——永固黄、联苯胺黄、中铬黄；

蓝色——酚酞蓝；

棕色——塑料棕；

黑色或灰色——色素炭黑、高耐磨炭黑、半补强炭黑。

4. 隔离剂

为防止胶片之间的互相粘接，在胶料表面可敷上一层隔离剂。

常用的隔离剂有滑石粉，特殊胶料用硬脂酸锌。

思 考 题

1. 选择硫化促进剂时应考虑哪些因素？
2. 简述选择防老化剂时的注意要点。
3. 简述阻燃剂氢氧化铝的阻燃原理。

◇◇◇ 第四节　橡皮配方设计

一、橡皮配方的设计原则

所谓橡皮配方，就是选用各种不同的橡胶和配合剂，按照不同的数量，组成一个合适的组分，这个组分就是橡皮配方。

制定橡皮配方，确定所用橡胶的种类及各种配合剂的比例，进一步确定工艺过程和工艺参数的工作称为配方设计。

配方设计是理论和实践相结合的一项复杂的工作，没有一个固定的模式，但目前很多电缆厂家已积累了许多有实用价值的经验。一般来讲，应遵循以下原则。

1. 橡皮的用途

要了解橡皮的使用条件和特点。由于橡皮的用途不同，在选择原材料和确定各原材料组分及其用量时也就不同。电缆用橡皮按用途不同大致可以下分为4 种：

1）绝缘用橡皮（包括高压绝缘和低压绝缘）；

2）护套用橡皮；

3）填充用橡皮；

4）特殊用途橡皮（如耐油、耐寒、耐燃、半导电橡皮等）。

同时还要满足相应产品对橡皮技术性能指标的要求。

2. 原材料的性质

除所用原材料要符合相关的国家标准和企业标准的规定外，对配合剂的性质、特点和配合剂间的相互关系都要详细了解。采用新型原材料时必须有详细的研究分析和实验结果以证实其可行性。

3. 橡皮的加工方法

根据所用设备的特点和加工方法不同，所采取的工艺流程和工艺参数也不一样，因而配方也就不同。例如：用乙丙绝缘橡胶生产绝缘线芯，生产方式有挤橡后罐式硫化和连续硫化挤出两种。工艺加工方法不同，橡皮配方组分就会不同。罐式硫化生产，胶料要硬一点，起硫要快，焦烧时间可以短一些，否则容易造成橡皮严重压扁。而用挤橡连续硫化生产时，则胶料可以软一些，以利于挤出，且硫化曲线要平坦，根据胶片冷（热）喂料方式不同，还要调整焦烧时间，并且要考虑生产效率。

4. 经济效益

设计配方时，除应满足性能要求外，还应考虑配方成本。选用原材料时，在保证质量的前提下价格还要适中。与此同时，还要注意材料的密度问题。因为采用看似价廉但密度大的原材料时常易导致单位体积胶料成本的升高而得到相反的结果。

5. 橡皮的选用

应尽量选用环保无味材料，避免采用有毒的原材料。

二、配方设计的程序和步骤

1. 配方设计的程序

1）通过调查研究，了解使用条件和有关标准要求，拟订出一系列组分用量。

2）制订出实验配方，进行变量实验，确定配方体系和原材料组分用量。

3）确定实验方法。

4）在实验室对实验基本配方做变量实验，进行比较取舍，选出最佳的实验配方。

5）把选出的实验配方投入少量生产，进行工艺实验，进行一系列的性能实验，并进行少量电线电缆产品试制，同时测试其性能。

6）在工艺实验的基础上，对配方进行最后调整，在所有性能满足要求的情况下确定生产配方。

2. 配方设计的步骤

（1）选用橡胶类型　根据性能指标和使用特点，选择橡胶的种类和型号，确定用一种橡胶还是几种橡胶并用。

（2）选用硫化体系　根据橡胶的种类、化学结构、加工方法及性能要求，选用硫化体系即选择硫化剂、硫化促进剂和活化剂并确定其用量。

（3）选择防老剂　根据电缆用橡皮的使用环境条件，针对其主要老化因素、老化类型，选用防老剂的品种和类型，并确定其用量。

（4）选择补强和填充体系　根据橡皮的性能、密度、成本等要求，选择适当的补强剂和填充剂。

（5）选用软化体系　根据橡料加工工艺所需要的塑性及橡皮的力学性能，选择适当的软化剂。

（6）选用特殊用途的配合剂　根据对橡料的特殊需求，选用相应的配合剂，如导电剂、阻燃剂、抗静电剂等。

3. 配方的表示方法和计算

在生产中所用的橡皮配方，一般应该包括下面几项内容：橡料的名称与代号、橡料的用途、各种配合剂的名称和用量、橡胶含量、橡料的塑性和密度、硫化橡皮的物理力学性能及其他特殊性能、加工工艺和硫化条件等。各种材料的编写顺序依次为：天然橡胶、合成橡胶、促进剂、活化剂、防老剂、补强剂、填充剂、软化剂、着色剂、硫化剂、硫化助剂等。

同一种配方可以用以下 4 种方法表示。

（1）重量比份表示法　以所用的橡胶重量为 100 份，其他各种配合剂的重量均以橡胶的重量份数来表示，称为重量法。这是配方设计中最基本的表示方式，下面三种方法均是这种方法的换算形式。

（2）重量百分率表示法　以混合橡料的总重量作为 100%，所有材料以在总重量中占有的重量百分率表示。这种方式有利于看出各种材料的比例关系。

公式表达

$$\text{配方中某组分重量分数}=\frac{\text{配方中该组分的重量份数}}{\text{该配方重量总份数}}\times 100\% \tag{3-15}$$

（3）体积百分率表示法　以混合胶料的总体积作为 100%，所有材料以在总体积中占有的体积百分率表示。这种表示方法有利于按胶料的体积来核算经济成本，因为线缆产品的生产都以橡料体积来核算材料消耗、计算经济价值。而生产配方则要根据体积计算，确定生产投料。

由重量比份表示法换算为体积百分率表示法的步骤如下：

1）查出各种材料的密度数值。

2）将重量比份的份数值看作为质量，如橡胶 100 份，作为 100g……以每一种材料的质量除以对应的密度，得出某一种材料在这一重量时的体积 V_1、V_2、…、V_n。

3）将 V_1、V_2、…、V_n加起来，求出混合胶料在这一总重量时的总体积 V。

4）将 V_1、V_2、…、V_n分别除以总体积 V，并乘以 100%，就是每一种材料在橡皮配方中含有的体积百分率，公式为

$$\text{配方中某组分体积分数}=\frac{\text{配方中该组分的体积数 } V_x}{\text{该配方总体积 } V}\times 100\% \tag{3-16}$$

（4）生产配方（重量配方）　根据所使用的炼胶机工作容积上限，计算出每一次投料各种材料的实际投料质量（kg）。这种表示法是实际生产中的实用配方。

常用的确定方法：

1）根据实验室确定的配方，测得该未硫化胶料的密度。

2）根据所使用的炼胶机工作容积上限，计算出该胶料一次最大混合质量（kg），实际生产时要小于该数值。

3）在确定实际投料质量时，一般取橡胶原材料为整数；填充剂修约到整数，其他配合剂精确到小数点后两位。

同一橡皮胶料配方的4种表示方法见表3-14。

表3-14 同一橡皮胶料配方的4种表示方法

序号	材料名称	重量/份数	重量分数（%）	体积分数（%）	生产配方/kg	备注	
						材料密度（kg/dm^3）	重量份数体积/dm^3
1	橡胶	100.00	40.00	65.67	32	0.88	113.64
2	硫化剂	2.75	1.10	1.44	0.88	1.10	2.50
3	促进剂	0.25	0.10	0.13	0.08	1.15	0.22
4	活化剂	5.00	2.00	0.96	1.60	3.00	1.67
5	软化剂	3.00	1.20	1.73	0.96	1.00	3.00
6	防老剂	1.00	0.40	0.53	0.32	1.10	0.91
7	填充剂和补强剂	138.00	55.20	29.54	44	2.70	51.11
	合计	250.00	100.00	100.00	80.00	1.44（计算）	173.04

（5）橡料的计算密度　表3-14中橡料密度为计算密度。先由各组分的密度算出各组分的体积，加起来得出橡料的总体积，然后用它去除基本配方总质量，即得到配方橡料的计算密度。

由表3-14可得

$$密度=\frac{250.00}{173.04}=1.44$$

这种计算所得出的密度是未硫化橡料的密度，在实际生产中多用实际测量的办法来确定橡料的密度，二者之间不应有较大差异。

4. 电线电缆用橡皮及非电性试验要求举例

前面介绍的国内橡皮绝缘电缆产品中所使用的橡皮型号，其非电性试验要求部分举例如下。

1）GB/T 5013—2008/IEC 60245：2003《额定电压450/750V及以下橡皮绝缘电缆》中硫化橡皮绝缘非电性试验要求见表3-15。

表3-15 GB/T 5013—2008中硫化橡皮绝缘非电性试验要求

序号	试验项目	单位	混合物型号			试验方法	
			IE2	IE3	IE4	标准	条文号
1	抗张强度和断后伸长率					GB/T 2951.11—2008	9.1
1.1	交货状态原始性能						
1.1.1	抗张强度原始值						
	最小中间值	N/mm^2	5.0	6.5	5.0		
1.1.2	断裂伸长率原始值						
	最小中间值	%	150	200	200		

（续）

序号	试验项目	单位	混合物型号			试验方法	
			IE2	IE3	IE4	标准	条文号
1.2	空气烘箱老化后的性能					GB/T 2951.11—2008 和 GB/T 2951.12—2008	9.1 和 8.1
1.2.1	老化条件①②						
	温度	℃	200 ±2	150 ±2	100 ±2		
	处理时间	h	10 ×24	7 ×24	7 ×24		
1.2.2	老化后抗张强度						
	最小中间值	N/mm²	4.0	—	4.2		
	最大变化率③	%	—	±30	±25		
1.2.3	老化后断裂伸长率						
	最小中间值	%	120	—	200		
	最大变化率③	%	—	±30	±25		
1.3	空气弹老化后的性能					GB/T 2951.12—2008	8.2
	老化条件①						
	温度	℃	—	150 ±2	127 ±2		
	处理时间	h	—	7 ×24	40		
	老化后抗张强度						
	最小中间值	N/mm²	—	6.0	—		
	最大变化率③	%		—	±30		
	老化后断裂伸长率						
	最大变化率③	%	—	-30④	±30		
2	热延伸试验					GB/T 2951.21—2008	第9章
2.1	试验条件						
	温度	℃	200 ±3	200 ±3	200 ±3		
	处理时间	min	15	15	15		
	机械应力	N/mm²	0.20	0.20	0.20		
2.2	试验结果						
	载荷下的断裂伸长率，最大值	%	175	100	100		
	冷却后的断裂伸长率，最大值	%	25	25	25		
3	耐臭氧试验					GB/T 2951.21—2008	第8章
	试验条件						
	试验温度	℃	—	—	25 ±2		
	试验时间	h	—	—	24		
	臭氧浓度	%	—	—	0.025 ~0.030		
	试验结果				无裂纹		

① IE4 绝缘应带导体或取走不超过30%的铜丝进行老化。

② 除非产品标准中另有规定，橡皮混合物的老化不采用强迫鼓风烘箱。仲裁试验时，必须采用自然通风老化箱。

③ 变化率：老化后中间值与老化前中间值之差与老化前中间值之比，以百分比表示。

④ 不规定正偏差。

2）GB/T 5013—2008/IEC 60245：2003《额定电压450/750V及以下橡皮绝缘电缆》中硫化橡皮护套非电性试验要求见表3-16。

表3-16　GB/T 5013—2008硫化橡皮护套非电性试验要求

序号	试验项目	单位	混合物型号		试验方法	
			SE3	SE4	GB/T	条文号
1	抗拉强度和断裂伸长率				2951.11—2008	9.2
1.1	交货状态原始性能					
1.1.1	抗拉强度原始值					
	最小中间值	MPa	7.0	10.0		
1.1.2	断裂伸长率原始值					
	最小中间值	%	300	300		
1.2	空气烘箱老化后的性能				2951.12—2008	8.1
1.2.1	老化条件					
	温度	℃	70±2	70±2		
	处理时间	h	10×24	7×24		
1.2.2	抗拉强度					
	最小中间值	MPa	—	—		
	最大变化率①	%	±20	-15②		
1.2.3	老化后断裂伸长率					
	最小中间值	%	250	250		
	最大变化率①	%	±20	-25②		
1.3	浸矿物油后力学性能				2951.21—2008	10
	试验条件					
	油温	℃	—	100±2		
	浸油时间	h	—	24		
	浸油后抗拉强度					
	最小中间值	MPa	—	—		
	最大变化率①	%	—	±40		
	浸油后断裂伸长率					
	最大变化率①	%	—	±40		
2	热延伸试验				2951.21—2008	9
2.1	试验条件					
	温度	℃	200±3	200±3		
	处理时间	min	15	15		
	机械应力	N/mm^2	0.20	0.20		
2.2	试验结果					
	载荷下的断裂伸长率，最大值	%	175	100		
	冷却后的断裂伸长率，最大值	%	25	25		

（续）

<table>
<tr><th rowspan="2">序号</th><th rowspan="2">试验项目</th><th rowspan="2">单位</th><th colspan="2">混合物型号</th><th colspan="2">试验方法</th></tr>
<tr><th>SE3</th><th>SE4</th><th>GB/T</th><th>条文号</th></tr>
<tr><td>3</td><td>低温弯曲试验</td><td></td><td></td><td></td><td rowspan="5">2951.14—2008</td><td rowspan="5">8.2</td></tr>
<tr><td rowspan="3">3.1</td><td>试验条件</td><td></td><td></td><td></td></tr>
<tr><td>温度</td><td>℃</td><td>—</td><td>-35±2</td></tr>
<tr><td>施加低温时间</td><td>h</td><td>—</td><td>见 GB/T 2951.4—1997 中 8.4.4</td></tr>
<tr><td>3.2</td><td>试验结果</td><td></td><td></td><td>无裂纹</td></tr>
<tr><td>4</td><td>低温拉伸试验</td><td></td><td></td><td></td><td rowspan="6">2951.14—2008</td><td rowspan="6">8.4</td></tr>
<tr><td rowspan="3">4.1</td><td>试验条件</td><td></td><td></td><td></td></tr>
<tr><td>温度</td><td>℃</td><td>—</td><td>-35±2</td></tr>
<tr><td>施加低温时间</td><td>h</td><td>—</td><td>见 GB/T 2951.4—1997 中 8.4.4</td></tr>
<tr><td rowspan="2">4.2</td><td>试验结果</td><td></td><td></td><td>无裂纹</td></tr>
<tr><td>未断裂时的断裂伸长率，最小值</td><td></td><td></td><td></td></tr>
</table>

① 变化率：老化后中间值与老化前中间值之差与老化前中间值之比，以百分比表示。

② 不规定正偏差。

3）65℃重型不延燃护套橡皮（XH-03A）护套非电性试验要求见表3-17。

表3-17　65℃重型不延燃护套橡皮护套非电性试验要求

<table>
<tr><th>序号</th><th>试验项目</th><th>单位</th><th>技术要求</th><th>序号</th><th>试验项目</th><th>单位</th><th>技术要求</th></tr>
<tr><td>1</td><td>老化前试样</td><td></td><td></td><td rowspan="3">3.1</td><td>试验条件　空气温度</td><td>℃</td><td>200±3</td></tr>
<tr><td>1.1</td><td>抗拉强度　中间值，最小</td><td>MPa</td><td>11.0</td><td>载荷时间</td><td>min</td><td>15</td></tr>
<tr><td rowspan="2">1.2</td><td>断裂伸长率</td><td></td><td></td><td>机械应力</td><td>N/mm²</td><td>20</td></tr>
<tr><td>中间值，最小</td><td>%</td><td>250</td><td>3.2</td><td>载荷下断裂伸长率　最大</td><td>%</td><td>175</td></tr>
<tr><td>2</td><td>空气箱热老化试验</td><td></td><td></td><td>3.3</td><td>冷却后永久变形 最大</td><td>%</td><td>25</td></tr>
<tr><td rowspan="2">2.1</td><td>老化条件　温度</td><td>℃</td><td>75±2</td><td>4</td><td>浸油试验</td><td></td><td></td></tr>
<tr><td>时间</td><td>h</td><td>10×24</td><td rowspan="2">4.1</td><td>试验条件　油液温度</td><td>℃</td><td>100±2</td></tr>
<tr><td rowspan="3">2.2</td><td>老化后抗拉强度</td><td></td><td></td><td>浸油时间</td><td>h</td><td>24</td></tr>
<tr><td>中间值，最小</td><td>MPa</td><td>—</td><td rowspan="2">4.2</td><td>浸油后抗拉强度</td><td></td><td></td></tr>
<tr><td>变化率，最大</td><td>%</td><td>-15①</td><td>变化率，最大</td><td>%</td><td>-40①</td></tr>
<tr><td rowspan="3">2.3</td><td>老化后断裂伸长率</td><td></td><td></td><td rowspan="2">4.3</td><td>浸油后断裂伸长率</td><td></td><td></td></tr>
<tr><td>中间值，最小</td><td>%</td><td>200</td><td>变化率，最大</td><td>%</td><td>-40①</td></tr>
<tr><td>变化率，最大</td><td>%</td><td>-25①</td><td>5</td><td>抗撕试验</td><td></td><td></td></tr>
<tr><td>3</td><td>热延伸试验</td><td></td><td></td><td>5.1</td><td>抗撕强度 中间值，最小</td><td>N/mm</td><td>5.0</td></tr>
</table>

① 不规定上限值。

4）随着我国对外开放的日益广泛，国外产品和材料标准我们也应该掌握和熟知。现以澳大利亚/新西兰电缆用绝缘和护套材料标准（AS/NZS 3808：2000 修正版）为例（选部分橡皮绝缘和橡皮护套材料）进行简单介绍。

① 绝缘材料。

a. EPR——乙烯丙烯共聚物或三元共聚物的交联混合物，适用于连续运行，最高温度 90℃。

b. R-EP-90——以乙烯丙烯共聚物、三元共聚物或二者的掺和物为基材的交联混合物，适用于连续运行，最高温度 90℃。

c. XR-EP-90——以乙烯丙烯共聚物（EPM）或乙烯丙烯三元共聚物（EPDM 或 EPM）为基材的交联混合物，与 R-EP-90 相比较，性能有所提高，适用于连续运行，最高温度 90℃。

② 护套材料。

a. GP-85-PCP——以氯丁橡胶为基材的通用交联混合物，适用于连续运行，最高温度 85℃。

b. GP-90-CPE——以氯化聚乙烯橡胶为基材的通用交联混合物，适用于连续运行，最高温度 90℃。

c. GP-90-CSP——以氯磺化聚乙烯橡胶为基材的通用交联混合物，适用于连续运行，最高温度 90℃。

d. HD-85-PCP——GP-85-PCP 的重型版，适用于连续运行，最高温度 85℃。

e. HD-90-CPE——GP-90-CPE 的重型版，适用于连续运行，最高温度 90℃。

f. HD-90-CSP——GP-90-CSP 的重型版，适用于连续运行，最高温度 90℃。

③ 部分橡皮性能试验判定标准举例。

a. 绝缘材料。

试验及判定标准见表 3-18。

表 3-18 国外绝缘橡皮型号判定标准要求

1	2	3	4	5
试验	判定标准		试验类型	引用试验方法
	R-EP-90 EPR	XR-EP-90		
老化前力学性能试验 1. 拉断强度　最小/MPa 2. 断裂伸长率　最小（%） 3. 100%定伸强度　最小/MPa	 4.2 200 —	 8.5 200 3.5	型式	AS/NZS 1660
空气烘箱老化后力学性能试验 时间/h 温度/℃ 1. 拉断强度　最小 老化前的（%） 实际值/MPa 2. 断裂伸长率　最小 老化前的（%） 实际值（%）	 168 135±3 70 — 70 —	 168 135±3 75 — 75 —	型式	AS/NZS 1660

（续）

1	2		3	4	5
试　验	判定标准			试验类型	引用试验方法
	R-EP-90 EPR		XR-EP-90		
热延伸试验 时间/min 温度/℃ 负荷/kPa 1. 负荷下断裂伸长率　最大（%） 2. 冷却后剩余断裂伸长率　最大（%）	 15 250 ±3 200 175 15		 15 250 ±3 200 175 15		
电气特性	仅限于 1. 1/1. 1kV	3. 3/3. 3kV 及以上			
1. 20℃绝缘电阻常数（ki）最小/GΩ·m	1500	4000	4000		
2. 90℃绝缘电阻常数（ki）最小/GΩ·m	1. 5	4. 0	4. 0		
3. 电容增值，50℃浸水后（仅限于 3. 3kV/3. 3kV 及以上电缆取下的绝缘） 第 1 天与第 14 天末尾之间的电容增值　最大（%）	—	6. 0	3. 5		
第 7 天与第 14 天末尾之间的电容增值　最大（%）	—	2. 5	1. 5		
吸水性 70℃/7 天后，最大/（mg/mm²）	—	—	0. 016		

b. 护套材料。

试验及判定标准见表 3-19。

表 3-19　国外护套橡皮型号判定标准要求

1	2	3	4	5
试　验	判定标准		试验类型	引用试验方法
	GP-85-PCP GP-90-CSP GP-90-CPE	HD-85-PCP HD-90-CSP HD-90-CPE		
老化前力学性能试验 1. 拉断强度　　最小/MPa 2. 断裂伸长率　　最小（%） 3. 200% 定伸强度　最小/MPa 4. 耐撕裂　　最小/（N/mm）	 8. 5 250 — —	 11. 0 250 — 5. 0	型式	AS/NZS 1660
空气烘箱老化后力学性能试验 时间/h 温度/℃ 1. 拉断强度　　最小/MPa 2. 断裂伸长率　　最小	 240 120 ±2 6. 2 125	 240 120 ±2 8. 5 125	型式	AS/NZS 1660

（续）

1	2	3	4	5
试　　验	判定标准		试验类型	引用试验方法
	GP-85-PCP GP-90-CSP GP-90-CPE	HD-85-PCP HD-90-CSP HD-90-CPE		
浸油试验 浸油时间/h 油温/℃ 1. 拉断强度　最小（老化前的）（%） 2. 断裂伸长率　最小（老化前的）（%）	 18 120 ±3 60 60	 18 120 ±3 60 60	型式	AS/NZS 1660
热延伸试验 时间/h 温度/℃ 负荷/kPa 1. 负荷下断裂伸长率　最大（%） 2. 冷却后剩余伸长率　最大（%）	 15 200 ±3 200 175 20	 15 200 ±3 200 175 20	型式	AS/NZS 1660
23 ±3℃体积电阻率/Ω · m①	10^9	10^9	型式	AS/NZS 1660

① 仅用于 AS 1747、AS/NZS 1802、AS/NZS 1972、AS/NZS 2802 标准规定的电缆试样。

思　考　题

1. 简述配方设计应遵循的原则。
2. 叙述同一种配方的 4 种表示方法。
3. 写出 GP-90-CPE 混合物的名称。

第四章

橡胶加工方法

◇◇◇ 第一节 橡胶加工工艺流程

一、橡胶加工的任务

把橡胶及各种配合剂混合制成符合电线电缆性能要求的胶料以备制造绝缘层和护套用。

在橡胶加工的整个工艺过程中，要求非常清洁，严格遵守工艺规程，加强检查。因为只有制备出高质量的橡料，才能制造出高质量的电线电缆，否则就会产生大量废品，造成严重浪费。

二、工艺流程

橡胶加工工艺流程如图 4-1 所示。

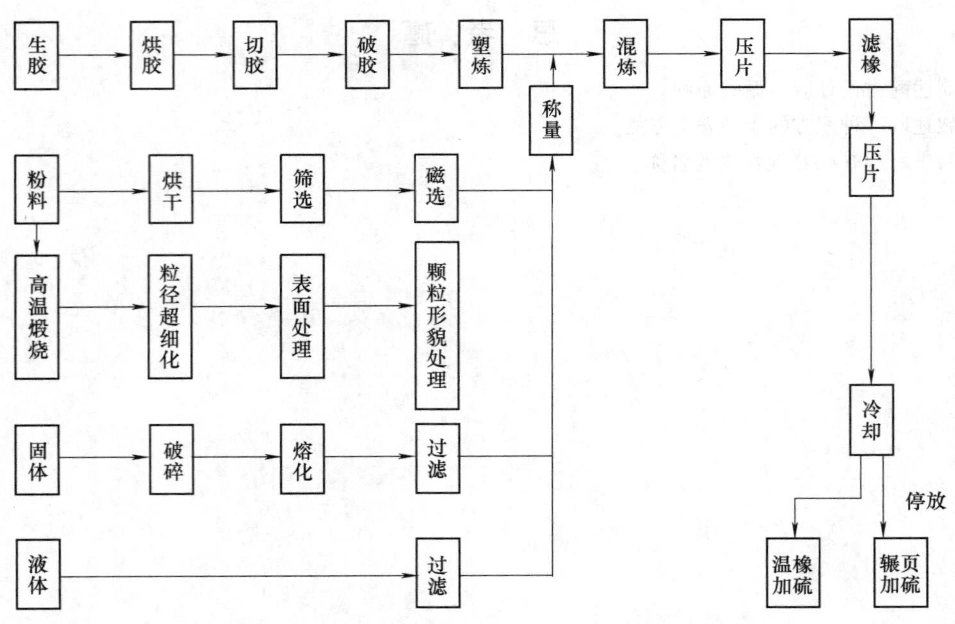

图 4-1 天然橡胶、氯丁橡胶与丁腈橡胶加工工艺流程

以上为天然橡胶、氯丁橡胶与丁腈橡胶加工工艺流程，其他合成橡胶加工工艺流程中，一般不需要烘胶、破胶、塑炼工序。在粉料处理工序中，除了烘干、筛选、磁选外，根据质量要求，需要高温煅烧、粒径超细化与纳米化处理、粉体表面处理及粉体的分子形貌处理等工序。

三、橡胶加工流水线（图 4-2）

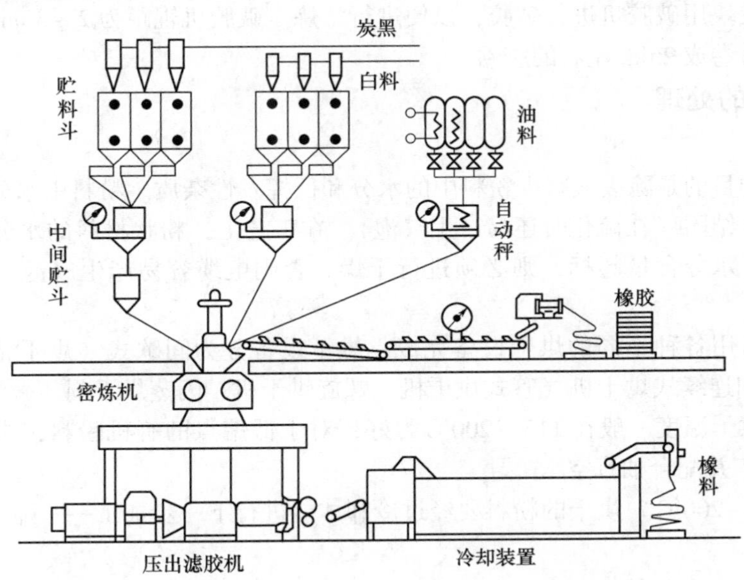

图 4-2　橡胶加工流水线示意图

思　考　题

1. 简述橡胶加工的任务？
2. 橡胶加工包含哪些主要工序？

◇◇◇ 第二节　原材料准备及处理

在混橡前应对橡胶和各种配合剂加以处理和加工。

一、生胶的处理

1. 烘胶

橡胶在常温下黏度很高，难以切割和进一步加工，在冬季橡胶常会硬化和结晶，更难以加工。所以在切胶和塑炼前必须把胶块预先加热，这就是烘胶。烘胶不仅可使橡胶软化、便于切割，还能解除结晶。烘胶是在专门的烘胶房中进行的。烘胶房的下面和侧面安装有蒸汽加热器。橡胶在烘胶房中按一定顺序堆放，为了避免过热变质，胶块不应与加热器接触。

烘胶温度一般为 50 ~ 70℃，不宜过高，否则会降低橡胶的物理力学性能。烘胶的时间根据橡胶的种类和季节的温度而定。天然橡胶在夏季烘胶时间为 24 ~ 36h，冬季一般为 36 ~ 72h，氯丁橡胶烘胶温度一般为 24 ~ 40℃，时间为 4 ~ 6h（合成橡胶一般不需要烘胶）。

2. 切胶

橡胶加温后从烘房取出用切胶机切成小块，天然橡胶一般切成 10kg 左右的三角块。

切胶前应先清除胶块表面的杂物。如果胶块有发霉现象，切胶时应加以挑选，并按质量等级分别堆放。为防止橡胶块堆放时粘在一起，应涂上滑石粉隔离剂。

3. 破胶

将切好的胶块用破胶机进行破胶，以便进行塑炼。破胶机辊距为 2～3mm，辊温在 45℃以下，破胶以后卷成 25kg 左右的胶卷。

二、粉料的处理

1. 烘干

粉料烘干的目的是除去或减少粉料中的水分和低挥发性杂质。粉料中水分含量过大，筛选困难，易混合结团（在硫化时还易产生气泡）。在工艺上，粉状材料的水分一般控制在一个容许的限度，水分含量超标，则必须进行干燥，否则电缆容易产生气泡，同时降低绝缘性能。

粉料烘干可用各种不同的烘干设备完成。烘干设备分为间歇式（烘干箱、烘干室、真空烘干箱等）和连续式烘干机（管式烘干机、螺旋烘干机、闪蒸烘干剂、微波烘干机等）。

无机粉料烘干温度一般在 115～200℃为好，对于低熔点的有机粉料，烘干温度则应控制在 60～70℃，并配合抽真空。

高温（130～200℃）烘干的粉料要经过冷却才能进行下一步加工——筛选。

2. 筛选

筛选的目的是除去混在粉料中的机械杂质，如砂粒、木屑和粗粒子等。这些杂质对于橡皮的绝缘性能影响很大，会造成绝缘击穿、漏电等。杂质对电缆表面的质量影响也很大，如砂粒、粗粒子会使电缆表面出现砂眼，较大的木屑、铁钉等物易堵住模套而造成偏心或使电缆表面被划成道子，铁钉等硬物还易把设备损坏。另外，粉料筛选以后还可以大大减轻滤橡机的压力和滤橡机的磨损，因此粉料筛选是很重要的。

各种粉料的细度要求见表 4-1。

表 4-1　各种粉料的细度要求

材料名称	筛号（目）	材料名称	筛号（目）
滑石粉	80～100	氧化锌	60～100
碳酸钙	80～100	氧化镁	80～100
陶土	60～80	氧化铅	60～80
硫黄	60	着色剂	60～80
硫化助剂、防老剂	80～100	炭黑	20～40

3. 磁选

用于高压绝缘橡皮的粉状材料在混合前要经过磁选处理。磁选的目的是除去粉料中的铁质物，以提高绝缘性能。磁选通常采用电磁离析器进行，如果用量不大，也可以用人工来磁选。磁选通常以着色剂、陶土和滑石粉为主。

4. 高温煅烧

有些原材料用上述三种方法不能除去影响电缆品质的杂质，需经过高温煅烧，特别是在高压绝缘橡皮混炼胶中，影响绝缘性能的铁离子。诸如陶土在高压绝缘中应用时，煅烧温度必须大于 750℃，方可去除有害离子；在低烟无卤无机材料作为阻燃剂的橡皮中，影响阻燃性能的钠离子也必须经过高温煅烧去除。当然，杂质也可以经过洗涤工艺去除，但该工艺一般为化学反应后的下道工序。

5. 超细化、纳米化及粒径分布问题的处理

考虑到粉体与基体材料相容性问题，粉体粒径越小，相对而言，相容性越好，各项性能越好，特别是在大填充配方中表现尤甚。例如在低烟无卤配方中，氢氧化铝的填充份数只有在 120～150 份时，才表现出较好的阻燃性能。若粒径过大，各项性能根本达不到标准，特别是力学性能。对粉体材料细度最容易忽略的问题，是粉体的粒径分布宽窄的问题。粒径分布越窄，粉体的各项性能越卓越，加工难度越大，混炼胶炼胶过程中吃粉越慢；但粉体中大颗粒的存在，会严重影响混炼胶性能。

6. 改性处理

在粉体粒径一定的情况下，通过对粉体表面改性，加强了粉体与基材的结合力，增加了相容性。目前，较为成熟的改性一般为干法改性，即在一定温度及较大分散度的情况下，对粉体表面改性。一般改性剂为硅烷偶联剂、硬脂酸、钛酸酯、铝酸酯等。应根据基材不同，选择不同的改性剂，或用两种或两种以上改进剂复合改性。

7. 颗粒形貌问题

颗粒形貌是粉体质量的最为关键部分，也是粉体对基材影响最基本、最核心的因素。每种材料都由最有利的颗粒形貌与基材结合达到最优组合，例如氢氧化铝与氢氧化镁的六角片状是最佳颗粒形貌，即使在粉体表面不改性的情况下，也完全可以获得较好的力学性能、电学性能。目前，氢氧化铝与氢氧化镁的颗粒形貌控制技术在国内还不成熟，一直被美国的雅宝公司所控制。颗粒形貌也是导致低烟无卤电缆开裂的最基本的原因之一。

三、软化剂的处理

根据软化剂在常温下的状态进行分类，软化剂有以下几种。

1. 液体软化剂

如各种机油、操作油、苯二甲酸二丁酯等，在常温下一般是液体状态，使用时用 100 号筛网过滤，除去所含杂质。

2. 黏性和易熔软化剂

此类软化剂在常温下难以流动或是呈固体状态，如凡士林、松焦油、石蜡等。当加热到一定温度时则变成易流动的液体，此时可以进行过滤，以除去其所含杂质。过滤后的软化剂可以在热的状态下通过计量装置而加入混炼机进行混炼。过滤槽和管路一般要用蒸汽加热保温较好。

3. 难熔和固体软化剂

此类软化剂的熔点较高（70℃以上），在常温下是固体，如松香、古马龙、沥青和硬脂酸等，打开包装后去掉表面的杂物，可用人工或机械粉碎。为了防止再粘连可撒上 100 号筛网过滤的滑石粉。

四、原材料的称量

原材料的称量是橡胶加工过程中的重要工序，按照橡皮配方表上规定的各种配合剂的品种、规格、数量进行称量配合。称量操作对产品质量起着重要作用。因此要求：

1）细致。称量之前要确认磅秤完好并要仔细检查被称物是否与配方表上的材料符合。

2）准确。各种材料要准确称量，不超过磅秤误差，磅秤要经常检查和校对。

3）不错。所要称量的材料不能搞错，如有的材料无铭牌或商标，则须进行化验，确定其是某种材料后才能使用。

4）不漏。一个配方表中所列的材料很多（10～25种），因此配料时要按先后次序一个一个地配称，配称完后要仔细检查一遍，不能漏称某种配合剂。

原材料的称量和投料方式依据生产规模和技术装备水平不同可分为两种：一种是手工称量和投料；另一种是自动称量和投料。

手工称量和投料方法应用最早，目前国内仍普遍采用。它主要是根据原材料种类和称量多少，选用适宜称量的磅秤或天平等称量工具进行称量。称好的原材料按一定规则存放，混炼时按一定顺序手工投料。

自动称量的投料方法，目前仅限于炭黑、白炭黑、碳酸钙、滑石粉、陶土等用量较大的粉料和液体配合剂，多在大中型企业中使用，大部分中小企业仍沿用手工操作。

思 考 题

1. 生胶的处理包括哪些过程？
2. 粉料一般需要经过哪些处理手段？
3. 原材料称量一般采用何种方式？要求是什么？

◇◇◇ 第三节　橡胶加工设备

橡胶塑炼、混炼的主要设备有开放式炼胶机、密闭式炼胶机和螺杆炼胶机等。为了提高生产效率，改善工作条件，密炼机从原始的裸机发展到自动称量设备、上辅机、下辅设备等辅助设备一起配合使用，形成了有机整体的联动化。

一、密炼机上辅机系统

密炼机上辅机系统用于实现密炼机炼胶所需的炭黑、胶料、油料等的自动输送、贮存、配料称量、投料等工艺过程，是密炼机炼胶不可缺少的配套设备。其控制系统包含了对密炼机主机以及上辅机的网络化和智能化管理及控制。

1. 系统组成简介

密炼机上辅机系统主要由以下几部分组成：炭黑气力输送系统；炭黑称量、投料系统；油料输送、贮存、称量、注油系统；胶料导开、称量、投料系统；计算机智能控制系统。密炼机上辅机系统工艺流程如图4-3所示。

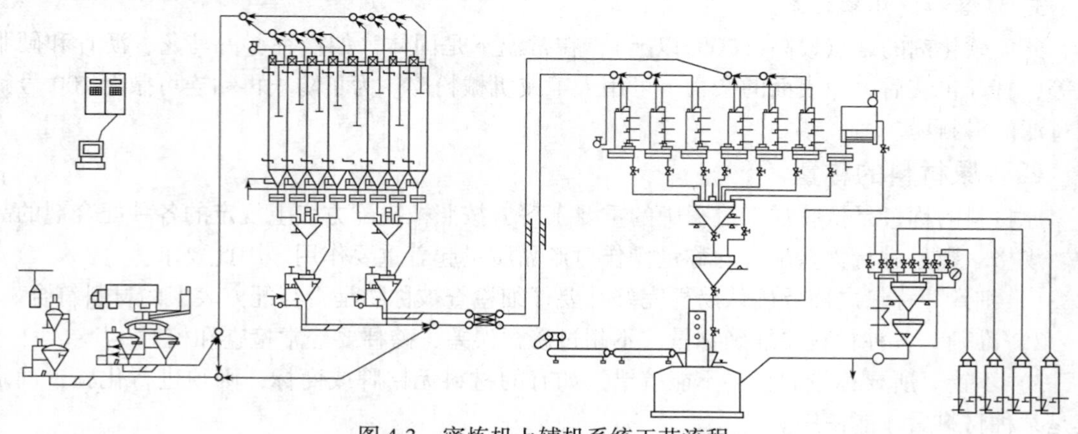

图4-3　密炼机上辅机系统工艺流程

2. 炭黑气力输送系统

气力输送是利用空气（或气体）流作为输送动力，在管道中搬运粉、粒状固体物料的方法。空气或气体的流动直接给输送管内的物料粒子提供移动所需要的能量，管内空气的流动则由管子两端的压力差来推动。

气力输送的主要目的是将固体物料由一个位置移到另一个位置。气力输送系统应配置压缩空气或气体源，把物料投入到输送管道内的设备、输送管道以及从输送物料和空气的混合物中将输送物料和气体分离的分离设备中。这些设备的合理选择和布置可使工厂的布局及操作更为灵活。例如，物料可由几个分管输送到一个总管，或者从一个总输送管分配物料到若干个接收贮斗。物料的输送压力和流动速度可以记录和控制，可以将气力输送系统设计成全自动控制系统。

3. 炭黑称量、投料系统

炭黑称量、投料系统主要由炭黑称量和投炭黑两部分组成。自动生产时，系统根据所发送的配方自动称量，称好后自动卸炭黑到中间斗，炭黑备好信号灯亮，到加粉工艺步骤后自动投粉。其原理就是通过螺旋输送机向炭黑秤上输送配方所需的物料用量，完成炭黑粉料的计量及投料工作。

螺旋输送机是化工、建材、粮食等部门中广泛应用的一种输送设备，主要用于输送粉状、粒状和小块状物料，不适宜输送易变质的黏性和易结块的物料，在密炼机上辅机系统中常用来输送不同种类的炭黑和粉料。其输送可靠，输送能力可以采用变频调速控制电动机转速来控制，并可通过电动机点动来实现微下料。螺旋输送机在密炼机上辅机系统中多用于向炭黑秤供料。螺旋输送机与其他输送设备相比较，具有结构简单、横截面积小、密封性能好、可以中间多点装料和卸料、操作安全方便，以及制造成本低等优点。但由于它运动部件多，机件磨损较严重，同时输送距离受限。螺旋输送机的结构如图4-4所示。炭黑秤如图4-5所示。

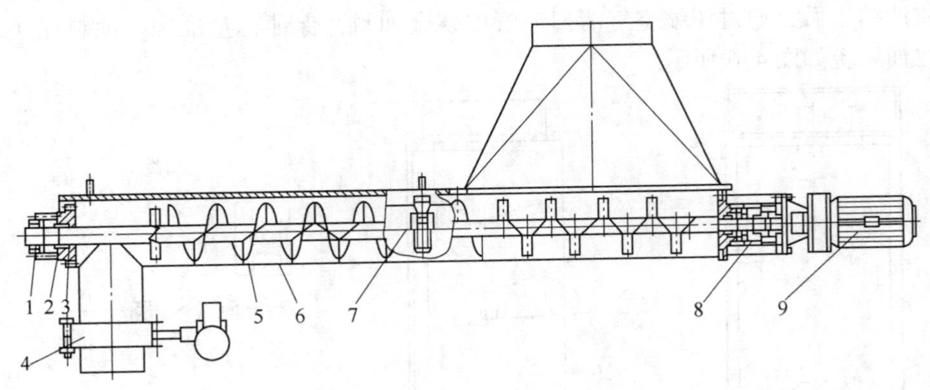

图4-4　螺旋输送机的结构

1—轴承　2—气动蝶阀　3—压环　4—密封填料　5—输送螺旋
6—螺旋槽　7—搭扣　8—联轴器　9—摆线针轮减速电动机

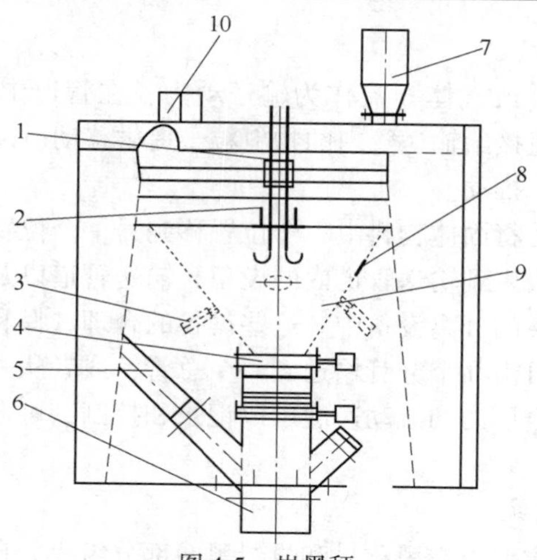

图 4-5 炭黑秤

1—传感器（3个） 2—铰链 3—气缸 4—气动蝶阀 5—下呼吸口
6—顺料筒 7—除尘器 8—内衬 9—秤斗 10—炭黑入口

4. 油料输送、贮存、称量、注油系统

油料输送、贮存由输油泵和贮油罐完成。根据输送距离长短，输油泵可选择齿轮泵（适于短距离）或螺杆泵（适于远距离）；贮油罐的数量由工艺配方确定，容积由油的来源确定（油桶或油罐车）。油料秤通常由不锈钢材料制成，可有效防止油料秤内部和油料中的杂质对秤体的腐蚀。油料秤采用斗式结构，秤斗下安装一个备油斗，秤斗进油口装有气动截止阀或气动球阀，秤斗和备油斗均处于一个保温室内。通过蛇形蒸汽管或电加热板加热保温室，内装有热电阻或其他温度控制仪表控制加热温度。秤斗由一台位于保温室顶部的台秤悬挂，也可采用3只或4只拉力传感器吊装。进油管路采用粗细两种规格油管，分别由其上的气动截止阀或球阀控制进油速度。进油管路数量取决于油种类的多少。另外在备油斗上部通常安装有一只液位计，控制秤斗排油或油泵注油。油泵出口装有单向阀、排气阀、空气清扫管等。注油结束后，通过压缩空气清扫油管中残余油料，保证称量准确。油料输送、贮存、称量、注油系统如图4-6所示。

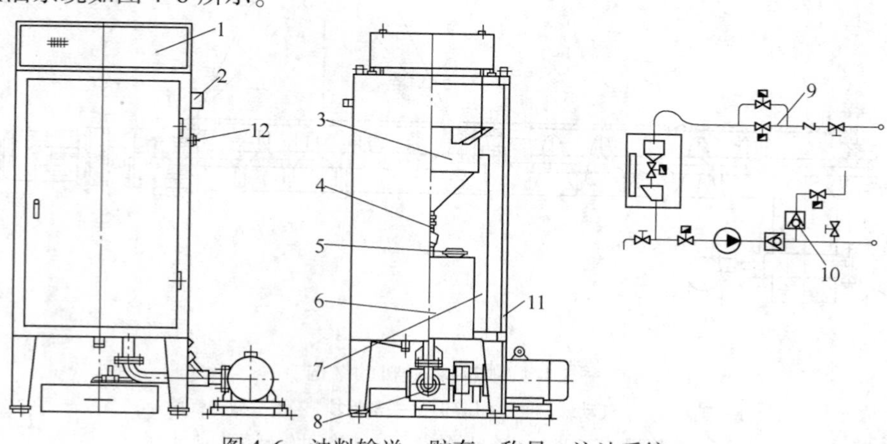

图 4-6 油料输送、贮存、称量、注油系统

1—电子台秤 2—进油管 3—秤斗 4—气动截止阀或气动球阀 5—液位计 6—备油斗
7—加热器 8—注油泵 9—油过滤器 10—单向阀 11—保温层 12—温控仪表

5. 胶料导开、称量、投料系统

该系统完成胶片的导开裁断、胶块的切断抓取、胶料的称量、投料等功能。胶料秤实际上是将一台带运输机固定在4个称重模块上。4个称重传感器采用钢球自动调整和复位。带运输机采用无接头高强度薄形运输带，由电动滚筒或电动机减速机驱动，输送线速度一般为0.4～0.63m/s，也有的厂家采用双速电动机通过减速器驱动，速度为0.2～0.6m/s。胶料秤长度一般为2～6m，由密炼机规格和用户厂房配备决定，宽度由密炼机进胶口宽度确定。在胶料秤进密炼机口处装有一对光电开关，控制驱动电动机的启停。在运输带的两侧装有挡板，防止胶料下落。胶料导开、称量、投料系统如图4-7所示。

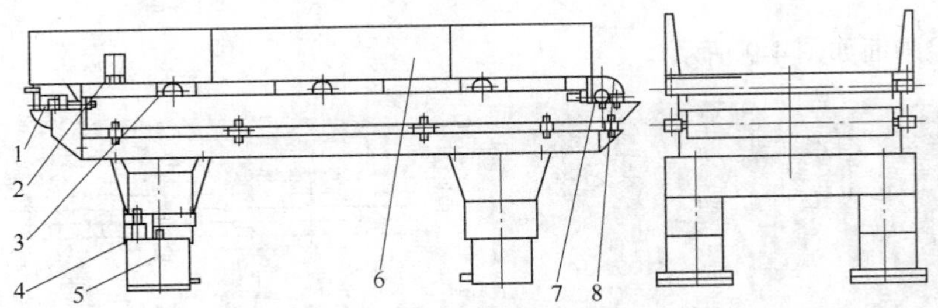

图4-7 胶料导开、称量、投料系统

1—电动辊筒（电动机减速机） 2—光电开关 3—托辊 4—称重模块 5—减振块 6—挡板 7—被动辊 8—运输带

6. 计算机智能控制系统

（1）控制原理和控制功能 上辅机智能控制系统采用计算机网络控制，多台计算机之间通过网络进行联系。系统的主要任务是完成炭黑原料的输送，油料的输送，炭黑、油料、胶料的自动称量、自动投料，配方的编辑，密炼机控制（包括温度、时间及能量的控制），配方、批料、产量报表的存储、打印，故障判断报警等。计算机控制系统如图4-8所示。

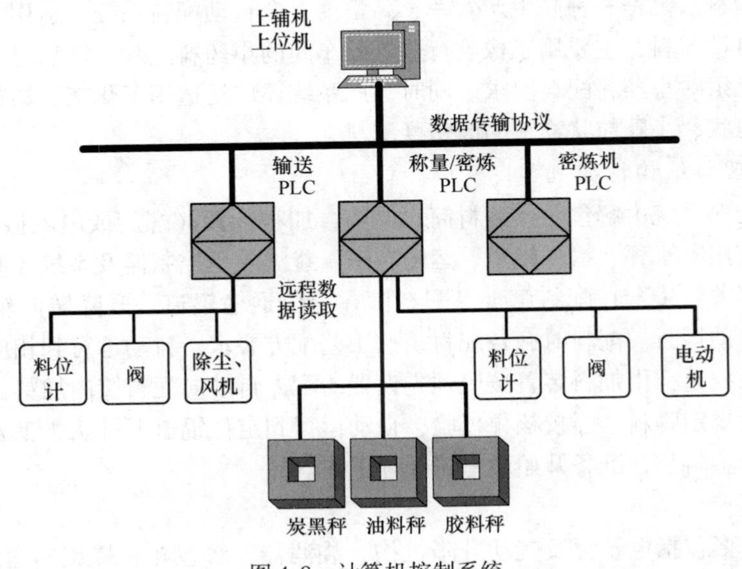

图4-8 计算机控制系统

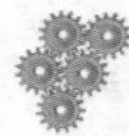

（2）控制和管理软件

1）控制软件。控制软件完成设备各个动作的控制，如 PLC 中的梯形图程序。它是上辅机控制系统得以运行的基础，它接收上位管理机的指令并把各类数据传送到管理机中。

2）管理软件。管理软件有以下功能：

生产计划：生产计划主要是为操作员提供对生产计划的管理，包括当班计划、执行计划、暂停计划。

生产监控：生产监控包括动态混炼监控画面、动态胶料秤监控画面两个选项。

生产管理：包括修改次数、配方重传、终止称量、终止密炼、生产提示、报表统计等功能。

混炼监控画面如图 4-9 所示。

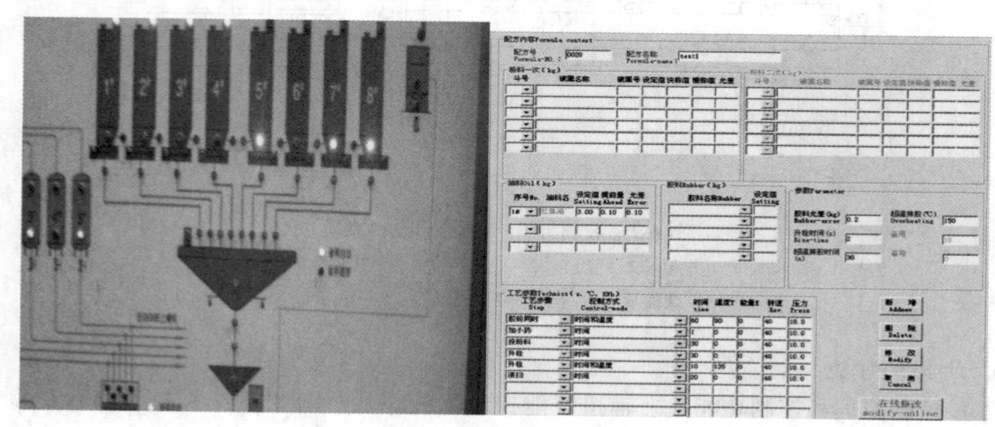

图 4-9　混炼监控画面

二、自动称量配料系统

自动称量配料系统是一种高生产效率、高精度、全自动配料系统，适用于各种粉状、小颗粒状物料的自动配料，主要用于橡胶行业炼胶车间的小药料配料，能满足大型轮胎厂或电缆厂多台密炼机组对小药料配料要求。同时，此系统还广泛适用于化工、塑料、食品、饲料等行业的多种粉状、小颗粒状物料的高精度配料。

1. 工作原理与结构特征

自动称量配料系统由解包斗、顺料筒、储斗、加料装置（螺旋或电磁振动给料机）、电子配料秤、校核用电子秤、操作辊道、运输辊道、袋滤除尘控制器及系统控制装置等组成。

生产时，将塑料袋套在配料筐上，配料筐在定位运输辊道、升降转向辊道、电子配料秤、校核秤上自动运行。配料时，各配料筐按工艺配方要求，自动运行到相应电子配料秤上定位，自动扣除皮重，由加料装置按照预先设置的配方自动向配料筐内加料；一只配料筐按当前配方加入所规定物料，经校核秤校验，自动运行到定位辊道上排队。工人取出配好料的塑料袋，放上新塑料袋，准备开始新一轮循环工作。

2. 机械部分

机械部分主要包括电子秤及气动升降机构、袋滤器、解包斗、螺旋输送装置、配料筐、配料筐运行驱动装置、加料平台及扶梯护栏、除尘装置。

每种物料的工艺状况动作基本一致，当下达生产配方后，有操作人员在校核秤位置的空配料框上套入内套带，然后确认开始称量。环形输送线自动运转，当运转到需要称量的物料斗位置时，开始称量。当完成配方所需物料斗所有物料称量后，到达校核秤完成称量，然后取出物料开始下一个循环。单个物料称量的示意图如图4-10所示。

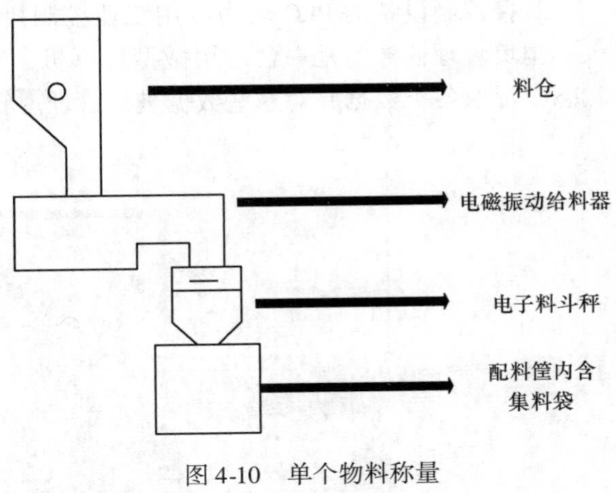

图4-10　单个物料称量

料仓、电磁振动给料器、电子料斗秤均固定在工位上，而配料框放在环形输送线上。当下达配方后，由智能配料控制器按照配方要求进行控制称量。各个称量工位之间独立工作，可以同时进行称量，每称完一种物料，前进一个工位。配料的动作过程由智能配料控制器控制，电磁振动给料器下料，同时料仓上有破拱装置，由电子秤进行称量及对下料量进行判断。整条生产线由多个料仓、电磁振动给料器、电子料斗秤和环形输送线组成一个环形生产线。假设每个工位用G表示，则G_1、G_2、G_3、…、G_n，n为系统工位数，其中G_1和G_{n+1}同一个位置，其工作过程如图4-11所示。

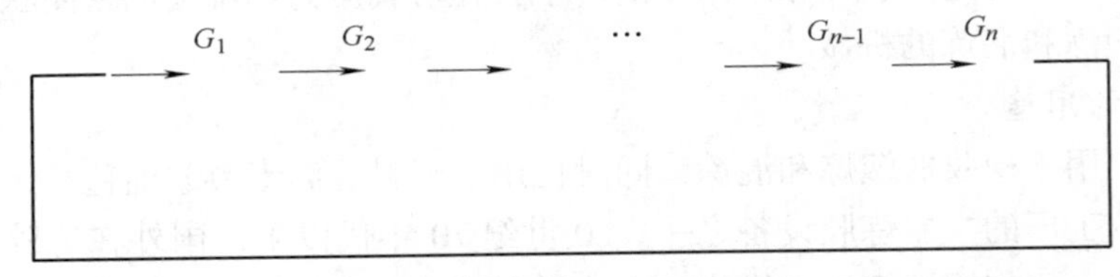

图4-11　生产线工作流程

3. 控制部分

智能化多工位物料自动配料系统的控制系统由工业用计算机、可编程序控制器、称重控制显示器、变频调速控制器、物理量自动检测装置等构成。

工作原理：由工业控制计算机将事先设定好的工作程序（配方、需要配料的数量）下发给PLC，PLC依照程序并根据物理量自动检测装置反馈的信息完成配料工作，同时将所完成的每一个数据上传给计算机，由计算机进行数据管理和统计，形成各种报表储存或输出。

（1）控制范围

1）根据用户在上位管理计算机上所给的配方进行称量，分别以快/慢/点动方式完成，并有自动校正功能，以实现快速、精确称量。

2）控制柜显示屏显示提示信息，有自动、手动切换功能。

3）各种必要保护环节及设备出现故障时，控制柜给出报警信号并显示报警位置。除设备故障外，不符合配料精度也会引起报警，此时可以人工确定。

（2）软件及功能　软件部分是小粉料控制系统的核心，它自动控制着称量、配料的全过程，并有配方管理、报表打印等功能。

直接控制设备的 PLC 均为专用工业控制机，可靠性高，操作简单，维护方便，功能强大。担负管理任务的是一台通用微型计算机，它向 PLC 发送各项指令，监视各 PLC 的工作状态，提取各类数据并对这些数据进行管理。软件控制界面的截图如图 4-12 所示。

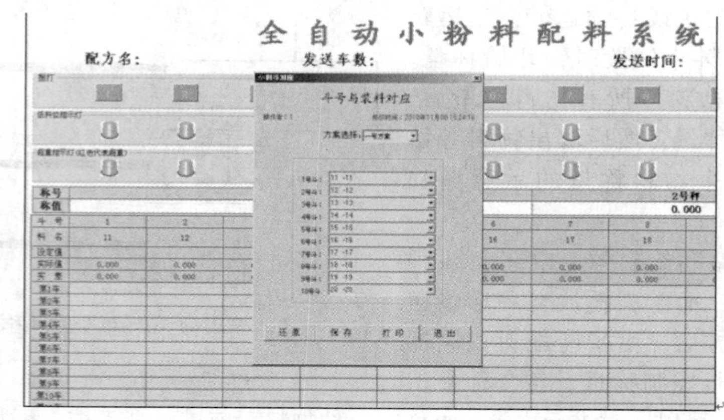

图 4-12　软件控制界面

三、密闭式炼胶机

密闭式炼胶机简称密炼机，是在开炼机的基础上发展起来的一种高强度间歇式混炼设备。它是一种有一对特定形状并相对回转的转子，在可调压力和温度的密闭状态下间歇性地对聚合物进行塑炼和混炼的机械。

1. 密炼机的用途

密炼机主要用于橡胶的塑炼和混炼，同时也用于塑料、沥青料、油毡料、合成树脂料的混合。它是橡胶工厂的主要炼胶设备之一。20 世纪 70 年代以来，国外在炼胶工艺和设备方面虽然发展较快，例如用螺杆挤出机代替密炼机和开炼机进行塑炼和混炼，但还是代替不了密炼机。据国外资料统计，在橡胶工业中有 88% 的胶料是由密炼机制造的，塑料、树脂行业也广泛应用密炼机。

2. 密炼机的分类

1）按转子横截面的形状分为：椭圆形转子密炼机、圆筒形转子密炼机、三棱形转子密炼机。

2）按工作原理分为：相切型转子密炼机、啮合型转子密炼机。

3）按转子转速大小及变化分为：低速、中速、高速及单速、双速、变速密炼机。

4）按转子相对转速分为：异步和同步转子密炼机。

5）按混炼室的结构形式分为：普通型和翻转式密炼机。

6）按转子间的相对间隙分为：定间隙和可调间隙密炼机。

密炼机按转子横截面的形状分类如图 4-13 所示。

3. 密炼机的规格

过去采用密炼室的工作容量和主动转子转速表示密炼机的规格，现在采用密炼室的总容量/主动转子的转速表示密炼机的规格。国产密炼机的规格表示法：XM-250/20，X 表示橡胶，M 表示密炼机，250 表示密炼机的总容积，20 表示转子转速；X（S）M-75/35 × 70，X

表示橡胶，S 表示塑料，M 表示密炼机，75 表示密炼机总容积，双速（35r/min 和 70r/min）。部分椭圆形转子密炼机的技术特征见表 4-2。

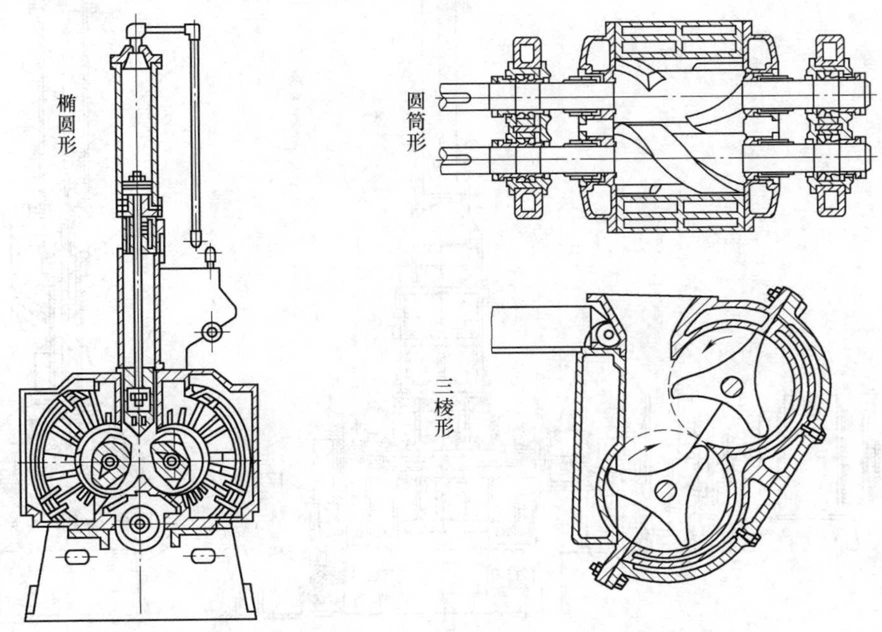

图 4-13 密炼机按转子横截面的形状分类

表 4-2 部分椭圆形转子密炼机的技术特征

型号		X（S）M-30	XM-50/35×70	XM-50/48	XM-50/70	XHM-140/20	XM-140/20	XM-140/28	XM-140/40
混炼室总容量/L		50	75	75	75	235	235	235	235
混炼室工作容量/L		30	50	50	50	140	140	140	140
转子转速/（r/min）	从动转子	29.1	30.5/60.9	40.7	61	18.14	18.2	24.2	36.4
	主动转子	34.7	35/70	48.2	72.2	20.94	20.8	27.8	41.6
电动机	功率/kW	74	220/110	160	250	240	250	400	630
	转速/（r/min）	980	980/490	1000	1500	980	750	1000	1500

4. 密炼机的整体结构及每一部分的作用

主要以椭圆形转子密炼机为例介绍密炼机的基本概况。

1）混炼部分：主要由转子、密炼室、密封装置等组成。

2）加料部分：主要由加料室和斗形的加料口以及翻板门（加料门）组成。这部分作用主要是用于加料和瞬间存料。

3）压料部分：主要由上顶栓和推动上顶栓做上、下往复运动的气缸组成。它的主要作用：给胶料一定的压力，加速炼胶过程，提高炼胶效果。

4）卸料装置：主要由安装在密炼室下面的下顶栓和下顶栓锁紧机构所组成。它的主要作用就是在炼胶完毕后排出胶料，也就是卸料。下顶栓内可通冷却水冷却，下顶栓与物料接触的表面应堆焊耐磨合金，增加其耐磨性。

XM-250/40 型椭圆形转子密炼机结构如图 4-14 所示。

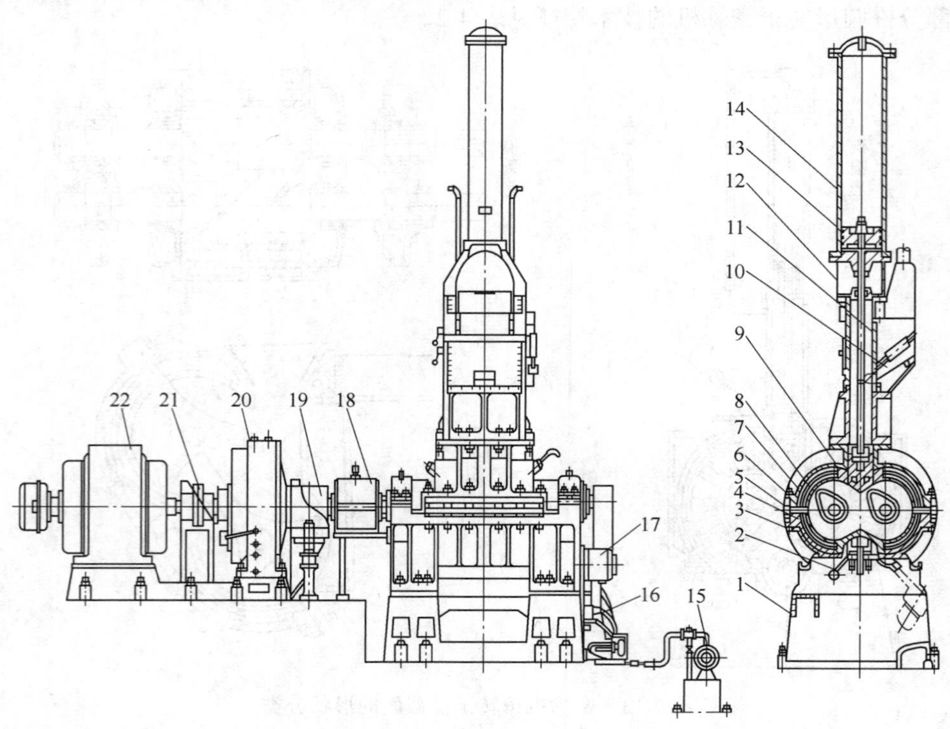

图 4-14　XM-250/40 型椭圆形转子密炼机结构

1—机座　2—卸料门锁紧装置　3—卸料装置　4—下机体　5—下密炼室　6—上机体　7—上密炼室　8—转子　9—压料装置　10—加料装置　11—翻板门　12—填料箱　13—活塞　14—气缸　15—双联叶片泵　16—管道　17—旋转液压缸　18—速比齿轮　19、21—联轴器　20—减速器　22—电动机

5）传动装置：主要由电动机、弹性联轴器、减速机和齿形联轴器等组成。它安装在传动底座上，作用是传递动力，使转子克服工作阻力而转动，从而完成炼胶作业。

6）底座：主要由机座组成，有的分为主机底座和传动底座。其作用：供密炼机使用，在其上安装主机和传动系统的部件。

7）加热冷却系统：主要由管道和分配器等组成，以便将冷却水或蒸汽通入密炼室、转子和上、下顶栓等的空腔内循环流动，以控制胶料的温度。从国外引进的密炼机加热冷却系统配有温控装置，采用恒温水加热冷却。其作用：根据工艺要求，控制炼胶过程中胶料的温度。

8）液压系统：主要由一个双联叶片液压泵、旋转液压缸、往复液压缸、管道和油箱等组成。它是卸料机构的动力供给部分，用于控制下顶栓及下顶栓锁紧机构的开闭。

9）气压系统：主要由气缸、活塞、加料门的气缸、气阀、管道和压缩空气等组成。它是加料、压料机构的动力供给部分，用于控制上顶栓的升降、加压及翻板门的开闭。

10）电控系统：主要由控制箱、操作机台和各种电气仪表组成，是整个机台的操作中心。

11）润滑系统主要由油泵、分油器和管道组成，目的是使各个转动部分（如旋转轴、

轴承、密封装置的密封环摩擦面等）减少摩擦，延长使用寿命。其作用是向每个转动部位注入润滑油，以减少运动部件之间的摩擦，延长其使用寿命。

5. 密炼机工作原理

在密炼室内，生胶的混炼和混炼胶的混炼过程，比开炼机的塑炼和混炼要复杂得多。物料加入密炼室后，就在由两个具有螺旋棱、有速比、相对回转的转子与密炼室壁，上、下顶栓组成的混炼系统内受到不断变化、反复进行的强烈剪切和挤压作用，使胶料产生剪切变形，进行强烈的捏炼。由于转子有螺旋棱，在混炼时胶料反复地进行轴向往复运动，起到了搅拌作用，致使混炼更为强烈。密炼机的炼胶过程是比较复杂的，如图 4-15 所示。

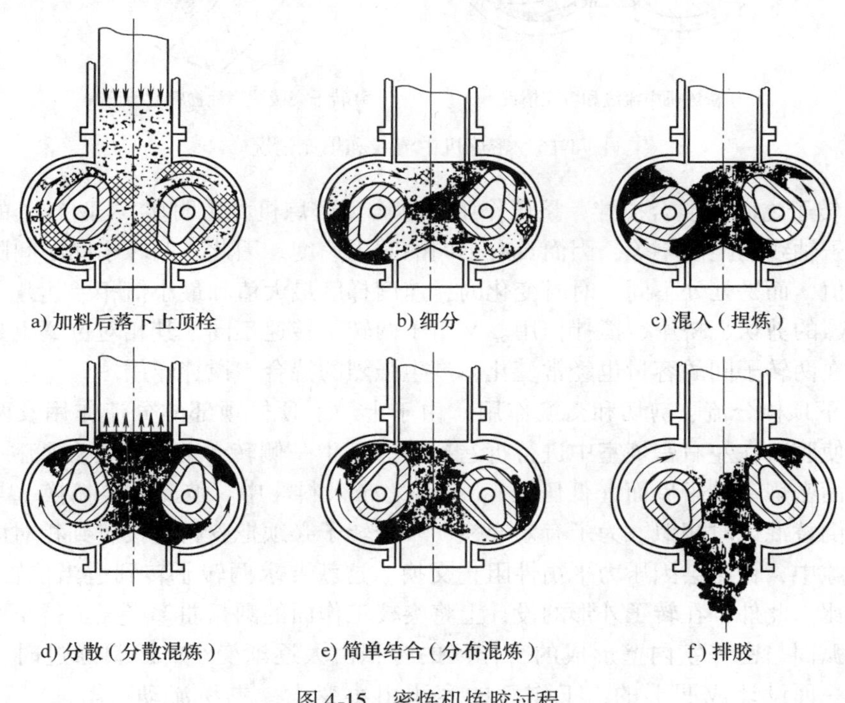

图 4-15　密炼机炼胶过程

生胶和配合剂由加料斗加入，首先落入两个相对回转的转子口部，在上顶栓的压力及摩擦力的作用下，被带入两转子之间的间隙处，受到一定的捏炼作用，然后由下顶栓的尖棱将胶料分开，进入转子与密炼室壁的间隙中，在此处经受强烈的剪切捏炼作用后，被破碎的两股胶料又相会于两个转子口部，然后再进入两转子间隙处，如此循环往复。

6. 胶料在密炼室中所受的机械作用

（1）转子外表面与密炼室内壁间的捏炼作用（椭圆形转子密炼机尤为明显）转子表面与密炼室内壁间形成了一个环形间隙，当胶料通过此环形间隙时，则受到捏炼作用。由于转子表面制有螺旋突棱，它与密炼室形成的间隙是变化的（如 XM-50 密炼机间隙为 4～80mm，XM-250 密炼机间隙为 2.5～120mm），最小间隙在转子棱峰与密炼室内壁之间。当胶料通过此最小间隙时，受到强烈的挤压、剪切、拉伸作用，这种作用与开炼机两辊距的作用相似，但比开炼机的效果要大得多。这是由于转动的转子与固定不动的室壁之间胶料的速度梯度比开炼机大得多，而且转子突棱与密炼室壁所形成的透射角尖锐。胶料在转子突棱尖端与密炼室内壁之间边捏炼边通过，同时还受到转子其余表面的类似滚压作用。密炼机中流线和填充情况如图 4-16 所示。

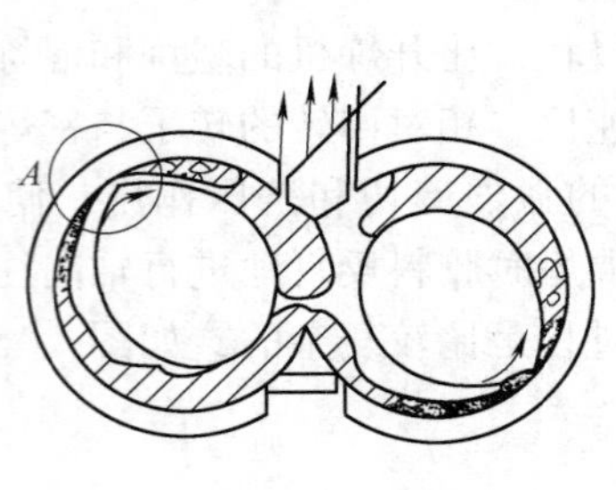

a) 密炼机中流线和填充情况

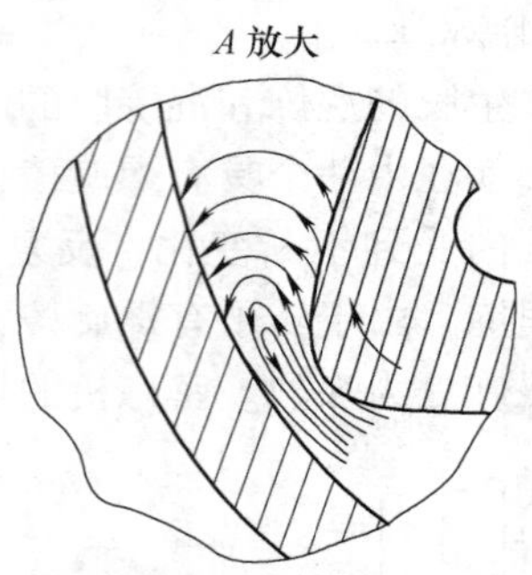

b) 转子突棱棱峰处物料流动情况

图 4-16　密炼机中流线和填充情况

（2）两转子之间的混合搅拌、挤压作用（啮合型密炼机尤为明显）　两转子的椭圆形表面各点与转子轴线的距离不等，因而具有不同的圆周速度。因此，两转子间的间隙和速比不是一个恒定值，而是处处不同、时时变化的，速度梯度最大值和最小值相差达几十倍，可使胶料受到强烈的剪切、挤压、搅拌作用。又由于两转子转速不同，其相对位置也是时刻变化的，使胶料在两转子间的容量也经常变化，产生强烈的混合、搅拌作用。

（3）上下顶栓分流、剪切和交换作用　由于上、下顶栓顶部的分流作用及两转子的转速不同，可使胶料在左右密炼室中进行折卷捣换。其中一侧转子前面的部分胶料（高压区）被挤压到对面密炼室转子后面（低压区），并随之带入料斗中。彼此往复捣换，与两台相邻开炼机连续倒替混炼时相似。为了有效交换，一个转子必须把胶料直接拨到相对应的转子棱峰后部的间隙中，否则会因压力平衡性阻止交换。这就要求两转子转到适当位置进行交换，这取决于速比。此外，在转子外形的设计上将突棱工作面的圆弧曲率半径选得小些，这样就会使棱的圆弧面与密炼室内壁形成的工作区的容积由大逐渐变小，胶料通过时，挤压力增加；棱的另一面设计成凹形的，工作区的容积由小变大，更易流动，增加了紊流态，即“S”转子。

（4）转子的轴向往复切割捏炼作用　胶料在转子上不仅会随转子做圆周运动，同时转子的螺旋突棱对物料产生轴向的推移作用，因此胶料还会沿轴向移动。由突棱螺旋的受力分析可以看出，因两突棱螺旋升角的不同，其作用也不同，这样胶料在转子的轴向往复移动就形成了切割捏炼的作用。“S”转子捏炼如图 4-17 所示。

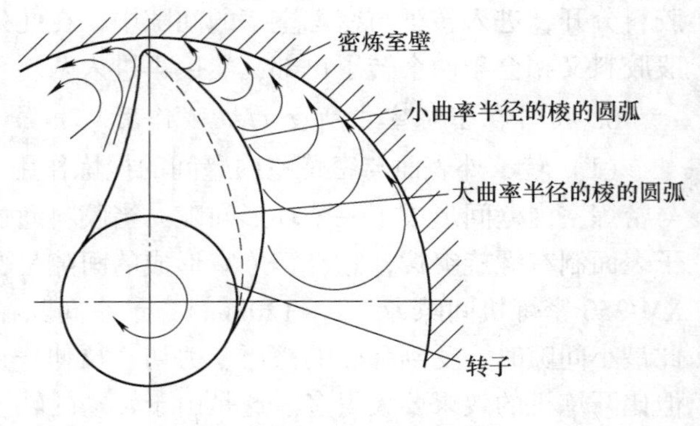

图 4-17　“S”转子捏炼

每个转子都有两个方向不同、长短不一的螺旋棱，长螺旋棱的螺旋角 $\alpha=30°$，短螺旋棱的螺旋角 $\alpha=45°$。当转子旋转

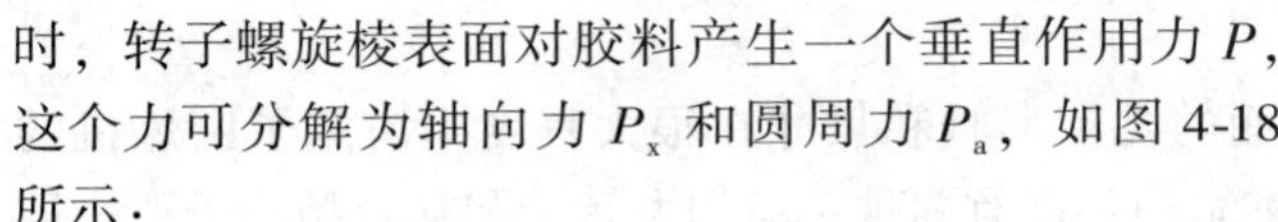

时，转子螺旋棱表面对胶料产生一个垂直作用力 P，这个力可分解为轴向力 P_x 和圆周力 P_a，如图 4-18 所示：

圆周力 P_a 使胶料绕转子轴线转动，$P_a = P\cos\alpha$。

轴向力 P_x 使胶料沿转子轴线移动，$P_x = P\sin\alpha$。

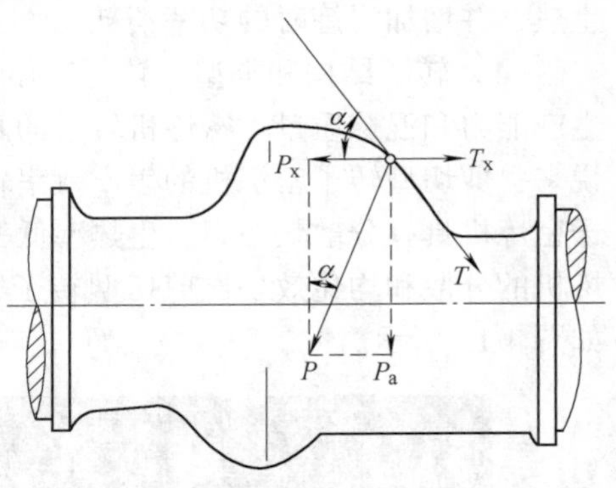

图 4-18　转子轴向作用示意图

7. 密炼机混炼的影响因素

密炼机混炼的影响因素有装料容量、加料顺序、上顶栓压力、转子速度、转子的结构及类型、混炼温度、混炼时间等因素。

（1）装料容量　装料容量也称混炼容量，就是每次混炼时的混炼胶容积。混炼容量不足会降低对胶料的剪切力和捏炼作用，甚至出现胶料打滑和转子空转现象，导致混炼效果不良。反之，容量过大，使胶料没有必要的翻动回转空间，破坏了转子突棱后面胶料形成紊流的条件，并使上顶栓位置不当，造成一部分加料在加料斗口颈处发生滞留。这些都会导致胶料混合不均匀，并容易导致设备超负荷。因此，混炼容量必须适当，通常取密闭室总有效容积的 60% ~70% 为宜。合理的容量或装填系数应根据生胶种类、配方特点、设备特征与磨损程度以及上顶栓压力来确定，公式如下

$$Q = KV\rho \tag{4-1}$$

式中　Q——装料容量（kg）；

K——填充系数，通常取 0.6 ~07；

V——密闭室的总有效容积（L）；

ρ——胶料的密度（g/cm^3）。

填充系数 K 的选取与确定应根据生胶种类和配方特点、设备特征与磨损程度、上顶拴压力来确定。NR 及含胶率高的配方，K 应适当加大；合成胶及含胶率低的配方，K 应适当减小；磨损程度大的旧设备，K 应加大；新设备要小些；啮合型转子密炼机的 K 应小于剪切型转子密炼机；上顶拴压力增大，K 也应相应增大。另外，逆混法的 K 必须尽可能大。

（2）加料顺序　加料顺序对混炼操作非常重要。密炼机混炼中，生胶、炭黑和液体软化剂三者的投料顺序与混炼时间特别重要。一般是先加生胶，再加炭黑，混炼至炭黑在橡胶中基本分散后再加入液体软化剂，这样有利于混炼，可提高混炼效果，缩短混炼时间。过早或过晚液体软化剂加入，均对混炼不利，易造成分散不均匀，使混炼时间延长，能耗增加。硫黄和超速促进剂通常在混炼的后期加入，或排料到压片机上加，以减少焦烧危险。小药（固体软化剂、活化剂、促进剂、防老剂、防焦剂）等通常在生胶后、炭黑前加入。

（3）上顶栓压力　密炼机混炼时，胶料都必须受到上顶栓的一定压力作用。上顶栓的作用主要是将胶料限制在密闭室内的工作区，并对胶料造成局部的压力作用，防止胶料在室壁和转子的表面上滑动，并限制和避免胶料进入加料斗颈部而发生滞留。在混炼过程的初期提高上顶栓压力有利于减少胶料的内部空隙，增加摩擦和剪切力作用，提高混合与分散效果，加快混炼速度。混炼结束时上顶栓基本保持在底线处，只有当转子推移的大块胶料从上顶栓下面通过时才偶尔抬起一点，瞬时显示出压力的作用，这时只起到特殊的捣锤作用。在这种情况下，再进一步提高压力对混炼并无任何作用。上顶栓压力提高会加速混炼过程胶料

生热，并增加混炼时的功率消耗。

(4) 转子结构和类型　转子工作表面的几何形状和尺寸在很大程度上决定了密炼机的生产能力和混炼质量。密炼机转子的基本结构类型有两种：剪切型转子和啮合型转子。一般说来，剪切型转子密炼机的生产效率较高，可以快速加料、快速混合与快速排胶。啮合型转子密炼机具有分散效率高、生热率低等特性，适用于制造硬胶料和一段混炼。啮合型转子密炼机的分散和均化效果比剪切型转子密炼机要好，混炼时间可缩短 30% ~50%。转子结构如图 4-19 所示。

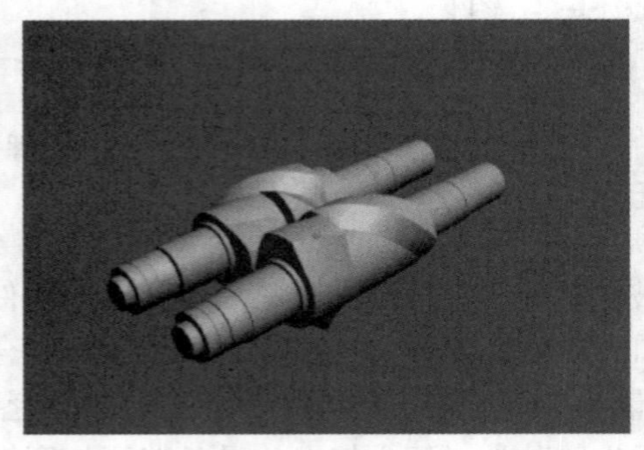
a) 剪切型转子

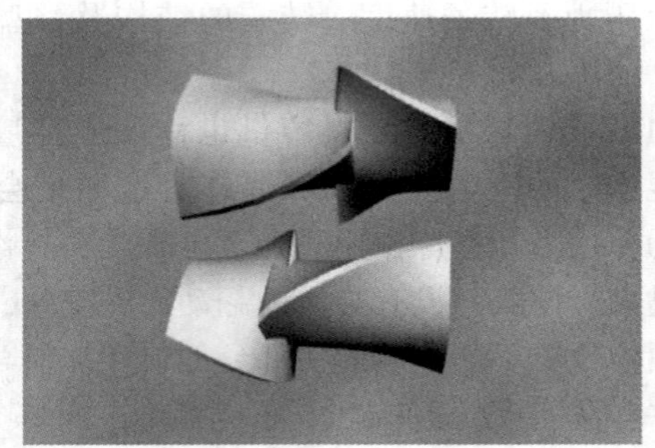
b) 啮合型转子

图 4-19　转子结构

(5) 转速　提高密炼机转子的速度是强化混炼过程的最有效的措施之一。转速增加一倍，混炼周期可缩短 30% ~50%。提高转速会加速生热，导致胶料黏度降低，机械剪切效果降低，不利于分散。

(6) 混炼温度　混炼温度高有利于生胶和胶料的塑性流动和变形，有利于橡胶对固体配合剂粒子表面的湿润和混合吃粉，但又使胶料的黏度下降，不利于配合剂粒子的破碎与分散混合。混炼温度过高还会加速橡胶的热氧老化，使硫化胶的物理力学性能下降，即出现过炼现象，还会使胶料发生焦烧现象，所以密炼机混炼过程中必须采取有效的冷却措施，但温度不能太低，否则会出现胶料压散现象。

(7) 混炼时间　在同样条件下采用密炼机混炼胶料所需的混炼时间比开炼机短得多。混炼质量要求一定时，所需混炼时间随密炼机转速和上顶栓压力提高而缩短。加料顺序不当、混炼操作不合理都会延长混炼时间。延长混炼时间能提高配合剂在胶料中的分散度，但也会降低生产效率。混炼时间过长又容易造成胶料过炼而使硫化胶的物理力学性能受到损害，还会造成胶料的“热历史”增长而容易出现焦烧现象，因此应尽可能缩短胶料的混炼时间。

四、开放式炼胶机

开放式炼胶机是橡胶工业中的基本设备之一，也是三大炼胶设备之一。它是橡胶工业中使用最早，结构比较简单的最基本的橡胶生产机械。随着橡胶工业的不断发展，开放式炼胶机在逐步地完善和不断地更新。在自动化流水混炼作业线中，由于挤出压片机、密炼机和连续混炼机等设备的应用和发展，开放式炼胶机的使用范围已显著缩小，但在中、小型工厂中，特别在再生胶和小批量特殊胶种以及胶料的生产中，其应用仍较为普遍。国外人士认为，密炼机并没有代替开放式炼胶机，密炼机只是制造出接近完成的胶料，而以后的加工，最好还是用开放式炼胶机去继续完成。开放式炼胶机发展的方向是提高机械化自动化水平，改善劳动条件，提高生产效率，减小机台占地面积，完善附属装置和延长使用寿命等。

1. 开放式炼胶机的用途

开放式炼胶机主要用于生胶的塑炼、破碎、洗涤、压片，胶料的混炼、压片以及胶料中的杂质清除，混炼胶的热炼、供胶，再生胶的粉碎、混炼、压片。此外，它还广泛应用于塑料加工和油漆颜料工业生产中。

2. 开放式炼胶机的类型

由于工艺用途不同，其结构也有差异，为满足工艺操作的要求，一般按其用途来分类。开放式炼胶机按用途的分类见表 4-3。

表 4-3 开放式炼胶机按用途的分类

类　型	混面形状	主要用途
混（塑）炼机	光滑	生胶塑炼、胶料混炼
压片机	光滑	压片、供胶
热炼机	光滑或沟纹	胶料预热、供胶
破胶机	沟纹	破碎天然胶块
洗胶机	沟纹	除去生胶或废胶中的杂质
粉碎机	沟纹	废胶块的破碎
精炼机	腰鼓形	除去再生胶中的硬杂质
再生胶混炼机	光滑	再生胶粉的捏炼
烟片胶压片机	沟纹	烟片胶压片
绉片胶压片机	光滑或沟纹	各种小量胶料实验
实验用炼胶机	光滑	

3. 开放式炼胶机的规格及主要特征

开放式炼胶机的规格用“辊筒工作部分直径×辊筒工作部分长度”来表示，如 $\phi550\times1500$，单位为 mm。我国部颁标准规定的表示方法是在辊筒直径数字之前冠以汉语拼音符号，以表示机台的用途。由于国产开炼机已成系列，且绝大部分前后辊筒直径相同，因此国家标准规定了长径比，一般只用辊筒直径表示。如 XK-400：X 表示橡胶，K 表示开放式炼胶机，400 表示辊筒直径；SK-400：S 表示塑料，K 表示开放式炼胶机，400 表示辊筒直径；X（S）K-400：X（S）表示橡胶塑料通用，K 表示开放式炼胶机，400 表示辊筒直径。对于一些特殊用途的专用开放式炼胶机，还要增加一个符号，如 XKP－400：其中 P 表示破胶机；XKA－400：其中 A 表示热炼机。

对开放式炼胶机来讲，技术特征包括：辊速、速比、功率、炼胶容量、辊距调整范围以及外形安装尺寸和传动方式等。国产炼胶机的规格与技术特征见表 4-4。

表 4-4 国产炼胶机的规格与技术特征

炼胶机规格/mm	速　比	前辊线速度/（m/min）	主电动机功率/kW	一次加料/kg	用　途
$\phi650\times2100$	1～1.1	32	115	150	压片
$\phi550\times1500$	1.2～1.3	28	95	45～70	塑炼、混炼、热炼

（续）

炼胶机规格/mm	速　比	前辊线速度/（m/min）	主电动机功率/kW	一次加料/kg	用　途
$\phi550\times800$	1.25～1.35	26	75	2000kg/h	破胶
$\phi450\times1200$	1.2～1.3	24	55	30～50	塑炼、混炼、热炼
$\phi400\times1000$	1.2～1.3	19	40	20～35	塑炼、混炼、热炼
$\phi350\times900$	1.2～1.3	17	28	15～25	塑炼、混炼、热炼
$\phi160\times320$	1.25～1.35	10	5.5	2	实验用
$\phi160\times320$	速比可调	可调	5.5	2	实验用

4. 开放式炼胶机的基本结构

开放式炼胶机主要由辊筒、轴承、机架、压盖、传动装置、调距装置、润滑系统、辊温调节装置和紧急制动装置等组成。开放式炼胶机虽然大小不同，但基本结构都是大同小异的，其结构如图4-20所示

老式传统开放式炼胶机

带翻胶装置开放式炼胶机

图4-20　开放式炼胶机结构示意图

5. 开放式炼胶机的工作原理

开放式炼胶机在炼胶过程中主要依靠两个相对回转的辊筒对胶料产生挤压、剪切作用，经过多次捏炼，以及捏炼过程中伴随的化学作用，将橡胶内部的大分子链打断，使胶料内部的各种成分掺和均匀，最后达到炼胶的目的。从辊筒间隙中排除的胶片，由于两个辊筒表面

速度和温度的差异而包覆在一个辊筒上，重新返回两辊间，这样多次往复，完成炼胶过程。在塑炼时促使橡胶的分子链由长变短，弹性由大变小，在混炼时促使胶料各组分表面不断更新，均匀混合。在间歇操作的开放式炼胶机上，加料后胶料反复通过辊距数次，最后切割下片。间歇炼胶过程如图 4-21 所示。

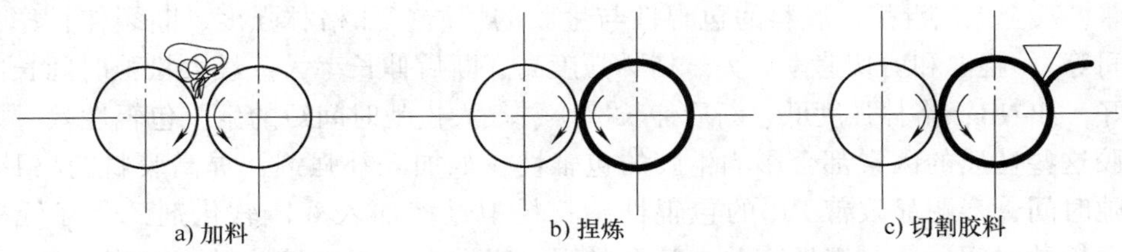

图 4-21　间歇炼胶过程

开放式炼胶机利用两个平行排列的中空辊筒，以不同的线速度相对回转，加胶包辊后，在辊距上方留有一定量的堆积胶，堆积胶拥挤、绉塞产生许多缝隙，配合剂颗粒进入到缝隙中，被橡胶包住，形成配合剂团块，随胶料一起通过辊距时，由于辊筒线速度不同产生速度梯度，形成剪切力，橡胶分子链在剪切力的作用下被拉伸，产生弹性变形，同时配合剂团块也会受到剪切力作用而破碎成小团块。胶料通过辊距后，由于流道变宽，被拉伸的橡胶分子链恢复卷曲状态，将破碎的配合剂团块包住，使配合剂团块稳定在破碎的状态，配合剂团块变小。胶料再次通过辊距时，配合剂团块进一步减小，胶料多次通过辊距后，配合剂在胶料中逐渐分散开来。采取左右割刀、薄通、打三角包等翻胶操作，配合剂在胶料中进一步分布均匀，从而制得配合剂分散均匀并达到一定分散度的混炼胶。胶料在开放式炼胶机上的包辊状态如图 4-22 所示。

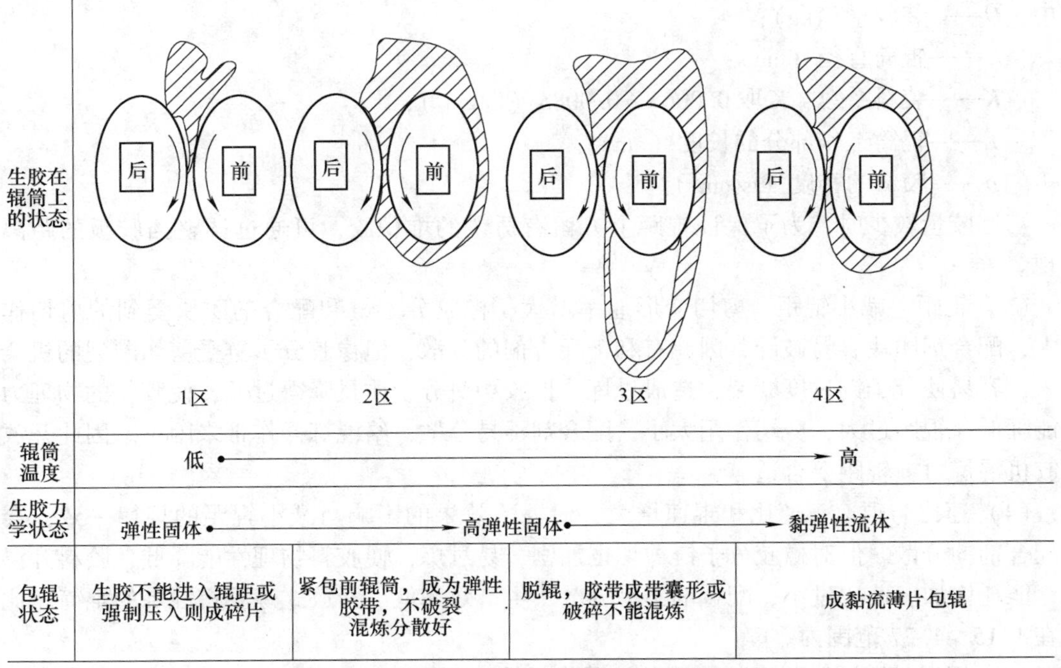

图 4-22　胶料在开放式炼胶机上的包辊状态

6. 开放式炼胶机混炼的影响因素

影响开放式炼胶机混炼效果的因素主要有胶料的包辊性、装胶容量、辊温、辊距、辊筒的速比、加料顺序、加料方式及混炼时间等。

（1）胶料的包辊性　胶料的包辊性好坏会影响混炼时吃粉快慢、配合剂分散。如果包辊性太差，甚至无法混炼。胶料的包辊性与生胶的性质（如格林强度、断裂伸长率、最大松弛时间等）、辊温和剪切速率有关。格林强度高、断后伸长率大、最大松弛时间长的生胶包辊性好，如NR；格林强度低、断后伸长率小、最大松弛时间短的生胶包辊性差，如BR。影响生胶这些性质的因素都会影响生胶的包辊性。如加入补强剂，提高胶料的格林强度，增大松弛时间，会明显改善BR的包辊性。胶料中过多加入液体软化剂，会降低格林强度，缩短松弛时间，使包辊性变差，甚至脱辊。辊温在胶料玻璃化转变温度（T_g）以下，无法包辊，在黏流温度（T_f）以上，胶料黏辊，也不能混炼，只有在T_g ~ T_f某一温度范围内，胶料才有良好的包辊性，适于混炼。如采取减小辊距、增大速比或提高辊筒转速等方法增大剪切速率，可提高胶料的断后伸长率、延长最大松弛时间，因而也能改善胶料的包辊性。

（2）装胶容量　装胶容量过大，增加了堆积胶量，使堆积胶在辊缝上方自行打转，失去了起折纹夹粉作用，会影响配合剂的吃入和分散效果，延长混炼时间，会使胶料的物理性能下降，同时会增大能耗，增加炼胶机的负荷，易使设备损坏。如果装胶量过少，堆积胶没有或太少，会使吃粉困难，生产效率太低。因此，开放式炼胶机混炼时装胶量要合适。可根据经验用下列公式计算装胶容量。

$$Q = KDL\rho \tag{4-2}$$

式中　Q——装胶量（kg）；

D——辊筒直径（cm）；

K——装料系数，K取0.0065 ~0.0085（L/cm^2）；

L——辊筒工作部分的长度（cm）；

ρ——胶料的密度（g/cm^3）。

当炼胶量较少时，为了保证辊距上方留有适量的堆积胶，可通过调整挡胶板的距离来实现。

（3）辊距　减小辊距，剪切变形速率增大，橡胶分子链和配合剂团块受到的剪切作用增大，配合剂团块容易破碎，因此有利于配合剂的分散，但橡胶分子链受剪切断裂的机会也增大，容易使分子链过度断裂，造成过炼，橡胶相对分子质量降得过低，使胶料的物理力学性能降低。辊距过大，剪切作用太小，配合剂不易分散，给混炼操作带来困难。因此开放式炼胶机混炼时，辊距要合适。

（4）速比与辊速　速比和辊速增大，对混炼效果的影响与减小辊距的规律一致，会加快配合剂的分散，但对橡胶分子链剪切也加剧，易过炼，使胶料物理性能降低，胶料升温加快，能耗增加。速比过小，配合剂不易分散，生产效率低。开放式炼胶机混炼的辊筒速比一般在1.15 ~1.27范围内。

（5）辊温　不同胶料开放式炼胶机混炼时的辊筒温度见表4-5。

表 4-5　不同胶料开放式炼胶机混炼时的辊筒温度

胶　种	辊筒温度/℃	
	前　辊	后　辊
天然橡胶	55 ~ 60	50 ~ 55
丁苯橡胶	45 ~ 50	50 ~ 55
氯丁橡胶	35 ~ 45	40 ~ 50
丁基橡胶	40 ~ 45	55 ~ 60
丁腈橡胶	≤40	≤45
顺丁橡胶	40 ~ 60	40 ~ 60
三元乙丙橡胶	60 ~ 75	85 左右
氯磺化聚乙烯橡胶	40 ~ 70	40 ~ 70
氟橡胶 23-27	77 ~ 87	77 ~ 87
丙烯酸酯橡胶	40 ~ 55	30 ~ 50

随辊筒温度升高，胶料的黏度降低，有利于胶料在固体配合剂表面的湿润，吃粉加快；但配合剂团块在柔软的胶料中受到的剪切作用会减弱，不容易破碎，不利于配合剂的分散，结合橡胶的生成量也会减少。因此开放式炼胶机混炼时辊筒温度要合适。由于温度对不同胶料包辊性的影响不同，因此不同胶料混炼时辊筒温度也应不同。

(6) 加料顺序　混炼时加料顺序不当，轻则使配合剂分散不均，重则导致焦烧、脱辊或过炼，故加料顺序是关系到混炼胶质量的重要因素之一，因此加料必须有一个合理的顺序。加料顺序的确定一般遵循用量小、作用大、难分散的配合剂先加，用量多、易分散的配合剂后加，对温度敏感的配合剂后加，硫化剂与促进剂分开加等原则。因此，开放式炼胶机混炼时，最先加入生胶、再生胶、母炼胶等包辊，如果配方中有固体软化剂如石蜡，可在胶料包辊后加入，再加入小料如活化剂（氧化锌、硬脂酸）、促进剂、防老剂、防焦剂等，再次加炭黑、填充剂，再加液体软化剂，如果炭黑和液体软化剂用量均较大时，两者可交替加入，最后加硫化剂。如果配方中有超速级促进剂，应在后期和硫化剂一起加入。配方中如有白炭黑，因其表面吸附性很强，粒子之间易形成氢键，难分散，应在小料之前加入，而且要分批加入。

(7) 加料方式　加料方式不同也会影响吃粉速度和分散效果。如果配合剂连续加在某一固定位置，其他部位胶料不吃粉，相当于减少了吃粉面积，吃粉时间延长，吃粉慢，配合剂由吃入位置分散到其他地方需要的时间延长，也不利于配合剂的分散。加料时应将配合剂沿辊筒轴线方向均匀撒在堆积胶上，使堆积胶上都覆盖有配合剂，这样会缩短吃粉时间，也有利于配合剂在胶料中的分散，缩短混炼时间。

五、橡胶造粒生产线

橡胶造粒生产线是橡胶经过密炼后的后续加工设备。密炼机的团状料经提升机（过开放式炼胶机后可接传送带），双腕喂料机，挤出机，切粒，冷却，筛分，终端料仓，流程全部自动化，流水作业。物料密炼后经过双腕喂料机强制进入单螺杆挤出机，螺杆芯部通水，螺杆全程分散，无过分摩擦热，分散效果优异，主机电流小，节能环保。橡胶造粒生产线精确的温度控制确保了低温造粒的工艺，特殊的隔离剂回收系统有效解决了生产中的粉尘问题，而且加的隔离剂不会造成太大的浪费，回收后的隔离剂能再次利用。

造粒工艺：双腕喂料机→单螺杆挤出机→液压板式换网→风冷模面热切造粒辅机→隔离剂喂料系统→一级旋风分离器→二级旋风分离器→三级旋风分离器→振动筛→风吹料仓→隔离剂回收系统。

1. 双腕喂料机

双腕喂料机包括喂料斗、喂料双腕和喂料腔体。喂料斗、喂料上座、喂料中座和喂料下座从上到下依次相连组成喂料腔体，喂料腔体内设有两个喂料腕，在电动机的驱动下能够按需求将物料喂入挤出机。双腕式喂料机采用双喂料腕进行喂料，大大提高了喂料速率和喂料质量，能够满足挤出机连续生产的需要。

2. 单螺杆造粒机

单螺杆造粒机一般包括螺杆、料斗、机筒、机头、模具等部分，主机料筒采用电加热，水冷却自动控制机筒温度。螺杆芯部可通水（油）冷却，控制螺杆温度。机头装有测试熔温熔压的压力传感器。单螺杆一般在有效长度上分为3段，按螺杆直径大小、螺距、螺深确定三段有效长度，一般按各占1/3划分。料口最后一道螺纹开始称为输送段，物料在此处不能塑化，但要预热、受压挤实；第二段称为压缩段，此时螺槽体积由大逐渐变小，并且温度要达到物料塑化程度，在此处完成塑化的物料进入第三段；第三段是计量段，此处物料保持塑化温度，以保证计量泵准确、定量输送熔体物料，以供给机头，此时温度不能低于塑化温度，一般要略高点。

3. 风冷模面热切造粒辅机

辅机的结构设计是把切粒机旋转的切刀紧贴在机头模板上，直接将刚挤出的热的圆条状物料切成粒料，然后通过风机冷却传送。热切法因料温高，切刀不易损坏，所用设备简单、操作方便，易于更换滤网（滤板上可不停机进行手动换网），但产量高时易产生粘粒现象，清理机头时间长。

4. 旋风分离器

旋风分离器采用立式圆筒结构，内部沿轴向分为集液区、旋风分离区、净化室区等。旋风分离器内装旋风子构件，按圆周方向均匀排布，通过上下管板固定。该设备采用裙座支撑，封头采用耐高压椭圆形封头。旋风分离器工作原理是靠气流切向引入造成的旋转运动，使具有较大惯性离心力的固体颗粒或液滴甩向外壁面分开。旋风分离器的基本结构如图4-23所示。

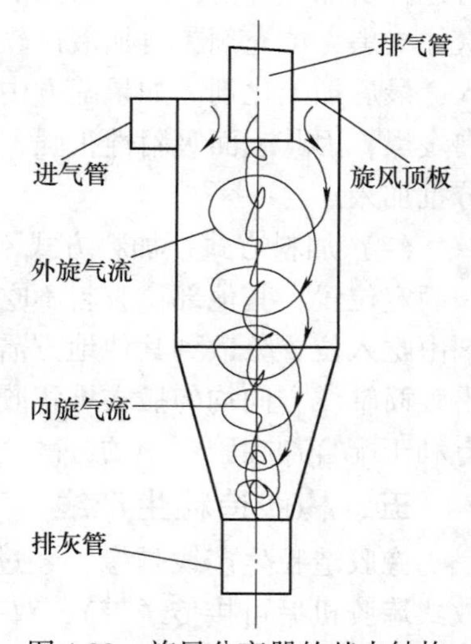

图4-23　旋风分离器的基本结构

5. 振动筛

振动筛是利用振子激振所产生的往复旋型振动而工作的。振子的上旋转重锤使筛面产生平面回旋振动，而下旋转重锤则使筛面产生锥面回转振动，其联合作用的效果则使筛面产生复旋型振动。其振动轨迹是一条复杂的空间曲线。该曲线在水平面内投影为一圆形，而在铅垂面内的投影为一椭圆形。调节上、下旋转重锤的激振力，可以改变振幅。而调节上、下重锤的空间相位角，则可以改变筛面运动轨迹的曲线形状并改变筛面上物料的运动轨迹。振动筛种类很多，主要有直线振动筛，具有结构简单、制造容易、重量轻、成本低、能耗小、安装维修方便等特点，且应用范围广泛。直线振动筛利用振动电动机产生激振力，从而使物料在筛面上被抛起的同时做直线运动，再加以合理匹配的筛网装置最后达到筛分的目的。直线振动筛的工作示意如图 4-24 所示。

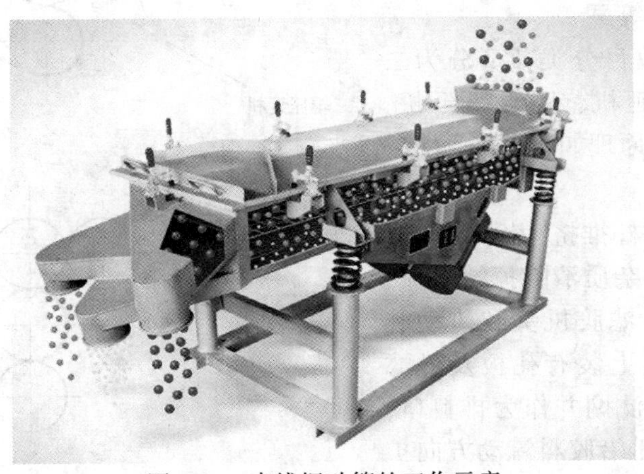

图 4-24　直线振动筛的工作示意

六、橡胶压延出片生产线

橡胶混炼后的胶料需要进行补充加工与处理，其中压延出片生产线为常用的一种后续补充加工方式。它是将混炼后的胶料压成一定厚度的胶片，以便于冷却和管理，压片既增大了散热面积，又便于堆放和使用。为了防止胶料发生焦烧和相互黏接，压片后须立即浸涂隔离剂液进行冷却与隔离（或进行冷却后再涂覆隔离剂液），并进一步吹风干燥，使胶片温度降低到常温范围。对于质量和性能要求比较严格的某些胶料，混炼后还必须进行过滤，去掉可能存在的机械杂质，使胶料得到净化。滤胶方法是利用滤胶机（一般就是螺杆挤出机，其机头装有多层金属丝滤网）依据胶料性能要求选定滤网规格进行过滤。常见压延出片流程如图 4-25 所示。

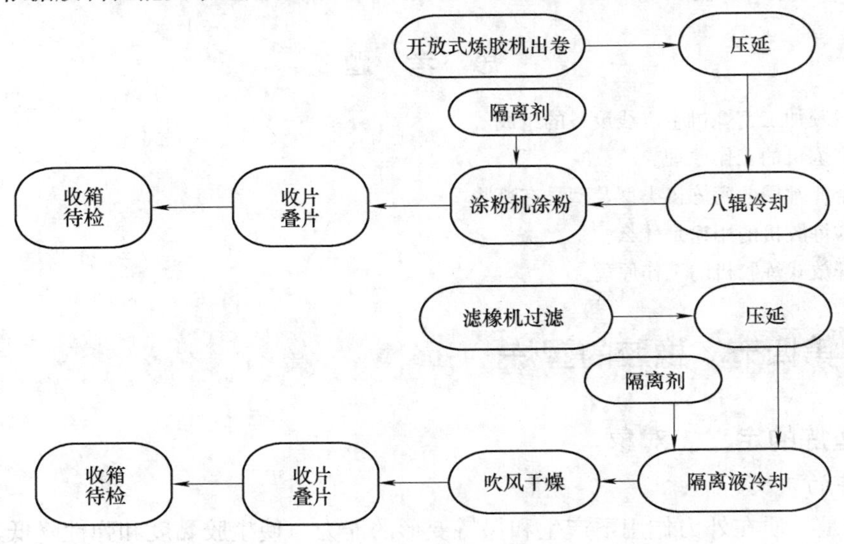

图 4-25　常见压延出片流程

1. 压延机

压延机由以下几部分组成：辊筒、机架和轴承、调距装置、辊筒挠度补偿装置，还有辅助管道装置、电动机传动机构和厚度检测装置等。

压延机按辊筒数目分类，可分为二辊压延机、三辊压延机、四辊压延机、五辊压延机，其工作原理如图 4-26 所示。

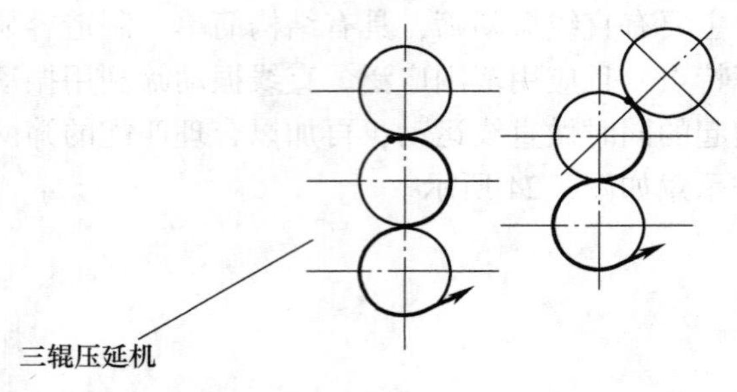

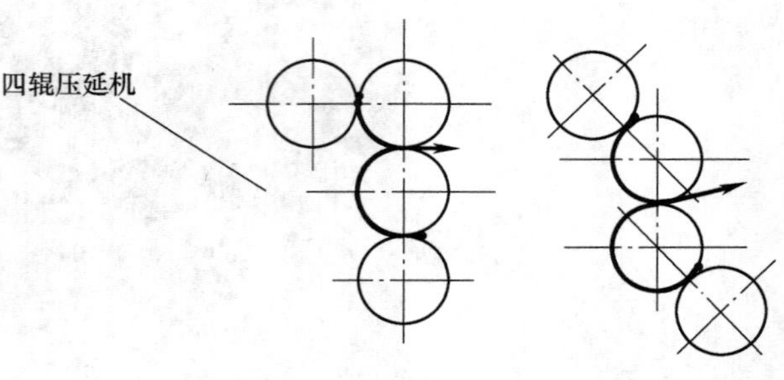

图 4-26　三辊压延机、四辊压延机的工作原理

2. 滤胶机

滤胶机是利用螺杆推挤、输送作用，把胶料或再生胶中的杂质清除掉的机械，主要由螺杆、机筒、滤胶机头和传动装置等组成。滤胶机头上装有孔板及过滤网，孔板用于支承过滤网并作为排料口，其孔径为 4 ~ 8mm，是沿胶料流动方向扩张的锥形孔。滤胶机螺杆长径比一般为 5 左右。

国产滤胶机的参数见表 4-6。

表 4-6　国产滤胶机的参数

螺杆直径/mm	螺杆转速/（r/min）	生产量/（kg/h）	主电动机功率/kW	长径比（L/D）
250	40	1600	95	4.8
200	40	800	55	4.8
150	41.5	400	40	5.2
115	20、33、46、60	160	22	6

思　考　题

1. 简述橡胶加工密炼机生产线设备的组成。
2. 简述密炼机的工作原理。
3. 电缆企业常用的密炼机类型及型号有哪些？
4. 开放式炼胶机的用途是什么？
5. 简述开放式炼胶机的工作原理。

◇◇◇ 第四节　橡胶的塑炼

一、塑炼的定义、对象

1. 塑炼的定义

可塑性是物质在外力作用下产生和保持变形的能力，使生胶黏度和弹性降低及可塑性增加的工艺过程称为塑炼。

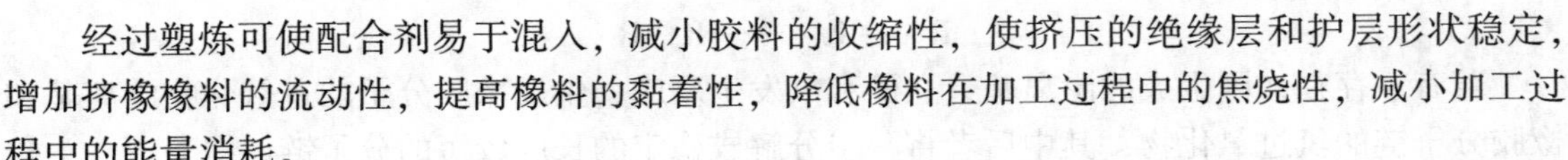

经过塑炼可使配合剂易于混入，减小胶料的收缩性，使挤压的绝缘层和护层形状稳定，增加挤橡橡料的流动性，提高橡料的黏着性，降低橡料在加工过程中的焦烧性，减小加工过程中的能量消耗。

塑炼程度以满足生产工艺要求的最小塑性为目的，过度塑炼会使橡皮的强度、弹性、耐磨性及其他物理力学性能降低，对产品质量有损无益。

2. 塑炼的对象

如果没有密炼机等炼胶设备，则以开放式炼胶机作为主要炼胶设备，混炼前所有的橡胶必须经过塑炼工序；如果以密炼机作为混炼设备，混炼前只需把天然橡胶或氯丁橡胶或丁腈橡胶塑炼即可，其余合成橡胶无须塑炼。

二、塑性表征参数

橡胶可塑度通常用威氏塑性、门尼黏度和德弗硬度来表示。

1. 威氏塑性

威氏塑性是根据试片在两平行板间受负荷作用发生的高度变化来确定的，即

$$P=\frac{h_0-h_2}{h_0+h_1} \tag{4-3}$$

式中 P——威氏塑性；

h_0——试片原始高度；

h_1——试片在70℃下，在平行板间受49N负荷挤压作用，3min后的高度；

h_2——试片去掉负荷，在室温下恢复3min后的高度。

P值范围为0～1。数值越大表示可塑性越好。连续硫化用橡料的可塑性，绝缘料为0.3～0.4，护套料为0.35～0.5。

2. 门尼黏度（旋转黏度计法）

门尼黏度是在黏度计ND-2型（常称焦烧仪）上进行测量的。取两块直径48mm、厚度6～8mm的试样，其中一块试样中间打一直径为10mm的孔。将预热好的大转子轴（直径为38mm）插入有圆孔的试样，上面盖一块无洞的试样，用聚酯薄膜上、下隔好后立即插入温度为100℃±1℃时的黏度计工作模膛，将上模膛放下，同时按动秒表。合模预热1min，立即开动机器，当转子转到4min时（预热时间不计），看黏度计的指针所指示的数值就是门尼黏度值，用ML（1+4）100℃表示，一般橡料的黏度为30～60。目前国外已不用威氏塑性而全部用门尼黏度表示，我国现已逐渐推广采用门尼黏度，标准是GB 1232—2000。

三、塑炼机理

研究表明，橡胶经塑炼增加可塑性的实质是橡胶分子链断裂。塑炼中起主要作用的是机械力和氧，二者对塑炼效果的贡献又与温度有关，因此通常将塑炼分为低温塑炼和高温塑炼。低温塑炼机械力起主要作用，氧起辅助作用；高温塑炼时，则氧起主要作用，而机械力起辅助作用。

1. 低温塑炼机理

低温下机械力首先切断橡胶大分子链，生成游离基，即

$$\text{R—R}\xrightarrow{\text{机械力}}2\text{R}\cdot$$

缺氧时，生成的游离基会重新结合起来，或与之邻近的分子链发生接枝反应，即

$$R\cdot + R\cdot \longrightarrow R—R$$

若有氧存在，则生成的游离基会立即和氧发生反应，生成橡胶分子的过氧化物游离基和橡胶分子链的氢过氧化物，其中后者将一步分解成稳定的长度较短的分子链，即

$R\cdot + O_2 \longrightarrow ROO\cdot$

$ROO\cdot + R'H \longrightarrow ROOH + R'$

ROOH ⟶分解成分子链较短的稳定结构

可见，在这一反应中，机械力，主要是剪切力造成橡胶分子链游离基，氧是活性游离基的受容体，起阻聚作用。

2. 高温塑炼机理

高温下，氧和橡胶分子直接进行反应，使其降解。这种热氧化裂解过程属于自动催化氧化连锁反应过程。

（1）链引发　氧夺取橡胶分子上的氢原子生成游离基，即

$$RH + O_2 \longrightarrow R\cdot + HOO\cdot$$

（2）链增长　这些活性游离基引发橡胶分子进行一系列化学反应，生成橡胶分子的氢过氧化物，即

$R\cdot + O_2 \longrightarrow ROO\cdot$

$ROO\cdot + R'H \longrightarrow ROOH + R'$

$HOO\cdot + R''H \longrightarrow HOOH + R''\cdot$

……

（3）链终止　橡胶分子的氢过氧化物 ROOH 很不稳定，生成后立即分解成分子链长度较短的稳定结构。可见，高温塑炼主要是氧的引发作用引起的橡胶分子的自动催化氧化连锁反应过程造成的大分子链的降解。

四、塑炼影响因素分析

1. 机械力

在塑炼加工中，橡胶受机械的剧烈摩擦、挤压剪切作用。橡胶大分子链由于卷曲、缠结使其相互间有很大的作用力，致使在外力作用下产生局部应力集中，其应力值大于单个化学键的强度时，即发生断链，产生活性游离基，活性游离基为氧或塑解剂所稳定，即产生了塑炼效果，这一作用随温度降低而加强。在高温塑炼中，机械力的作用不在于产生游离基，而在于不断地提供新的橡胶面与氧接触，加速了氧化裂解过程。

机械力作用于橡胶分子的规律：橡胶分子链沿外力作用方向伸展，其中央部分受力最大，伸展也最大，同时链的两端却仍保持着一定的卷曲状态。当剪切应力达到一定值时，大分子中央部分便首先断裂。剪切应力与相对分子质量的平方成正比，故相对分子质量越大，分子链中央部位受到的剪切应力也越大，断链的机会越多。根据这一分析，在塑炼中，生胶中的最大分子量级组分将最先断链而消失，低相对分子质量级组分则不变，中等相对分子质量级组分将增加，即相对分子质量分布较初始分布变窄。

机械断链作用在塑炼初期最为激烈，相对分子质量下降得最快，以后趋于平衡，进而达到极限，此时的相对分子质量称极限相对分子质量。经低温塑炼后，天然橡胶相对分子质量可降到 7 万 ~10 万，相对分子质量小于此值就不再受机械力破坏。

2. 氧

为观察氧在塑炼中的作用，在相同的温度下，将生胶置于不同介质中塑炼。结果表明，生胶在惰性气体氮中长时间塑炼，黏度几乎不变；在氧气中塑炼，黏度会迅速下降，如机理分析所表明的那样，将机械断链的结果保持下来。在高温塑炼中，氧和橡胶分子发生氧化裂解反应，使橡胶分子链降解。所以，不管是低温塑炼还是高温塑炼，没有氧的参与都是不行的。

3. 温度

温度对塑炼的影响，在不同的温度范围内是不同的。以天然橡胶为例，温度对塑炼的影响如图 4-27 所示。在低温范围内（$t<110$℃），随着温度的提高，塑炼效果逐渐下降。与此相反，在高温范围内（$t>110$℃），随着温度的升高，塑炼效果显著增强。故温度对塑炼效果的影响曲线呈 U 形。产生这种结果的原因是，低温塑炼时，橡胶分子链的降解主要是由于机械力，具体说是由于作用于橡胶分子链的剪切应力。而剪切应力与被塑炼材料的黏度有关。黏度大，剪切应力大，分子链断裂的概率也大；黏度小，剪切应力小，分子链断裂的概率就小。所以在低温温度范围内，当温度升高时，由于橡胶黏度降低，而使塑炼效果降低，即出现了图 4-27 中曲线 A 的情况。在高温温度范围内，氧化裂解是橡胶分子链降解的主要原因，氧化裂解随温度升高而增大，即出现了图 4-27 中曲线 B 的情况。

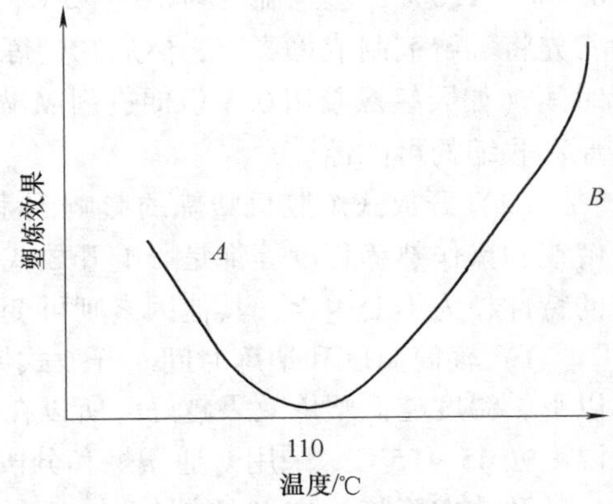

图 4-27　天然橡胶塑炼效果与塑炼温度

除上述因素外，塑炼过程中产生的静电和塑炼中加入塑解剂，也都对塑炼的过程有影响。

五、塑炼工艺

1. 开放式炼胶机塑炼

（1）开放式炼胶机的塑炼方法　开放式炼胶机常用的塑炼方法有薄通塑炼、一次塑炼和分段塑炼等。

1）薄通塑炼。薄通塑炼的主要特点是辊距很小（$e=0.5\sim1.0$mm），胶料通过辊缝后不包辊而直接落在接料盘上，然后把胶料扭转 90°再加入，这样反复经过辊缝数次，直到获得所需可塑性为止，薄通次数的多少依胶料的可塑度要求而定。可塑性要求越大，需要薄通的次数则越多。

薄通塑炼法的塑炼效果好，获得的胶料可塑度比较均匀，同时对机械塑炼效果差的一些合成橡胶（如丁腈橡胶）都适用，因而在实际生产中应用广泛。其缺点是生产效率低。

2）包辊塑炼。将橡胶在较大辊距（5～10mm）下，包辊后连续过辊进行塑炼，直到达到要求的可塑度为止，在塑炼过程中需多次割刀以利于散热及获得均匀的可塑性。此法适用于并用胶的掺和及易包辊的合成橡胶。该法塑炼操作方便，劳动强度低，但塑炼效果不够理想，可塑性增加幅度小，可塑性不够均匀。

3）分段塑炼。当胶料可塑度要求较高，用一次塑炼的方法达不到目的时，可以采用分段塑炼法，先将橡胶在炼胶机上塑炼一定时间（约 15min），然后下片，并停放 4～8h，再进行第二次塑炼。这样反复塑炼数次，直到达到可塑度要求为止。实际生产中多采用两段塑炼法。

分段塑炼法的生产效率相对较高，胶料能获得较好的塑性，但占用厂房面积较大，管理麻烦，不适合连续化生产。

4）化学塑解剂塑炼。这种塑炼方法是在薄通塑炼和包辊塑炼法的基础上，添加化学塑解剂进行塑炼的方法。塑解剂的用量需根据配方中促进剂的用量确定，一般为橡胶量的 0.5%～1.0%，塑炼温度为 70～75℃。为了避免塑解剂的飞扬损失和提高其分散效果，通常先将塑解剂制成母炼胶，然后在塑炼开始时加入。该塑炼方法能提高塑炼效率、缩短塑炼时间（如天然橡胶用 0.5 份促进剂 M 做塑解剂，塑炼时间可缩短一半），降低塑炼胶弹性复原和收缩的可能性。

（2）开放式炼胶机塑炼的影响因素　辊筒温度、辊距、时间、速比、辊速、容量、塑解剂和操作熟练程度等都是影响开放式炼胶机塑炼的主要因素，其中辊速和速比取决于设备的特性，为不变因素，其他因素则可变。

1）辊筒温度和塑炼时间。开放式炼胶机塑炼属于低温机械塑炼，塑炼温度一般在 55℃以下，温度越低塑炼效果越好，所以在塑炼过程中必须尽可能加大冷却水供应，以控制辊筒温度在 45～55℃。采用薄通塑炼和分段塑炼的目的就是为了降低胶料的温度。

开放式炼胶机在开始塑炼的 10～15min 内，胶料的可塑度急速增大，随后趋于平稳（图 4-28），这是由于随着塑炼时间的延长，胶料温度升高使机械塑炼效果下降所致。所以，要获得较好的塑炼效果，必须采用分段塑炼法，即每段时间不大于 20min，然后下片冷却，停放 4～8h，再进行下一段塑炼。

2）辊距和速比。当辊距的速比一定时，辊距越小，胶料在辊筒之间受到的摩擦剪切作用越大，同时由于胶片较薄、易于冷却，又进一步加强了机械塑炼作用，因而塑炼效果就越好。薄通塑炼就是这个原理。

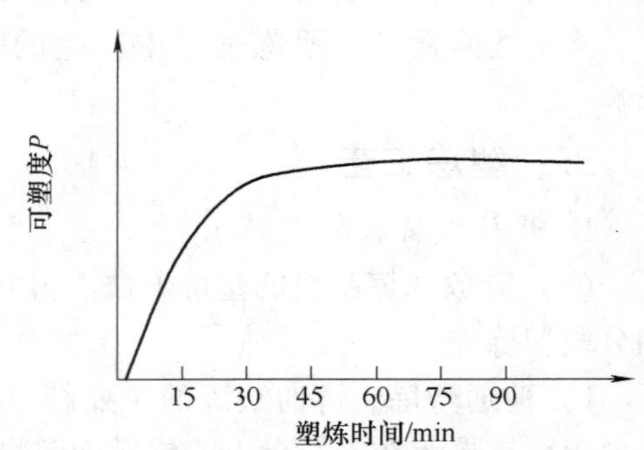

图 4-28　天然橡胶可塑度与塑炼时间的关系

辊筒之间的速比越大，胶料通过辊缝时所受到的剪切作用也越大，塑炼效果也就越好。反之则相反。但速比太大时，由于过分激烈的摩擦作用，会导致胶温上升很快，反而降低了塑炼效果，而且此时电极负荷大，安全性差。用于塑炼的开放式炼胶机辊筒速比一般为（1∶1.25）～（1∶1.27）。

3）辊速。塑炼时辊筒转速快，则塑炼效果好。因为辊筒的线速度快，单位时间内橡胶通过辊缝的次数多，所受到的机械力的作用大。但辊速过快、摩擦力增大、升温快，反而影响塑炼效果，同时操作也不安全。辊筒转速一般为 13～18r/min。

4）装胶容量。开放式炼胶机装胶量大小依机器规格及胶种而定，一般凭经验公式来确定。为提高产量，可适当增加装胶量。但装胶量过大会使辊上的积胶过多而难以进入辊缝，胶料中的热量也难以散发，从而降低机械塑炼效果，并且劳动强度增大，合成橡胶产生热量

多，应适当减少装胶量。

5）化学塑解剂。使用化学塑解剂塑炼，能提高塑炼效果、缩短塑炼时间、减少弹性复原现象，但塑炼温度应适当提高，炼胶温度以70~75℃为宜。

2. 密炼机塑炼

(1) 密炼机塑炼和开放式炼胶机相比较的特点

1）它属于高温塑炼，主要是借助于高温下强烈的氧化断链来提高橡胶的可塑度。通常温度高于120℃，个别情况达160~180℃。

2）密炼机塑炼的机械作用强烈，生产周期短，生产效率高。

3）易于组织自动化、连续化生产。

4）工作环境卫生条件好，劳动强度低。

(2) 塑炼方法　采用密炼机塑炼方法有一段塑炼法、分段塑炼法和添加化学塑解剂法三种。

1）一段塑炼法。将橡胶一次性投入密炼机中，在一定温度（140~160℃）与一定压力（0.5~0.6MPa）条件下连续塑炼至所需的可塑度。在塑炼过程中，要不断地对密炼室壁、转子筒和上下顶栓通入冷却水进行冷却，以控制塑炼温度。此法与分段塑炼法相比较，塑炼周期短、操作较简单，但塑炼胶的可塑度较低。

2）分段塑炼法。分段塑炼法通常分两段进行：先将橡胶投入密炼机中塑炼一定时间（20r/min密炼机塑炼时间为10~15min）；然后排胶压片、下片、冷却和停放4~8h，再进行第二段塑炼（10~15min），以满足可塑性要求。二段塑炼胶可塑度可达0.35~0.5。生产中常将第二段塑炼与混炼工艺一并进行，以减少塑炼胶的储备量，节省占地面积。

3）化学塑解剂塑炼法。该法是将橡胶和化学塑解剂（用量为橡胶量的0.3~0.5%，并做成母炼胶的形式）一并投入密炼室。其塑炼方法与一般塑炼相同。使用化学塑解剂对密炼机高温塑炼更为有效，还可以降低塑炼胶温度。例如使用促进剂M进行塑炼时，排胶温度可以从纯胶塑炼的170℃左右降到140℃左右，而且塑炼时间可以比纯胶塑炼缩短30%。

(3) 影响密炼机塑炼的因素　密炼机塑炼属于高温塑炼，温度一般在120℃以上。橡胶在密炼室中受到高温和强烈的机械作用，产生剧烈氧化，短时间内即可完成塑炼。因此，密炼机塑炼效果取决于炼胶温度、塑炼时间、转子速度、化学塑解剂、装胶容量和压铊压力等因素。

1）温度。由于在密炼机塑炼过程中产生大量的热不能及时散发，因此塑炼温度急速上升，而且总是保持在较高温度范围，所以属于高温塑炼。其塑炼效果随温度的升高而加大，但温度过高会导致胶料物理力学性能下降。所以天然橡胶塑炼排胶温度应控制在140~160℃范围内；丁苯橡胶应控制在140℃以下。

2）时间。与开放式炼胶机不同，其橡胶的可塑度随塑炼时间的增加而不断增大。在塑炼初期，可塑度随时间的延长而呈直线上升。但经过一定时间后，可塑度的增加速度减缓，这是因为随着塑炼时间的延长，密炼机内氧气减少，密炼室内充满了水蒸气和低分子挥发气体，阻碍了氧与橡胶分子的接触，从而使橡胶氧化裂解速度减缓。

3）化学塑解剂。在密炼机内使用化学塑解剂比在开放式炼胶机上使用效果更为显著，因为高温对化学塑解剂的效能具有促进作用。在不影响硫化速度和物理性能的前提下，使用少量塑解剂（为橡胶量的0.3%~0.5%）可以缩短塑炼时间30%~50%，取得较好的经济效果，但胶料质量因反应激烈而较难控制。

4）转子转速。在一定范围内，塑炼胶可塑度随转子转速增大而增大。但在实际生产中，转子转速是不变的，故不可调控。

5）装胶容量。装胶容量过大或过小都会影响塑炼效果。合理的装胶容量应通过实验来确定。通常装胶容量为密炼室容量的55%～75%。有时为降低排胶温度，要适当减少装胶容量。

6）压铊压力。压铊压力的大小对塑炼效果影响很大，适当增加压力是缩短塑炼时间的有效方法。压力不足不能压紧胶料，从而减小转子对胶料的剪切作用；压力太大则设备负荷增大。通常压铊压力应控制在0.6MPa左右。

3. 螺杆塑炼机塑炼

螺杆塑炼机是在高温下进行连续塑炼的设备。在塑炼过程中，生胶一方面受到强烈的搅拌作用，另一方面受螺杆与机筒内壁摩擦产生的热量作用，氧化裂解十分强烈。

用螺杆塑炼机塑炼，机筒温度以95～110℃为宜，机头温度以80～90℃为宜。因为机筒温度高于110℃，生胶的可塑性不会有大的变化，如机筒温度超过120℃，则会因排胶温度太高而使胶片发黏，补充加工困难。机筒温度低于90℃时，设备负荷增大，塑炼不均匀。

螺杆塑炼机塑炼的优点是生产效率高，并能连续生产，但在操作中产生热量大，对生胶物理力学性能破坏性较大是其缺点。温度对其生产过程影响最大，如能对温度加以合理控制，则可使这种破坏限制在最低水平上。

4. 各种橡胶的塑炼方法

（1）天然橡胶　天然橡胶具有较好的工艺性能，无论采用机械方法还是高温氧化塑炼方法，均有显著效果。国产天然橡胶由于本身塑性较大，采用一次塑炼；进口天然橡胶由于橡胶分子间作用力大，常用两段塑炼法。

（2）合成橡胶　合成橡胶具有与天然橡胶不同的塑炼特性，塑炼效果差。高温塑炼时容易产生凝胶，贮存过程中会发生门尼黏度显著增加和自然硬化等现象，聚合过程中略加些防老剂，可以提高合成橡胶的稳定性，也会抑制塑解剂的增塑作用，影响塑炼效果的提高。合成橡胶塑性复原性比天然橡胶大，因此塑炼后的胶料最好不要停放，即行混炼，可获得较好效果。

1）氯丁橡胶。通用型和54-1型氯丁橡胶的门尼黏度都比较低，一般不需要单独进行塑炼。但是在贮存期内可塑度会逐渐降低，尤其是通用型氯丁橡胶，超过半年后可塑度有时由0.6降至0.3以下。因此，氯丁橡胶仍需塑炼，以获得所要求的可塑度。

氯丁橡胶低温放置容易结晶变硬，加工前应预先烘胶，解除结晶，以免损坏设备或弹出伤人。

氯丁橡胶是一种极性的、易结晶的橡胶，对温度的变化很敏感。随着温度增高，氯丁橡胶在辊筒上的状态会发生明显变化。在适当温度下，氯丁橡胶呈弹性状态，不黏辊，易下片，一般操作都在此状态下进行。温度升高时，胶料呈松散颗粒状态，严重黏辊，无法操作。温度继续升高，胶料成为没有韧性的塑性状态，也不便下片。

研究表明，通用型氯丁橡胶于60℃辊温下表面产生裂口，且开始黏辊；70℃时黏辊严重，表面破裂；90℃时黏辊减轻，成为没有韧性的塑性态。54-1型氯丁橡胶在80℃时才开始黏辊，因而54-1型氯丁橡胶弹性态的温度范围较宽，有利于操作，因此其工艺性能优于通用型氯丁橡胶。实践表明，辊温达 50～60℃时，通用型氯丁橡胶即已黏辊，不便操作，而 54-1 型氯丁橡胶在辊温达 60～70℃时仍然操作方便，不致黏辊。因此，用开放式炼胶机塑炼通用型氯丁橡胶时，辊温不应超过 50℃；塑炼 54-1 型氯丁橡胶时，辊温不应超过 70℃。但这并不是最适宜温度。

采用薄通塑炼对氯丁橡胶来说效果显著。在低温下薄通，氯丁橡胶分子容易断裂，塑炼效果显著；温度升高，塑炼效果明显下降，而且还会发生黏辊和焦烧现象。因此，通用型氯丁橡胶的塑炼温度一般以 40℃以下为好；54－1 型氯丁橡胶的塑炼温度以 40～50℃为宜。

氯丁橡胶用开放式炼胶机塑炼一般先在辊温 30～35℃下、以 5～6mm 的辊距通过 3～4 次，使胶料受热压软，再以 3～4mm 的辊距通过 3～4 次，此后以小辊距薄通 10～15min，最后以 5～6mm 的辊距下片。

氯丁橡胶也可以用密炼机塑炼，关键是要严格控制温度。需用冷水冷却转子和室壁夹套，使排胶温度不超过 85℃。

2）丁苯橡胶和乙丙橡胶的塑炼。塑炼效果差，一般由合成厂家控制门尼黏度，乙丙橡胶在 40～50、丁苯橡胶在 50～60，可直接使用。

3）并用橡胶的塑炼。分别塑炼、再混合均匀，也可先塑炼塑性较小的橡胶，然后加入容易塑炼的橡胶一起塑炼。例如天然橡胶与丁苯橡胶并用，先将门尼黏度在 90 以上的天然橡胶进行塑炼，使天然橡胶黏度降低到接近丁苯橡胶的门尼黏度（50～60），再将两者合并。

4）丁腈橡胶的塑炼。硬丁腈橡胶的门尼黏度为 90～120，可塑度低，工艺性差，必须进行充分塑炼，才能进一步加工。丁腈橡胶由于韧性大，塑炼生热多，收缩剧烈，塑炼特别困难。

为了获得较好的塑炼效果，应采用低温薄通方法进行塑炼，并尽可能降低塑炼温度，最好在 30～40℃，减小辊距和容量，容量为天然橡胶的 1/3～1/2，利用分段塑炼及其他方法加强冷却，对提高塑炼效果都是行之有效的措施。

粉状配合剂能促进丁腈橡胶的塑炼，且粒子越粗作用越大，因此，对一般要求的胶料，在塑炼几次后，胶片表面尚不平滑时，即可加入粉料，以使胶料可塑度有所提高。

思　考　题

1. 表征生胶的塑性参数有哪些？如何测试？指标如何要求？
2. 什么情况下生胶需要塑炼？
3. 简述橡胶塑炼的机理及影响因素。
4. 分析开放式炼胶机塑炼橡胶的方法及工艺影响因素。
5. 分析密炼机塑炼橡胶的方法及工艺影响因素。

◇◇◇ 第五节　橡胶的混炼

一、橡胶混炼的概念

橡胶混炼是一个极为复杂的综合加工工艺过程。它同化学工程中的粉体、液体、气体的混合搅拌完全不同，是固体块状（或粉末）橡胶与粉体填料、液态黏稠材料及多种配合剂

等的多相性的配合、混合、捏合与分散的过程，通过混炼设备的挤压、剪切、搅拌和渗透作用，以期达到较均匀的分散。

二、混炼过程分析

1. 温度和胶料黏度对混炼的影响

配合剂与生胶的混炼过程是配合剂在生胶中的分散过程。由于生胶的黏度很高，为使配合剂掺入生胶中，均匀混合和分散，就必须借助于炼胶机强烈的机械作用。

在粉状配合剂与橡胶的混胶过程中，配合剂的每一颗粒的表面必须完全被橡胶包围和湿润。因此，橡胶具有流动能力，对混炼过程显然是重要的，橡胶黏度小，流动性好，混合容易。但从另一方面看，粉状配合剂都呈聚集体存在，例如炭黑经造粒成一个大聚集体，其中由若干小粒子组成。实践经验指出，为制造质量优良的胶料，应控制配合剂的粒径在 5 ~ 6μm 以下。为达到细分散的目标，混炼就必须使大聚集体颗粒粉碎和进一步分散，因此就要求胶料具有较大的黏度，以便在混炼中产生较大的剪切应力，扯开内聚力较大的聚集体粒子，使之细分散。混炼中胶料的黏度与胶料的初始黏度和温度有关。为满足混炼过程对胶料黏度的不同要求，正确选择胶料初始黏度和混炼温度是十分重要的。

2. 粉料的分散过程

在混炼中粉料的分散过程可分为 3 个阶段，现以炭黑为例进行说明。

第一阶段是炭黑颗粒被生胶湿润过程。在此过程中，橡胶分子逐渐进入炭黑聚集体的空隙中，形成了包容橡胶，它分散于不含炭黑的橡胶中，随湿润的进行，配合剂的表观密度不断增大，单位重量的体积不断减小。当其比体积下降到某一值不再变化时，湿润完成。

第二阶段，炭黑浓度很高的包容橡胶在很大的剪切应力作用下被搓碎分开，逐渐变小并均匀分散到橡胶中。在炭黑颗粒聚集体被分散以前，对于流动橡胶来说，颗粒间的包容橡胶分子也起到炭黑的作用。因此，炭黑的有效体积增大，胶料的黏度增加。炭黑颗粒聚集体在逐渐被搓开而分散的过程中，炭黑的有效体积逐渐减少，所以胶料的弹性回复数值逐渐增大，到弹性回复值不再增加时即为这一分散过程的终结。

第三阶段是橡胶物理、化学降解过程。这对天然橡胶尤为显著。此时橡胶分子链受剪切作用而断裂，相对分子质量和黏度都下降。

从分散的理想情况讲，混炼的终点应当是配合剂的每一个细粒子在橡胶中同其他粒子完全分离，无序分散，并为橡胶所湿润，但这种理想状态实际上是不可能达到的。随着混炼时间的延续，配合剂粒子进一步分散所改善的性能会被橡胶降解所引起的相反效果所抵消。两种作用彼此相等时，即为获得最佳物理力学性能的混炼时间。超过平衡点继续混炼不仅会增加能量消耗，而且会给胶料质量带来不利的影响。

3. 表面活性剂的作用

为使粒状配合剂均匀稳定地分散于生胶介质中，配合剂粒子与橡胶接触的表面应具有较高的活性，使之易于相互作用。各种配合剂由于其表面性质不同，对橡胶的活性也各不一样，一类是亲水性，如碳酸钙、陶土、氧化锌、锌钡白等；另一类是疏水性，如炭黑等。前者特性与生胶相近，易被橡胶湿润。为获得良好的混炼效果，对亲水性配合剂须加以化学改性，提高它们与橡胶作用的活性。使配合剂具有活性的物质称为活性剂，它们大多为有机化合物，具有不对称的分子结构，其中常含有-OH、$-NH_2$、-COOH、$-NO_2$、-NO 或-SH 等极性

基团，具有未饱和剩余化合价，有亲水性，能产生很强的化合作用，另外它们分子结构中还有非极性长链或苯环式烃基，具有疏水性。因而由表面活性剂处理过的配合剂具有疏水性，其性质与橡胶相近，故能为橡胶湿润。活性剂在橡胶与配合剂的结合中起媒介作用。

4. 结合胶

在混炼中，橡胶分子链结合于活性填充剂粒子表面上成为不溶于橡胶溶剂的结合胶。如橡胶同炭黑形成的网状结构就是炭黑结合胶，结合胶将影响混炼过程，并赋予硫化胶以强度。

炭黑与橡胶的结合反应可分为物理吸附和化学吸附两种。物理吸附是分子间的范德华力作用的结果。范德华力虽然很弱，便因炭黑的比表面积大，其影响也不小。化学吸附是吸附于炭黑表面上的橡胶分子链与炭黑游离基结合成化学键。它们或者是橡胶分子链断链生成的游离基与炭黑粒子表面的活性部位结合，或者是混炼时炭黑聚集体破裂生成活性很高的新鲜表面直接与橡胶分子反应而结合的，还有的是橡胶分子缠结在已与炭黑粒子结合的橡胶分子链，或与其发生交联。

结合胶的数量与填充剂的表面积成比例，补强性高的细粒填充剂混炼后，即生成了较多结合胶，而粗粒填充剂几乎不会生成结合胶。含量为50份的中超耐磨炉黑的丁苯橡胶或天然胶料，混炼完毕即约有35%的结合胶。结合胶的多少还与填充剂粒子的表面活性成正比，活性大的填充剂结合胶多。影响结合胶数量的还有胶种、填充剂数量、混炼工艺条件及停放时间等。

在混炼过程中结合胶生成量开始时增加，当橡胶分子断链占优势时结合胶生成量下降。

三、橡胶混炼工艺

当前胶料的混炼方法有连续混炼和非连续混炼两种。用开放式炼胶机和密闭式炼胶机混炼是非连续的混炼；用螺杆混炼机混炼是连续混炼。以密炼机为主体组成的混炼系统，其结构和性能日益完善，自动化系统的应用，实现了自动化和半自动化生产，生产速度和产品质量不断提高，能耗不断下降，业已成为胶料加工的最主要形式。

1. 开放式炼胶机混炼

开放式炼胶机混炼是橡胶工业中最古老的混炼方法，长期以来它的基本结构和操作原理没有多大变化。与密炼机相比，开放式炼胶机混炼有生产效率低、劳动强度大、不安全、胶料质量不高、污染环境等缺点，因此在橡胶工艺中已退居次要地位。但开放式炼胶机混炼灵活性大，较适用于批量小和品种多的胶料加工，故在中小型电缆厂中仍占有重要的地位。

（1）混炼方法　在开放式炼胶机上混炼时，胶料在辊筒间的流动为层流。层流就是每层胶料的粒子的流动层次分明，没有互相交流的现象。层流不利于配合剂均匀地分散，所以工艺上要采用切割、打三角包、横包翻转等方法改变胶料流动方向，以达到配合剂均匀分散的目的。薄通则可达到断链、增加可塑度的目的。

在混炼前应先核对各种配合剂的品种，检查设备各部件是否完好，辊筒上是否有异物，观察空载运行和安全制动是否正常，调整辊筒温度及辊距。

1）将橡胶（或塑炼胶）沿主动齿轮（大齿轮）一侧投入开放式炼胶机，辊距为3～4mm，轧制3～4min。当形成光滑的包辊胶后，将胶卸下。

2）放宽辊距至8～10mm，把胶再次投入辊缝中压炼1min。按下列顺序加入配合剂，即固体软化剂→小料（促进剂、活化剂、防老剂）→大料（补强剂、填充剂）→液体软化剂。一般是将小料全部吃完后再将大料与液体软化剂分批加入，等全部吃净后进一步混炼4～5min。在加配合剂过程中，可开小刀口促进吃料，不应开大刀口翻炼，以免脱辊或粉料大量散落。

3）加入硫化剂和高速促进剂，待全部混入后补充翻炼1～2min，将橡料卸下。

4）调整辊距至1～2mm，再次投入橡料，薄通打三角包3～4次，将橡料卸下。

5）将辊距调至8mm左右，将橡料投入进入下片。

涂上隔离剂进行冷却。待胶片充分冷却后，方可叠层堆放。整个混炼过程控制在20～30min。

开放式炼胶机的混炼方法有一段混炼法和分段混炼法。对于含胶量高（或天然橡胶与少量合成橡胶并用的）并且炭黑用量少的胶料，可采用一段混炼法；对于天然橡胶并用较多合成橡胶，且炭黑用量较多的胶料，可采用二段混炼法，以使橡胶与配合剂均匀地混合。

（2）影响混炼的主要因素　开放式炼胶机混炼胶料依胶料种类、用途和性能要求的不同，应采用不同的工艺条件。对一个完整的混炼过程，须注意掌握的工艺条件和必须了解的影响因素有以下几点。

1）辊筒的转速和速比。辊筒的转速越快，配合剂在胶料中分散的速度也越快，混炼时间越短，生产效率越高。反之，则相反。但若转速过高，则操作不安全。一般说来，规格较小的炼胶机，辊筒转速较慢。

两辊筒的速比产生剪切作用，促使配合剂在胶料中分散。无速比则无混炼作用，速比越小，混炼作用越低；速比越大，混炼作用越明显，但高速下摩擦生热多，胶料升温快，容易引起焦烧，用于混炼的开放式炼胶机速比一般为（1∶1.1）～（1∶1.2）。

2）辊距。在胶料量比较适中的情况下，辊距一般为4～8mm。在辊速和速比一定的条件下，辊距越小，辊筒之间的速度梯度越大，对于胶料产生的剪切作用越大，混炼速度越大。但辊距不能过小，否则会使辊筒上面的堆积胶过多，胶料不能及时进入辊缝，反而会降低混炼效果。为使堆积胶量保持适当，在配合剂不断加入、胶料体积不断增加的情况下，辊距应不断放大。

3）温度。温度低时，橡料受剪切作用大，有利于配合剂分散。辊温一般控制在50～60℃，为了便于橡料包前辊，应使前后辊保持一定的温差。如天然橡胶包热辊，前辊温度应高于后辊。多数合成橡胶包冷辊，前辊温度应稍低于后辊温度。由于大部分合成橡胶生热量大，或对温度敏感性大，因此辊筒温度应低于天然橡胶5～10℃。各种橡胶混炼时开放式炼胶机的适宜辊筒温度参阅表4-7。

表4-7　各种橡胶混炼时开放式炼胶机的适宜辊筒温度

胶　种	辊筒温度/℃		胶　种	辊筒温度/℃	
	前	后		前	后
天然橡胶	55～60	50～55	顺丁橡胶	40～50	40～50
丁苯橡胶	45～50	50～60	三元乙丙橡胶	60～70	85左右
丁腈橡胶	35～45	40～50	氯醚橡胶	70～75	85～90
氯丁橡胶	≤40	≤45	氯磺化聚乙烯橡胶	40～70	40～70
丁基橡胶	40～45	55～60	聚氨酯橡胶	50～60	55～60

4）混炼时间。混炼时间是根据炼胶机转速、速比、混炼容量及操作熟练程度再通过试验而确定的。在保证质量的前提下，要求混炼时间越短越好。混炼时间一般为 25min 左右，合成橡胶要比天然橡胶长 1/3 左右。混炼时间过短，混炼不易均匀；混炼时间过长，不但效率低而且橡料容易“过炼”，导致橡料物理力学性能下降，使产品不耐老化，使用寿命缩短。

5）加料顺序。加料顺序是影响混炼过程的重要因素之一。加料顺序不当，轻则影响配合剂分散的均匀性，重则导致橡料焦烧、脱辊或过炼等现象。加料顺序的先后取决于配合剂在橡料中所起的作用以及它们的混炼特性和用量多少。一般说来，配合剂量较少而且难以分散的先加，用量多的、容易分散的后加；硫黄和促进剂分开加，硫黄最后加。固体软化剂（如古马隆树脂）较难分散，所以先加；液体软化剂一般待粉料配合剂吃尽以后再加，应逐步加入，以免粉料结团和橡料柔软打滑使混炼不均匀。生产中加料顺序可根据具体情况予以改动。

开放式炼胶机混合天然橡胶及氯丁橡胶的参考工艺见表 4-8。

表 4-8　开放式炼胶机混合天然橡胶及氯丁橡胶的参考工艺

工艺条件 ϕ560mm×1530mm 开放式炼胶机		天然橡胶				氯丁橡胶	
		挤橡用绝缘层		挤橡用护套		挤橡用护套	
		时间/min	辊距/mm	时间/min	辊距/mm	时间/min	辊距/mm
加工顺序	1. 橡胶塑炼薄通 8～10 次	8～10	1～1.5	10～12	1～1.5	—	—
	2. 橡胶滚压或与丁苯橡胶并用	3～4	5～7	2～3	6～8	4～5	6～8
	3. 加小药	1～2	5～7	1～2	6～8	1～2	6～8
	4. 加填料补强剂	12～14	5～7	10～12	6～8	10～12	6～8
	5. 薄通三次	3～4	2～3	3～4	2～3	2～3	4～5
	6. 三角包三次、横卷二次	1～2	6～7	1～2	6～8	1～2	6～8
	7. 下片	1～2	6～7	1～2	6～8	1～2	6～8
总混合时间/min		30～35		30～35		20～30	
质量/kg		60		60		60	
辊筒温度/℃	前辊	55～65		55～65		40～50	
	后辊	50～60		50～60		45～55	
塑性范围		0.30～0.40		0.30～0.40		0.30～0.40	

混合胶塑性范围根据电缆挤包工艺而定，一般挤橡塑性高于纵包塑性，而连续硫化塑性高于挤橡塑性。

开放式炼胶机混合胶时可能出现黏辊（主要是混氯丁橡胶黏后辊）和掉辊现象，出现黏辊和掉辊会给操作带来困难，因此必须防止黏辊和掉辊现象的出现。黏辊的原因主要是温度控制过高。防止黏辊，除了降低辊筒温度外，可在后辊筒上涂抹少量石蜡或硬脂酸。掉辊的原因主要是辊筒温度低和加粉料后刀割的口子太大或是软化剂加得过早。防止掉辊的办法：辊筒温度适当高些，应在加入粉料以后才能加入软化剂，粉料和软化剂加入后不要急于切割，切割的口子不要太大、太多，另外混炼护套胶时配方中可加放少量增黏剂，或减小辊距。

2. 密炼机混炼

(1) 操作方法　采用密炼机混炼，其优点是混炼时间短、生产效率高、操作安全、环境卫生较清洁，缺点是混炼时橡料温度较高，散热难，冷却水消耗多。

橡料用密炼机混炼后，一般要与开放式炼胶机、滤橡机及其辅机配合使用，形成连续流水作业。流程先是在密炼机上进行混炼，然后在开放式炼胶机上散热压片，再在滤橡机上过滤，再在开放式炼胶机上压片，并通过涂粉冷却和切片后堆放。通常密炼机的加料顺序和混炼时间大致如下：

1）橡胶（或塑炼胶）混炼 1 ~ 2min；

2）小料（促进剂、防老剂、活化剂等）+1/2 填充剂 +1/2 补强剂 +1/2 软化剂，混炼 3 ~ 4min；

3）1/2 填充剂 +1/2 补强剂 +1/2 软化剂，混炼 3 ~ 4min；

4）卸料。排胶温度小于 130℃，混炼 1min。

密炼机的混炼方法可分为一段混炼、两段混炼和逆混炼三种。

1）一段混炼法。通常采用 20r/min 转速的密炼机，从加料混炼到下片冷却，一次加好所需要的混合橡料。一次混炼还分直接加硫法和压片加硫法。直接加硫法是将硫化剂和高速促进剂直接加入密炼机中一次混炼而成。此法要求密炼机冷却要好，橡料焦烧性也要好。压片加硫法是密炼机排料后，在压片机上加硫化剂和高速促进剂。用此法加硫化剂和促进剂，其分散均匀性不如直接加硫法，但橡料不易焦烧。

2）两段混炼法。两段混炼法是在密炼机混炼后经压片冷却，而后再回到密炼机中加硫化剂和促进剂，在温度不高于 110℃的情况下加入，然后下片冷却。这种方法可以提高橡料的分散性和防止橡料焦烧。此法第一阶段混炼多在快速（40r/min）密炼机上进行；第二阶段混炼（加硫）多在低速（20r/min）密炼机上进行。

3）逆炼混炼法。这种方法的加料顺序与一般方法不同，为：配合剂→橡胶→软化剂，混合后卸料。这种方法的优点是充分利用装料容积，减少料门动作次数，可大大缩短混炼时间。

(2) 影响密炼机混炼的因素　密炼机混炼效果好坏除了加料顺序外，主要取决于混炼温度、装胶容量、转子转速、混炼时间与压铊压力。

1）混炼温度。由于密炼机混炼过程中摩擦剪切作用极为剧烈，生热量大且散热又比较困难，所以橡料温度升高很快，因此应注意冷却水的调节。慢速密炼机混炼排胶温度一般控制在 120 ~ 130℃，快速密炼机排胶温度一般控制在 160℃。温度过高橡料变软，会使机械剪切作用减弱，不利于配合剂均匀分散。

2）转子转速与混炼时间。提高转子转速能缩短混炼时间，提高密炼机的生产能力。20r/min 的 140L 密炼机混炼一车胶料一般需要 10 ~ 12min，改用 40r/min 的密炼机则只需4 ~ 5min。

就相同机台来说，混炼时间短，配合剂分散不均匀，橡料可塑性不均匀；混炼时间太长则易产生“过炼”现象，使橡料物理力学性能下降。

3）装胶容量。装胶容量对混炼质量有直接影响，容量过大或过小都不能使胶料得到充分剪切与捏合，从而会造成混炼的不均匀和硫化橡胶物理力学性能波动。密炼机装胶量大小依密炼机总容积和填充系数来计算。填充系数一般在 0.48 ~ 0.75 为宜。

4）压铊压力。提高压铊压力，不仅可以增大装胶容量，防止排料时发生散料现象，而且可以使橡料与设备以及橡料内部更为迅速有效地相互接触与挤压，加速配合剂混入橡胶中的过程，从而缩短混炼时间，提高混炼效率。若压铊压力不足，压铊浮动使压铊下方、室壁上方加料口处形成死角，在该处的橡料得不到混炼。压铊压力过大，会使混炼温度急剧上升，不利于配合剂的分散，胶料性能降低，并且动力消耗增大。慢速密炼机压铊压力一般控制在0.5～0.6MPa，中快速密炼机压铊压力可达0.6～0.8MPa。

（3）密炼机混合工艺示例

例：氯化聚乙烯橡胶CPE和三元乙丙橡胶EPDM混炼工艺。

1）打开加料门，首先加入全部生胶（如果为块状生胶，最好上顶栓下降，初步混炼30～50s），然后加入小料，经过30～50s的混合以使小料分散均匀。

2）加入全部大料，经30～50s的混合才能加入油类助剂，并且尽最大可能地使器具中的油类全部倒入捏炼机（除偶联剂外）。

3）时刻关注捏炼机电流的变化，及时提升上顶栓以防电流过大而损害设备。当温度表达到70～75℃时，提升上顶栓以清扫余料。

4）待温度达到工艺要求（氯化聚乙烯橡胶护套一段混炼温度为120～125℃，二段加硫温度是75～80℃；用于滤橡的乙丙绝缘橡胶混炼温度一般是130～135℃，加硫温度是80～85℃）时、电流表稳定后，加入偶联剂，而后加入硫化剂。

5）加入硫化剂后，确保硫化剂分散均匀，一般时间控制在60～90s，即可下料，以确保胶料不烧焦为前提。

6）翻料装置运动、下料，下料完毕，确保捏炼室内无上一车胶料后，即可进入下一周期混炼。

备注：以上是绝缘层与护套的两段混炼工艺，其中护套还可采取炭黑母胶的方法执行一段混炼工艺。

3. 各种橡胶的混炼特性

（1）天然橡胶　天然橡胶塑炼后塑性较大，具有良好的混炼性能，其包辊性好，易包热辊，可塑性增加快，生热量比合成橡胶低，对配合剂的浸润性好，配合剂易于分散，混炼时间短，操作易于掌握。但混炼时间过长会导致“过炼”，严重时会产生黏辊现象，混炼时间过短会影响挤包工艺质量，所以混炼时应严格控制混炼时间及工艺条件。

用开放式炼胶机混炼时，辊筒温度一般为50～60℃，前辊较后辊高5℃，液体软化剂的加入要在填充剂加入之后，混炼时间一般为25min。密炼机混炼多采用一段混炼法，混炼时间为10～12min，排胶温度一般控制在130℃以下。

（2）丁苯橡胶　丁苯橡胶对配合剂的浸润性较差，混炼时生热较多，升温快，因此混炼温度要比天然橡胶低，混炼时间要长。粉料加完后应再加液体软化剂以免结团，操作上需要增加薄通次数。混炼时间过长，可塑度变化不大，但会产生凝胶，影响物理力学性能。

用开放式炼胶机混炼时，辊筒温度一般控制在45～55℃，前辊应低于后辊5～10℃。装胶容量应较天然橡胶少10%～15%，辊距也宜小些（一般为4～6mm），混炼时间比天然橡胶长20%～40%。为了使配合剂分散均匀，炭黑要分次加入。

采用密炼机混炼时，一般采用二段混炼法，装胶容量应比天然橡胶少，炭黑也应分次加入。为防止高温下产生凝胶，排胶温度要低于130℃。

(3) 氯丁橡胶　氯丁橡胶的物理状态随温度变化较快，混炼时生热多，易黏辊，易焦烧，配合剂分散较慢。通用型氯丁橡胶在常温到71℃时为弹性状态，混炼时容易包辊，配合剂也容易分散。高于71℃时便呈黏着状态，此时橡胶内聚力减弱，不仅严重黏辊，而且配合剂分散也很困难。

用开放式炼胶机混炼时，辊筒温度一般要控制在40～50℃以下（前辊比后辊低5～10℃），辊距要由大到小逐步调节。混炼时要先加氧化镁以防焦烧，最后加氧化锌。为了减少生热量，炭黑和液体软化剂可分批交替加入（可帮助分散、防止黏辊）。减少炼胶容量是保证操作安全和分散良好的有效办法。目前，国内硫黄调节型氯丁橡胶的炼胶容量比天然橡胶少20%～30%时方可正常操作。

用密炼机混炼时，通常采用两段混炼法，混炼温度应较低（排胶温度一般在100℃以下），装胶容量比天然橡胶低（填充系数一般取0.5～0.55）。氧化锌在第二段混炼时在压片机上加入。如果在密炼机上加入氧化锌，则应控制混炼时间和混炼温度，以防焦烧。

(4) 丁腈橡胶　低温聚合的软丁腈橡胶操作较容易，可直接进行混炼。高温聚合的丁腈橡胶混炼时发热量大，配合剂分散困难，因此在开放式炼胶机上混炼宜采用低辊筒温度(35～50℃，前辊低于后辊5～10℃)、小辊距（3～4mm)、低速比、小容量（为普通合成橡胶的70%～80%)、分批交替加入配合剂的办法。为避免焦烧，应在粉料吃完后稍加翻炼就卸料冷却，然后再薄通翻炼。丁腈橡胶的混炼时间比天然橡胶长一倍左右。丁腈橡胶很少用密炼机混炼。

(5) 丁基橡胶　丁基橡胶是饱和度较高的橡胶，黏着性差，硫化速度慢，并用性差，故混炼丁基橡胶之前，必须清洗净机台以免混入其他不饱和的橡胶或化合物而影响丁基橡胶的硫化。丁基橡胶冷流性大，配合剂不易混入，胶也不易包辊，高填充时橡料又易黏辊。

在开放式炼胶机上混炼时，为使丁基橡胶容易包辊，应在小辊距下进行薄通，待包辊后再加配合剂。混炼温度一般控制在40～60℃，前辊筒温度应比后辊低10～15℃，混炼时若出现脱辊现象，可适当降低辊筒温度。速比不宜超过1:1.25，否则空气易卷入胶料中使产品起泡。配合剂应分批少量加入，在配合剂吃净前不可切割。发现过分黏辊时，可加入少许硬脂酸或硬脂酸锌。

采用密炼机混炼丁基橡胶时，装胶容量可比天然橡胶大5%～10%，尽可能早地加入补强剂以产生最大的剪切力和较好的混炼效果，混炼时间比天然橡胶长30%～50%，且高温约150℃左右混炼时配合剂的分散效果较好。当填料多时，也常采用两段混炼法和逆混炼法。

(6) 乙丙橡胶　乙丙橡胶黏着性差，不易包辊，因此开始混炼时辊距要放小，待包辊后再放宽，前辊温度为60～65℃，后辊温度为70～80℃。橡胶包辊后先加一部分填充剂和氧化锌，然后再加一部分填充剂和软化剂。硬脂酸因易造成脱辊，宜在后期加入。当在密炼机中混炼时，胶温为160～180℃，时间约为20min。

(7) 顺丁橡胶　顺丁橡胶冷流性较大，包辊性差，混炼时易脱辊，故混炼效果差。由于顺丁橡胶对油类和补强填充剂的亲和性良好，故能采用高填充。为改善加工工艺性，要采用低辊筒温度、小辊距、与天然橡胶和丁苯橡胶并用的方法。

开放式炼胶机混炼时宜采用两段混炼法。采用小辊距（一般为3～5mm)，低辊筒温度

(40～50℃)，前辊温度低于后辊5～10℃的工艺条件。为了提高配合剂的分散效果，需进行补充加工。

用密炼机混炼时，容量可增加10%，混炼温度也可稍高，以利于配合剂的分散，排胶温度可控制在130～140℃，可采用一段混炼法或二段混炼法。当炭黑含量高或采用高结构细粒子炭黑时，必须采用二段法混炼才能分散均匀，也可采用逆混炼法混炼，能节省40%的炼胶时间，排胶温度也可低10～20℃。

(8) 氯磺化聚乙烯橡胶 氯磺化聚乙烯橡胶塑性较高，不必进行塑炼，易于包辊。混炼时加料顺序对分散性和混炼速度影响不大。采用氧化镁做硫化剂对分散性和混炼速度影响不大，但采用氧化镁做硫化剂时硬脂酸不能与它同时加入，可在加入氧化镁后再加入一些中性填充剂，然后再加入硬脂酸。加一氧化铅时可先制成母胶片再加入，以利于混合均匀。

在开放式炼胶机上混炼时，前辊温度为45～55℃，后辊温度为35～45℃，并应注意冷却。采用密炼机混炼时，排胶温度应不超过100℃，也可采用逆混炼法，混炼完后应立即进行冷却，一般应停放冷却24h以上。因胶料对湿度敏感性较大，故冷却时应去除水分，充分冷却。

(9) 氯化聚乙烯橡胶 氯化聚乙烯橡胶一般不进行塑炼。采用开放式炼胶机混炼时，控制辊筒温度在50～70℃，待滚压成片后，薄通3～5次。加料顺序为：氧化镁→一氧化铅→填充剂→软化剂→硫化剂。混炼时应注意通冷却水冷却，以免生胶温度上升造成黏辊。

(10) 并用橡胶 两种或两种以上的橡胶混炼时，一般将塑性相近的塑炼胶混合均匀后，再加入各种配合剂使之混炼均匀，并以占其中主要成分的橡胶的混炼特性为根据制订混炼工艺。

(11) 几种配合剂的混炼特性

1) 硫黄。硫黄具有难分散、易焦烧的特性，而且熔点较低，操作应在100℃以下进行。为防止焦烧，硫黄一般在混炼的最后阶段加入，并要求操作迅速。硫黄在丁腈橡胶中溶解度小，分散困难，故常在混炼初期加入，而促进剂则最后加入。

2) 补强剂和填充剂。补强剂和填充剂在配方中用量较大，与分散性的关系也最密切。一般来说，补强剂、填充剂粒径越小、比表面积越大，则越难分散，对橡胶的浸润性越差也越难分散。橡胶对补强剂有一定的选择性，如槽法炭黑适用于天然橡胶，而炉法炭黑则适用于合成橡胶。

由于炭黑在橡料中的用量大，为获得良好的分散性，可采取分批投料的办法，要特别注意不可与软化剂同时投入，以防炭黑结团，一般要待炭黑分散均匀后再加软化剂，也可考虑炭黑与软化剂交替加入。

对于诸如炭黑、陶土用量较大且不易分散的材料，可以采用功能母胶或功能母粒形式，进行二次混炼，以便达到较好的分散效果。

3) 促进剂。促进剂一般用量很少，而且容易飞扬损耗，故促进剂一般在混炼初期投入，也有在最后投入的。不论何时加入，促进剂均应与硫化剂分开加入，以免发生焦烧。促进剂也可做母胶或与软化剂拌成膏状体使用。

4) 软化剂。从品种上看，松焦油适用于天然橡胶，石油系操作油适用于合成橡胶。软化剂用量一般比较大，特别在合成橡胶中可达20～30份，所以必须考虑它们与橡胶的相容性。一般芳香烃类油混炼较容易，而石蜡系油类混入性较差。

5）防老剂。防老剂一般分散快，常在混炼初期加入，有防止凝胶的作用，还有改善丁苯橡胶塑性的作用。

6）色粉。色粉一般较难分散，最好采用母胶或母粒形式参与混炼，这样效果较好，且用量较少。

思考题

1. 简述混合胶的结构本质。
2. 简述混炼原理及影响因素。
3. 简述开放式炼胶机混炼的方法及工艺影响因素。
4. 简述密炼机混炼的方法及工艺影响因素。
5. 掌握常用橡胶的混炼特点。
6. 了解常用配合剂的混炼特点。

◇◇◇ 第六节　滤橡冷却及停放

一、过滤

1. 过滤的目的

在橡胶制品生产中，往往由于废品而造成成本升高。如在绝缘和薄护套的生产中，由于胶料中含有杂质而使生产的成品产生缺陷，特别是绝缘电缆的生产中，其杂质缺陷会直接影响电缆的电性能。因此，在螺杆挤出机内装上相应的筛网做滤胶之用，可初步解决这一问题，但并不理想，因为螺杆挤出机的滤胶往往会使胶料压力和温度升高，出现胶料温度超极限的现象。

2. 过滤工艺

按照工艺要求选择温度、筛网，加热机头、机身，装好筛网，具体操作规程如下：

1）合上电源起动设备，给润滑部位加油。

2）设备空转 2～3min 后方可喂胶，喂胶力量基本一致。

3）使用前应先预热滤胶机，预热温度应比规定温度高 5～10℃，预热时间为 15～20min。筛网的格子板也应用蒸汽预热，不可将冷胶加入。

4）滤胶温度，机身为 40～55℃，机头为 60～80℃，不得过高。

5）过滤筛网和规格，一般放三层：第一层 40 目钢丝网，第二层 60 目钢丝网，第三层 40 目钢丝网，模头应固定拧紧。

6）胶料从格子板孔中挤出后，应及时给螺杆通冷却水。

7）过滤过程中应注意观察挤出胶条的情况。正常情况时，胶条圆整光滑、速度均匀；如果胶料粘成一整块并有蜂窝状细孔，应加强冷却和减速；如果胶料中混有许多细丝，应考虑更换滤网，通过坏网的胶料应取回重新过滤。

8）滤橡后的机头料，靠近滤网部分的滤渣用刀片切下后，应单独放置，作为废料进行回收，不能混到其他在制品中，其余部分应再次滤橡后使用。

9）停车后，设备严禁空转。机头内格子板孔眼余胶必须清除，不可用胶料将凉胶顶出。

10）过滤后的胶料要及时进入下道工序，运输途中严禁杂质混入。

11）当班操作工应及时、如实记好工艺台账。

3. 过滤技术的新发展

一般过滤工序是在第一段混炼后进行的，但后续工序操作中也容易带入杂质，且要进行两段混炼，生产效率不高。

德国 UTH 齿轮型终炼胶过滤机，终炼胶过滤温度控制在60℃以下，从而使终炼胶过滤成为可能，这样可以降低损耗以及成本，同时减少了诸如乙丙橡胶第三单体的损耗，提高了产品性能。

二、辗页冷却

混炼橡料经辗页后，橡料温度常在 80～90℃，若不及时冷却则橡料容易焦烧，且停放中易产生粘连，所以胶片应通过有液体隔离剂的冷却液槽进行隔离处理，然后用冷却风吹干，待温度降至 35～40℃，方可收片堆放。辗页要求如下：

1）按照工艺要求调好辗页机辊距，严格控制胶片厚度。

2）按照工艺要求调好辗页机冷却水温度，严格控制胶片温度，防止胶片温度过高而致使胶料相互粘连。

3）胶片应平整光滑，不应有杂质、针孔、起泡等现象。

4）注意滑石粉或隔离剂的存储量，防止滑石粉过少而致使胶料相互粘连或过多而对后道工序造成严重影响。

5）辗页后的胶片温度应控制在30℃以下，以免发生粘连。

三、停放

胶片应根据要求进行快速试验和定期检验。快速试验数据应在胶片流转卡上填写，如遇不合格胶料则应隔离存贮，以便跟踪控制。

胶片应根据胶料的品种和生产日期，依次摆放，以先进先出为原则。贮藏胶料的区域应该保持清洁，不允许混入任何杂质，特别是绝缘层的存放。

胶片的停放温度一般应低于 25℃，夏季停放时间为 8～36h，冬季停放时间为 1～72h，目的是恢复疲劳应力作用，消除混炼时所产生的内应力，减少胶料的收缩。在停放过程中配合剂仍在橡料中继续扩散，提高了分散的均匀性，使橡胶与炭黑之间进一步生成结合橡胶，提高补强效果。停胶房门要及时关闭，爱护空调设施，合理使用，保证存贮条件要求。

上次未用的胶片必须妥善保管，严禁灰尘等杂质混入，且在下次使用同样胶片时优先使用。长时间未用的胶片，要及时报告车间配方工程师，以降级使用或经相关工程师指导，返炼掺入性能相近的胶料中使用。

思考题

1. 滤橡的作用是什么？
2. 滤橡操作有何要求？
3. 混合好的橡片为什么要停放后才能使用？

◇◇◇ 第七节 混炼胶质量要求及质量检验

一、混炼胶主要质量缺陷及原因分析（见表4-9）

表4-9 混炼胶主要质量缺陷及原因分析

质量缺陷	原因分析
1. 分散不良	1）混炼过程 混炼时间不够，排放温度过高或过低；同时添加酸性和碱性配合剂（如将硬脂酸和防焦剂ESEN与氧化锌和氧化镁一起加入）；塑炼不充分；配合剂添加的顺序不恰当；混炼周期中填充剂加得太迟；同时加入小粒径炭黑和树脂或黏性油；金属氧化物分散时间不够；在胶料已经撕裂或碎裂后加入液态增速剂；胶料批量太大或太小 2）工艺 没有遵循所制订的混炼程序；油性材料和干性材料的聚集体粘在上顶栓和进料斗边；转子速度不恰当；胶料从压片机卸下时太快；没有正确使用压片机上的翻胶装置 3）设备 密炼机温度控制失败；上顶栓压力不够；混炼室中焊层部位磨损过度；压片机辊筒温度控制失效；压片机上的高架翻胶装置失灵 4）材料 橡胶过期和有部分胶凝；三元乙丙橡胶或丁基橡胶太冷；冷冻天然橡胶；天然橡胶预塑炼不充分；填充剂水分过量（结块）；在低于倾倒点温度下加入黏性配合剂；配合剂使用不适当 5）配方设计 使用的弹性体门尼黏度差异太大；增塑剂与橡胶选配不适当；硬粒配合剂太多；小粒径填料过量；使用熔点过高的树脂；液态增塑剂不够；填充剂和增塑剂过量
2. 焦烧	1）配合 硫化剂、促进剂用量太多；硫化体系作用太快；配合剂称量不正确；小粒径填料过量；液态增塑剂不够 2）混炼操作 填胶容量过大；密炼机冷却不够；转子速度过高；初始加料温度太高；排胶温度太高；促进剂加入密炼机中的时间不对；或过早加入硫黄或分散不均匀而造成硫化剂和促进剂局部高度集中；促进剂和（或）硫化剂分散不良；树脂堆积在转子上；漏加防焦剂；未经薄通散热就过早地打卷，或卷子过大，或者下片后未充分冷却 3）停放 在胶料还是热、湿状态时，堆积胶料；胶料停放过久；停放场所温度太高；空气不流通 4）防止焦烧的措施 严格控制辊筒温度，改进冷却条件，按照操作规定加料，加强胶料管理等；调整硫化体系，添加防焦剂。常用的防焦剂为有机酸酐（如邻苯二甲酸酐），一般用量不超过0.4份；新型高效防焦剂，用量为0.1~0.2份，如防焦剂CTP（N－环己基硫代邻苯二甲基酰亚胺）；防焦剂的添加顺序放在硫化剂和促进剂之前
3. 配合剂结团	生胶塑炼不充分，辊距过大，辊筒温度过高，粉剂落到辊筒面；压成片状；装胶容量过大；粉状配合剂粗粒子或结团物；凝胶太多
4. 收缩大	1）无硫胶料：可塑度过低；混炼时间太短或密炼机混炼时间过长，导致结聚 2）加硫胶料：胶料开始焦烧
5. 麻面	1）无硫胶料：密炼机混炼时间过长，炭黑凝胶量太多 2）加硫胶料：胶温、辊温过高引起焦烧，混入一些已焦烧胶料
6. 可塑度过高、过低或不均匀	塑炼胶可塑度不适当；混炼时间过长或过短；混炼温度不当；并用胶未掺和好；增塑剂多加或少加；炭黑多加或少加或品种用错

（续）

质量缺陷	原因分析
7. 相对密度过高、过低或不均匀	配合剂称量不准、漏配或错配；炭黑、氧化锌、碳酸钙等或油类增塑剂少于规定用量时，均会使胶料相对密度超过规定量；混炼时粉尘飞扬损失过多、黏附于容器壁过多或加料盛器未倒干净；混炼不均匀
8. 焦烧时间过长或过短	1）焦烧时间延长：促进剂品种弄错、少加；氧化锌漏加；炭黑品种弄错，如将松焦油当机油等；沥青、陶土多加 2）焦烧时间缩短：促进剂多加或品种搞错；炭黑品种搞错；碳酸钙过量
9. 硬度过高、过低或不均匀	配合剂称量不准，如补强剂、硫化剂或促进剂过量，则硫化胶硬度偏高；相反硬度偏低；增塑剂和橡胶称量过多，则硬度偏低；混炼不均匀，硫化硬度不匀
10. 喷霜	胶料混炼不足，不均匀；配合剂称量不准；硫黄结团或用量超过其常温时在橡胶中的溶解度；加硫时胶温过高；软化剂用量过多；胶料停放时间过长；制品欠硫等
11. 硫化起点慢	促进剂称量不准（过少），或漏加氧化锌或硬脂酸；炭黑品种搞错
12. 欠硫	促进剂、硫化剂和氧化锌等漏配或少配；混炼操作不当，硫化剂或促进剂飞扬损失太多
13. 分层	天然橡胶混炼胶中混入丁基橡胶或相反
14. 脱辊或黏辊	1）黏辊：辊温过高或辊距过小；可塑度过高；软化剂过多；混炼时间过长或违反加药顺序，如沥青松香在后面加入等 2）脱辊：含胶率过低；胶质硬；混炼时辊距大；某些合成胶有灰尘、污垢、砂粒及其他杂质
15. 污染	由灰尘、污垢、沙粒及其他物质所致的弹性体和橡胶药品的物理污染；由其他弹性体（如天然橡胶和丁腈橡胶）所致的丁基橡胶和三元乙丙橡胶的化学污染；对不同配合剂未分别使用铲勺；使用不适当的配合剂；以前用过的料盘中残留有配合剂；密炼机油封渗油；余留胶料黏在转子、卸料门、进料斗和上顶栓上，如果定期用清洁胶料清洁，可减少这类问题的发生；余留胶料黏在卸料料槽、接料盘、导向槽和高架翻料装置上；余胶堆积在密封圈处；密炼机和压片机周围区域不整齐
16. 物理力学性能不合格或不一致	配合剂称量不准，特别是补强剂；硫化剂和促进剂的错配和漏配；混炼过度；加料顺序不合理和混炼不均，易引起性能不一致
17. 各批胶料间性能差异	初始加料温度有差异；冷却水流动或温度有差异；上顶栓压力有差异；配合剂称量上的误差；不同批号间配合剂的差异；使用了代用配合剂；排胶时间和温度有差异；不同的操作者采用不同的方法在压片机上加工胶料；捣胶时间的变化；分散程度不同
18. 压延性能差	辊温选用不当；辊温和辊速比及辊筒速度的控制失灵；胶料的门尼黏度太低；增黏剂过量；黏性填充剂（如陶土）填充量过量；配方中缺少适当的操作助剂；装料不足或过量；弹性体的黏度选择错误；分散不良；胶料易焦烧；胶料留在开放式炼胶机上的时间太长

二、混炼胶质量检验

1. 检验项目

炭黑分散度、硬度、密度质量、门尼黏度、拉伸强度、硫化曲线、门尼焦烧时间、可塑度。

（1）炭黑分散度

1）概念。主要是指炭黑等填料粒子分散混合的程度，是对混炼效果最直观的表征，也是混炼胶批次性检测的一个重要指标。

2）检测意义。有利于改进混炼设备，优化混炼工艺。

3）检测方法。扫描电镜法、图像显微法，其中图像显微法检测条件相对简单，可实现炭黑分散度量化评价。

（2）硬度　橡胶的硬度是指硫化橡胶在给定的条件下抵抗刚性测量器具探头压入的性能。

（3）密度质量　橡胶密度质量检测对于指导生产成本具有较大意义。

（4）门尼黏度　是反应橡胶加工性能好坏和相对分子质量高低及分布范围宽窄，衡量流动性的最重要指标。在挤出温度和速度相对稳定时，对于控制制品的膨胀度具有相当的意义。

（5）抗拉强度　测定橡胶的抗拉强度及伸长率，对于同一配方的物料，测定其批次性波动具有重要意义，同时对于不同的检测，是表征混炼效果的重要参数。

（6）硫化曲线，门尼焦烧时间　通过硫化仪对橡胶的焦烧时间、正硫化时间、硫化速率、模量以及硫化平坦期等性能指标的测定，用于硫化工序的生产指导。

（7）可塑度　将橡胶试样放置于加压重锤光滑平面之间，在一定的温度、负荷作用下压缩一定的时间，并测量试验前后试样高度的变化。试样变形的大小，称为该橡胶试样的可塑度。可塑度与黏度呈倒数关系，可塑度越大，意味着橡胶越容易流动；可塑度越小，意味着橡胶越难流动。可塑度对制品的影响，主要为增加橡胶的可塑度是以切断橡胶中的大分子链为代价的，即可塑度过大，制品的力学性能下降。

2. 常用检验仪器

炭黑分散仪、硬度计、密度质量计、门尼黏度测定仪、平板硫化仪、拉力试验机、橡胶硫化仪、可塑仪。

思　考　题

1. 混炼胶常见的质量问题有哪些？如何解决？
2. 判断混炼胶质量好坏常需要检测哪些项目？如何检测？

第五章

挤橡与硫化工艺

◇◇◇ 第一节　橡胶挤出和硫化设备

一、挤橡机

在导电线芯上挤包橡皮绝缘层或在成缆线芯上挤包橡皮护套层所用的设备称为挤橡机。挤橡机又称为螺旋挤压机，主要由带有供给螺杆的机筒和带有成形附件（模芯和模套）的机头两个部分以及加热、冷却系统组成。挤橡机组一般由主机（包括机身、螺杆、机头）、收线和放线装置、牵引轮、涂粉装置、冷却装置和传动系统组成。如果是连续硫化生产机组，还包括硫化管和蒸汽控制系统甚至水汽平衡系统。挤橡机的特点是生产效率高，可连续生产，加工便利，易操作，所生产的产品质地均匀致密，可大批量、大长度规模性生产。电缆行业主要使用热喂料挤橡机和冷喂料挤橡机。热喂料挤橡机的优点是操作简单、生产效率高、供料均匀、等速、料温保持在 50～70℃；缺点是胶片温度难以持续保持，需要专门的开放式炼胶机来混炼橡胶温热橡皮。尤其冬天生产，胶片还要采取保温措施，一般采用棉被覆盖方式保温，易造成绝缘胶片潜在质量缺陷，而且由于加料时胶片温度前后变化太大，电缆挤出外径易产生波动，另外由于热喂料挤橡机螺杆短，螺槽深，塑化效果不理想，电缆表面常常会出现毛糙、不光滑的质量问题。为了克服热喂料挤橡机受胶料温度变化影响而造成的电缆外径波动大的现象以及其他各种缺点，可以在挤橡机加料口设计与螺杆平行的加料辊，实现挤橡机自动加料的功能，于是有了冷喂料挤橡机。冷喂料挤橡机为了使胶料得到很好的塑化效果，需要在螺杆上增加塑化段，使螺杆有效工作段增加，螺杆变长，一般螺杆还会设计有主、副螺纹结构，以便进一步提高塑化效果。因此，相对热喂料螺杆而言，使挤出产量受到影响，而且需要较大的驱动功率，在生产中受到一定限制。冷喂料挤橡机的优点是把预热和挤出的双重功能综合在一起，省去了胶料热炼工序，简化了生产工艺，减少了占地面积，以及相应的附属设备、人力及维修费用，并可使机头建立较高压力，挤出制品表面质量有所提高。因此在生产中冷喂料挤橡机已得到广泛应用，目前已成为电线电缆行业的主流制造设备。本节着重介绍挤橡机的组成和特性。

1. 挤橡机的型号与技术特征

按国家标准（GB/T 12783—2000）《橡胶塑料机械产品型号编制方法》的规定，挤橡机的规格是以螺杆的外径来表示的，其单位为 mm，并于前面冠以代号“XJ”，X 代表橡胶用，J 代表挤出机。如 XJ-150 表示热喂料挤橡机，螺杆直径为 150mm。除热喂料挤橡机外，尚有其他品种，即在 XJ 后加品种代号，如冷喂料挤橡机加“W”、滤胶机加“L”、销钉冷喂料挤橡机加“D”。常用国产挤橡机的基本参数见表 5-1、表 5-2。

表 5-1　热喂料挤橡机的型号和基本参数

型　　号	螺杆直径/mm	螺杆长径比	螺杆最高转速/（r/min）≥	主电动机功率/kW≤	最大生产能力/（kg/h）≥
XJ-45	45	3.5~4.5	75	5.5	40
XJ-60（65）	60（65）	3.5~4.5	70（47）	10（7.5）	75（60）
XJ-90	90	4.0~6.0	70（47）	22	250
XJ-120（115）	120（115）	4.0~6.0	65（60）	40（22）	530（420）
XJ-150	150	4.0~6.0	65（60）	55	1050
XJ-200	200	4.0~6.0	55	75	1800
XJ-250	250	4.0~6.0	55	100	3600
XJ-300	300	4.0~6.0	45	165	4500

表 5-2　冷喂料挤橡机的型号与基本参数

型　　号	螺杆直径/mm	螺杆长径比	螺杆最高转速/（r/min）≥	主电动机功率/kW≤	最大生产能力/（kg/h）≥
XJW-45	45	6~8	70	10	35
XJW-60（65）	60（65）	8~10	65（60）	22（10）	75（80）
XJW-90	90	10~12	60	55	230
XJW-120（115）	120（115）	12~14	55（60）	100（55）	500（420）
XJW-150	150	12~16	45	200	800
XJW-200	200	12~18	35	320	1500
XJW-250	250	16~20	30	550	2500
XJW-300	300	16~20	25	700	3500

2. 挤橡机的基本结构

挤橡机主要由挤出系统、加热系统和传动系统组成。挤出系统主要由螺杆、机筒和机头组成。机筒是空心的生铁铸件或熟铁焊接件，筒内有不锈钢夹套，夹套内孔比螺杆直径大一些，机筒与夹套之间有一定空隙，以便通入蒸汽或水供加热和冷却使用。

机筒的一端与减速箱连接，另一端连接机头，靠近减速箱处有一进料口，从外面通到装有螺杆的套腔内，也有分段连接的机筒，主要是根据螺杆的长径比大小而定。机筒要求外观精致、美观，并有水、气进出管路装置和测温装置。加热及冷却系统用于控制操作过程的温度。目前，一些大的橡皮绝缘电缆制造企业一般采用模温机来控温，控温精度较高，可以控制在±0.1℃以内。传动系统用于驱动螺杆，以保证螺杆工作时的转矩和转速。

热喂料挤橡机使用的胶料需经开炼式温橡机温橡，将橡胶混合料预热到一定温度（一般不低于50℃），切条后放在堆料平台或送料小推车上，由人工送入挤橡机“喂料口”。由于人工加料时不同的人加料力度不同、同一个人加料时间长短受体力的影响、同批次混合胶料可塑性存在控制差异，同时由于输送和使用过程中的橡胶条会逐渐冷却，使胶片温度前后产生很大波动。这些因素都将影响挤包产品的质量，严重时会造成电缆脱节。

采用冷喂料挤橡机时，胶料不需要开炼机温橡，冷喂料加料口一般配备有主动送料辊筒，能把室温下的橡胶片或胶条直接喂入挤橡机（但进料温度不低于10℃），减少了热喂料挤橡机需要人工加料的人员配备，有效地解放了劳动生产力。由于冷喂料挤橡机压缩比大，塑化段长，胶料塑化效果好，出料更均匀、稳定、可靠，采用冷喂料挤橡机挤包的产品其挤包层紧密结实，外观光滑、外径变化很小。冷喂料挤橡机简化了工艺过程，减少了设备投资，减少了人力，劳动生产率可提高 1 ~ 1.5 倍，而投资可减少 1/3 ~ 1/2。冷喂料挤橡机的螺杆长径比一般较热喂料挤橡机大得多，但螺纹沟槽的深度较浅。其驱动功率是同规格热喂料挤橡机的 2 ~ 3 倍，但由于冷喂料挤橡机不需要再配备开炼机温橡，减少了生产制造工序，降低了人工成本，因此其单位能耗比热喂料挤橡机还是降低了。

ϕ150mm 冷喂料挤橡机如图 5-1 所示。

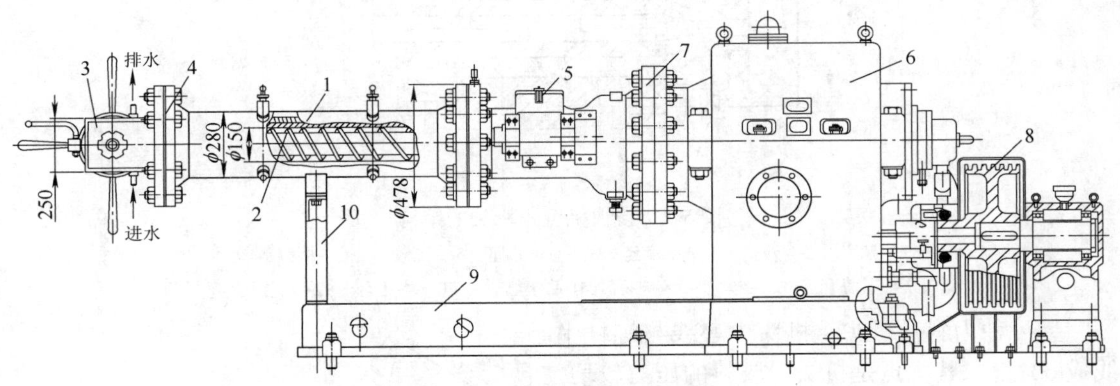

图 5-1　ϕ150mm 冷喂料挤橡机

1—机筒　2—螺杆　3—机头　4、7—法兰　5—加料斗　6—减速器　8—V 带轮　9—底座　10—支架

3. 机头结构及类型

挤橡机的机头由合金钢内套和碳素钢外套构成，是一个空心实体。机头内装有成型模具，有模芯座、模芯、模套等。机头的作用是将旋转运动的胶料熔体转变为平行直线运动，均匀平稳地导入模套中，并赋予胶料必要的成型压力。胶料在机筒内塑化压实，沿一定的流道通过机头脖颈流入机头成型模具。根据电缆绝缘层或护套厚度的实际要求，模芯模套适当配合，使胶料熔体在芯线的周围形成连续密实的管状包覆层。为保证机头内胶料流道合理，消除积存胶料的死角，模芯座上往往设计有分流道。机头内胶料流道应呈流线形，流道表面应有较低的表面粗糙度和硬度，保证胶料沿流道均匀挤出。为消除胶料挤出时的压力波动，成型模具前设置有均压环，机头上还装有模具校正和调整的装置，便于调整和校正模芯与模套的同心度，保证绝缘层或护套厚度均匀、不偏心。

机头应能保证使内部温度均匀，它的中空小室横截面积应沿胶料出口方向逐渐减少，形成一定的压缩力。机头结构应紧凑，装拆方便、不漏胶。

（1）直角机头的结构　挤橡机直角机头的结构如图 5-2 所示。

从图 5-2 中可以看出，机头外壳 2 通过法兰与机身连接，机头内装有模芯座 4，模芯座前小后大呈锥形。模芯座前端装有模芯 8，外面套有均压环。模套 9 装在模套盖 10 上，模套盖被压盖套筒 7 压住，而压盖套筒的一端与支撑套筒 12 用螺栓连接，支撑套筒螺旋固定在机头外壳上。模芯和模套之间有一锥形间隙，胶料经过均压环和锥形间隙，挤入模套的定径区包覆在电缆线芯上。机头上还装有分胶套筒便于胶料的流动，排胶口腔用于首班开机调车时排胶用。机头外壳上装有能通蒸气和水的孔道以调节温度。

（2）斜角机头　用于电线电缆工业的挤橡机常用的机头为直角机头，螺杆与胶料挤出方向成 90°角，如图 5-2 所示。这类机头靠近螺杆一侧胶料压力较大，容易造成偏心，而相对应的另一侧胶料压力小，易形成死角，故设有辅助流胶孔以利于胶料流动，避免焦烧。

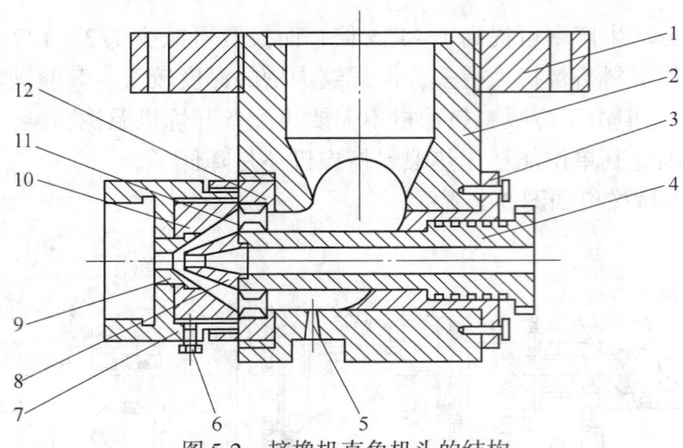

图 5-2　挤橡机直角机头的结构

1—法兰　2—外壳　3—分胶套筒　4—模芯座　5—排胶口　6—调整螺栓
7—压盖套筒　8—模芯　9—模套　10—模套盖　11—均压环　12—支撑套筒

另一种为斜角机头，机头中心线与螺杆中心线成60°角。其优点是机头对胶料的压力较均匀，线芯两侧受到胶料的压力较均等，机头内胶料停滞的时间减少，出胶速度可以提高。斜角机头如图 5-3 所示。

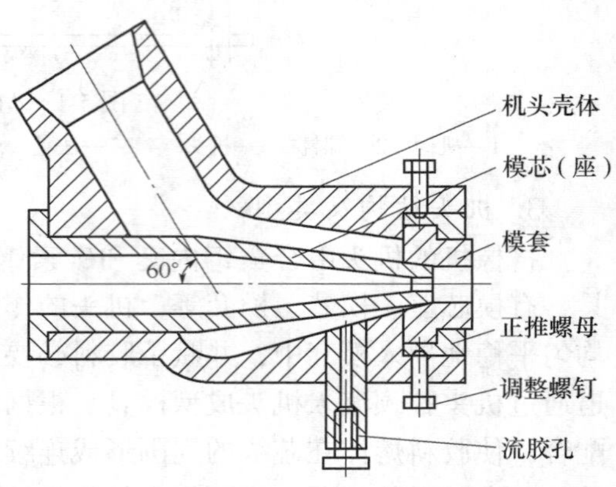

图 5-3　斜角机头

(3) 三层共挤机头　随着电缆行业的飞速发展，橡皮绝缘电缆的耐压等级也在不断提高，现在一些露天煤矿使用的挖掘机电缆，电压等级已达到了 35kV，因此要求橡皮绝缘电缆的耐压等级也必须相应提高。所以，过去那种橡皮绝缘电缆屏蔽层采用绕包内屏层和外屏层的方式已不能满足产品要求。为了均匀电场分布，减小尖角、突起处的电场强度，避免因电场分布集中而引起的局部放电，三层共挤机头也已广泛应用于橡皮绝缘电缆制造。图 5-4 所示为三层共挤机头，它可以使内屏层、绝缘层、外屏层一次挤

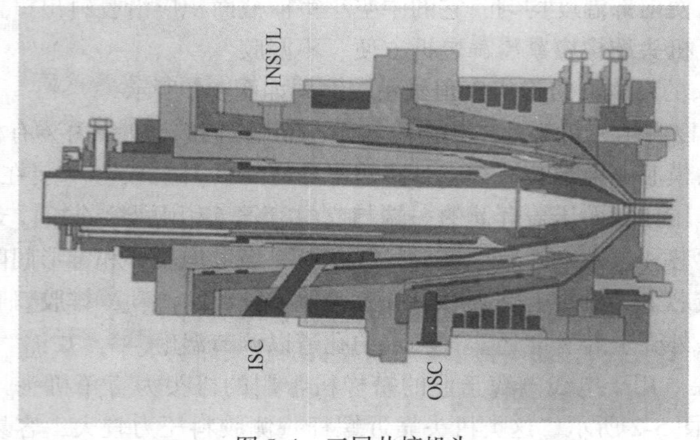

图 5-4　三层共挤机头

ISC—内屏挤出通道　INSUL—绝缘挤出通道　OSC—外屏挤出通道

出，从而有效改进了橡皮绝缘电缆加工工艺，提高了橡皮绝缘电缆耐压等级。

4. 螺杆

螺杆是挤橡机的重要部件，其形状与尺寸直接影响挤橡机的生产能力和挤包质量。螺杆由工作部分（螺纹）和尾部的圆柱体组成，内部有通冷却水的长孔。螺杆的尾部装在推力轴承内，可以防止挤橡时反作用力把螺杆推出。螺杆的作用是使胶料随螺杆的旋转运动渐变为直线运动，向机头方向推移，并与机筒身相配合，压缩、加热、软化、搅拌、混合胶料。螺杆工作部分的结构参数主要有螺纹直径、螺纹线数、长径比、压缩比及螺纹的几何形状等（图 5-5），对橡皮挤出质量影响很大。

（1）螺杆直径（D）　螺杆直径是指螺杆工作部分的外径。螺杆外径与生产能力的大小有关，直径越大生产能力越大。

（2）长径比（L/D）　螺杆工作部分的长度与直径之比称为长径比。长径比大有利于胶料塑化均匀。但过大的长径比会增加胶料在机筒内的停留时间，由此造成升温过高，易引起胶料焦烧。另外，长径比大，功率增加，螺杆制造也困难。国产热喂料挤橡机螺杆长径比（L/D）一般为 4 ~ 6。冷喂料挤橡机由于胶料未经预热，螺杆长径比较大，一般为 10 ~ 15，但是也有仅为 6 ~ 8 的，也有采用 $L/D>15$ 的螺杆的。

（3）压缩比（f）　螺杆槽最初容积与最终容量之比称为压缩比。压缩比的作用是压缩胶料、排除气体、保证胶料在螺杆末端有足够的致密度。但压缩比过大虽然可以保证挤包产品质地紧密，可是在挤出过程中阻力增大，胶料温升高，易产生焦烧，且影响挤包产品产量，机器功率消耗也大。而压缩比过小将影响挤包产品的紧密程度。热喂料挤橡机常用压缩比为 $f=1.3\sim1.5$，有时也用 $f=1.6\sim1.7$；冷喂料挤橡机常用压缩比为 $f=1.7\sim2.1$，有时 f 高达 2.5。

（4）螺纹的几何形状　螺纹的几何形状包括牙型高度（h）、螺纹升角（ϕ）、螺纹导程（P_h）和螺纹顶宽度（e）等，如图 5-5 所示。

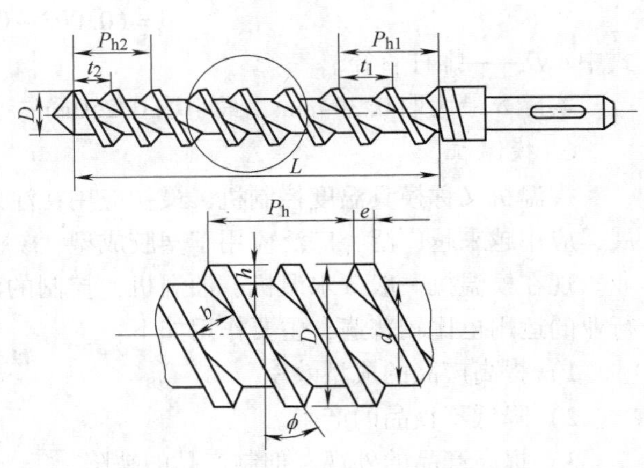

图 5-5　螺杆的几何形状

1）牙型高度（h）：牙型高度 h 对胶料的塑化质量、生产能力、机器功率及螺杆的强度都有影响。牙型高度 h 减小，胶料剪切速度梯度增大，有利于胶料的塑化，但胶料温升高、产量小。增加 h 会提高产量，但 h 过大时产量增加并不显著，同时会影响螺杆强度。

一般 $h=(0.18\sim0.25)D$，直径越大系数越小。

2）螺纹导程（P_h）和螺纹升角（ϕ）：螺纹导程 P_h 和螺纹升角 ϕ 的关系为

$$P_h=\pi D\tan\phi \tag{5-1}$$

据经验认为，螺纹导程 P_h 与直径 D 的关系符合下式为宜：

$P_h=(0.6\sim1.5)D$，实际上挤橡机螺纹升角 ϕ 一般在 12° ~ 35°范围内。

3）螺纹顶宽度（e）：螺纹顶宽度 e 在保证强度前提下取小些好。因为 e 过大会降低产量，增加功率消耗。一般 $e=(0.05\sim0.08)D$，螺杆直径大者 e 可取小值。

4）螺杆头部形状：螺杆头部形状的选择应有利于胶料的流动，防止产生死角而引起胶料的焦烧。图 5-6 所示为螺杆头部的结构。平头螺杆的头顶端有死角，多用于滤橡机；锥形螺杆头部无死角，有利于胶料流动，而且不易使胶料焦烧。

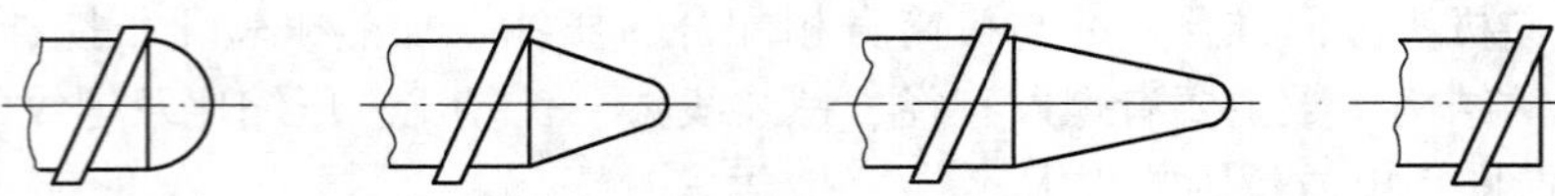

图 5-6　螺杆的头部结构

5. 机身

机身是用于安装螺杆的圆筒，一端与减速箱外壳连接，另一端与机头相连。机身由外套筒、夹套、钢衬套三个部件组成。

外套筒为空心铸件，其里面镶有耐磨合金钢衬套，外套筒与衬套之间放置带有螺纹的铸钢夹套，夹套与外套筒之间形成螺旋形间隙，以便通入蒸汽或冷却水。圆筒上部有加料口，用于给挤橡机提供橡胶料。

钢衬套内装螺杆，其内径稍大于螺杆直径。钢衬套内表面与螺杆外表面之间有一定的间隙，此间隙对挤橡机性能影响极大，间隙过大易产生涡流，挤出橡胶量显著下降，生产能力大打折扣，且橡胶在机筒内的停留时间难以控制，易造成胶料先期硫化；间隙过小，会使机筒和螺杆磨损甚至卡死，影响机器寿命。所以间隙的大小必须适宜。根据经验，可以用下式来设计、计算间隙（δ）的值

$$\delta=(0.003\sim0.005)D$$

式中　D——螺杆直径。

实际 δ 最大取 0.364mm，最小取 0.250mm，一般取 0.3mm。

6. 模温机

模温机又称模具温度控制机，最初应用在注射模具的控温行业。后来随着机械行业的发展，应用越来越广泛，广泛应用于塑胶成型，橡胶轮胎、密炼机、塑料挤出和橡胶挤出等行业。现在模温机一般分水温机、油温机，控制的温度精度可以达到 ±0.1℃。模温机在电缆行业的运用也比较普遍，主要作用如下：

1）提高产品的成型效率。

2）降低不良品的产生。

3）提高产品的外观，抑制产品的缺陷。

4）加快生产进度，降低能耗，节约能源。

模温机的工作原理就是用探头实测挤橡机各部位的实际温度，与设置的工艺温度对比，如果实际温度高于设计温度，则打开冷水阀门降温，直至达到设置温度；如果实际温度低于设计温度，则打开热水阀门升温，直至达到设置温度。模温机的使用，可以实现挤橡机的温度自动控制，可使模具预热时间减少，机身、机头温度控制精度提高，能有效控制橡料温度和焦烧时间，使成品表面质量提升，以及可完全自动化控制工艺温度。目前，电缆行业中仍有不少老式挤橡机上没有配置模温机，可以通过改造实现。

7. 使用与维护保养

1）开机前清理干净机头，根据工艺更换好模具。

2）检查加料口有无杂物，检查挤橡机各部紧固件有无松动现象；检查蒸汽管、冷却水管是否畅通无阻；各润滑部位是否有足够的润滑油。检查发现问题经解决后方可开车。

3）开车前应预热机头、模口、机身和螺杆，均达到符合工艺要求的温度后方可起动。

4）橡料需经热炼（热喂料挤橡机）并切成条状且连续均匀地喂料，切忌过量塞入。在不能连续供胶时应立即停车，严禁在无胶情况下空转。

5）工作开始后，如温度过高，应逐渐打开机身、螺杆及机头的冷却水管阀门，调节使温度始终保持在工艺要求的范围内。

6）不得有其他杂物落入料斗，以免损坏机器。

7）人工加料时严禁将手或工具伸入加料口内，以防被螺杆或导胶压辊咬住，发生人身设备事故。

8）经常检查各部位的润滑油的温升，当工作环境为20℃时，油温不应超过60℃。

9）减速箱传动声音不正常或转动部位温升过高及有卡紧等现象时，应立即停车检查。

10）如发现焦烧现象，应立即扩大排胶口或采取其他措施导出焦烧胶料。

11）应经常注意电流表、测温表有无超载、超温现象，冷风机、电动机、鼓风机是否正常，如鼓风机出故障应立即停车检修。

12）停车后应关闭水、电、气，并全面清理余胶和杂物。

13）挤橡机的润滑应按润滑表进行。

二、连续硫化机组

1. 设备的组成

连续硫化机组由放线装置、挤橡机、双缩接套、硫化管、冷却水管、出口密封箱、牵引轮、收线装置、电气控制系统等组成，倾斜式连续硫化机组如图5-7所示。有些连续硫化机组还有储线装置和水汽平衡装置。

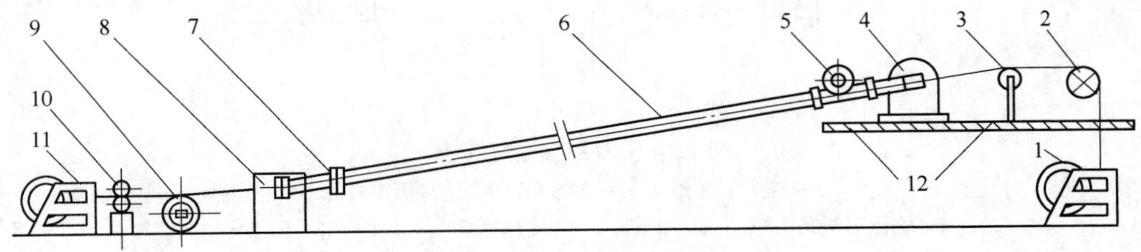

图5-7　倾斜式连续硫化机组

1—放线装置　2—导轮　3—张力轮　4—挤橡机（主机）　5—双缩接套连接室　6—倾斜式硫化管　7—出口密封器　8—出口密封箱　9—牵引轮　10—拉力轮　11—收线装置　12—平台

2. 硫化管

硫化管是通入高压蒸汽进行橡皮连续硫化的管道，是由双层（也有单层）无缝钢管分段对接组成的。考虑到钢管的热胀冷缩问题，因此将其安装在可以滑动的支架上。双层无缝钢管的夹层用于保温，通常夹层内通入的高压蒸汽和通入硫化管内的蒸汽压力是相同的。在硫化管的外面还要包上厚度为50～60mm的石棉，用于保温。

硫化管的总长度一般为 50 ~ 100m，其具体长度根据设备的规格、蒸汽压力、安装场地来确定，因此各生产厂家的连续硫化机组硫化管的长度各不相同。

根据硫化管布置的方式，连续硫化机一般有 4 种形式。

（1）水平式硫化管　它的特点是硫化管和机头中心线基本与地面平行，适用于小截面电线电缆绝缘芯的生产。这种设备安装与操作方便，缺点是占地面积大，不能生产大截面的产品，否则会发生电缆拖管现象，即产品因自重而呈弧形下垂，使橡皮表面被管壁擦伤。

（2）倾斜式硫化管　连续硫化管和机头中心线与地面形成一定的角度，硫化管从挤橡平台上按一定倾斜度敷设到下端出口密封箱（然后再到牵引轮和收线装置）。这种设备能较好地解决大截面电缆的拖管现象，这是因为有一倾斜角度使电缆在硫化管中下垂的最低点向出口处延伸了，使电缆在接触管壁之前经过一段比较充分的硫化过程，增加了橡皮表面的强度，避免了擦伤问题。但这种设备造价比水平式硫化管高些，并因平台高度受到限制，硫化管相对较短，硫化速度受到限制，产量受到影响。

（3）悬链式硫化管　这种设备的硫化管虽然也是倾斜放置，但硫化管不是直线而是呈悬链状态的曲线，是按线芯或电缆的悬垂度设计的。通过悬垂控制器使电缆在管内能悬空地处于管子的中心位置，这就从根本上解决了橡皮表面擦伤的问题，保证了电缆绝缘或护套的质量，但硫化管路安装较为复杂。

（4）立式连续硫化管　连续硫化管和机头中心线垂直于地面，彻底解决了电缆拖管擦伤问题，操作者易于控制外径，设备占地面积小，但造价高、不易安装维修，挤橡机安装在几十米高的平台上，上下操作联系不方便，原材料输送也不方便。

3. 双缩接套连接室

双缩接套连接室是连接挤橡机和硫化管并起密封作用的部件，其结构如图 5-8 所示。

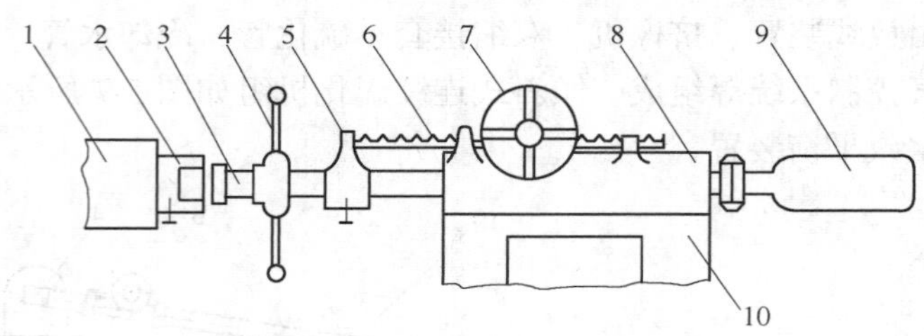

图 5-8　双缩接套连接室

1—机头　2—机头压盖套筒　3—伸缩管　4—连接压紧螺母　5—卡箍
6—锯齿形板条　7—手柄　8—带有外壳的圆柱筒　9—硫化管　10—底座

双缩接套连接室的主要部件是带有外壳的圆柱筒 8，伸缩管 3 一端通过压盖进入圆柱筒中，另一端插入挤橡机机头的压盖套筒里，紧贴在橡皮衬垫上，外面再用连接螺母紧固。伸缩管的往返动作是用手柄 7 通过锯齿形板条 6 来带动的。较新设计的伸缩管的往返动作是由气动或液压方式来驱动的。

4. 冷却水管

电缆经过硫化管需要进行冷却，冷却水管的作用是通水冷却硫化后的产品。用高压冷却水（压力为 0.4 ~ 0.6MPa）比用常压冷却水要好，可防止挤出绝缘层及护套因压力突变而发生起泡现象，并使硫化橡皮紧密。

冷却水位是和蒸汽管连通的，通过将压差变送器测得的水位高低信号传送至控制系统，以控制冷却水的水位在给定的位置，保证电缆得到充分的冷却。

5. 出口密封器

出口密封器是钢制的螺旋密封模，模内可放置橡皮密封衬垫。出口密封器安装在硫化管尾端出口处，其作用是防止生产过程中漏气，以免造成气压波动影响橡皮硫化质量和造成蒸汽浪费。

6. 出口密封箱

出口密封箱的作用是防止蒸汽和水飞溅，并起支撑硫化管的作用。

7. 牵引装置

牵引装置是电缆在硫化过程中的牵拉设备，它的速度快慢决定电缆在硫化管中的硫化时间，因此要求牵引装置有足够大的牵引力和平稳改变牵引速度的能力，而且变速范围要广些。牵引装置有牵引轮和牵引履带两种形式，要求牵引装置和电缆接触面间有足够的摩擦因数，使电缆不易滑动，以保证一定的张力。有的连续硫化机还有辅助牵引装置。

8. 水汽平衡装置

目前，许多生产厂家为了进一步提高产品质量，在连续硫化生产中，采用水汽平衡装置。由于硫化管道内的蒸汽压力存在波动，同时在生产过程中也需要根据生产速度调节管道内蒸汽的压力，以获得有利的生产参数，因此生产线的控制转化为水汽平衡的控制。按各部分功能，整个水汽平衡系统可分为以下 3 个部分，如图 5-9 所示。

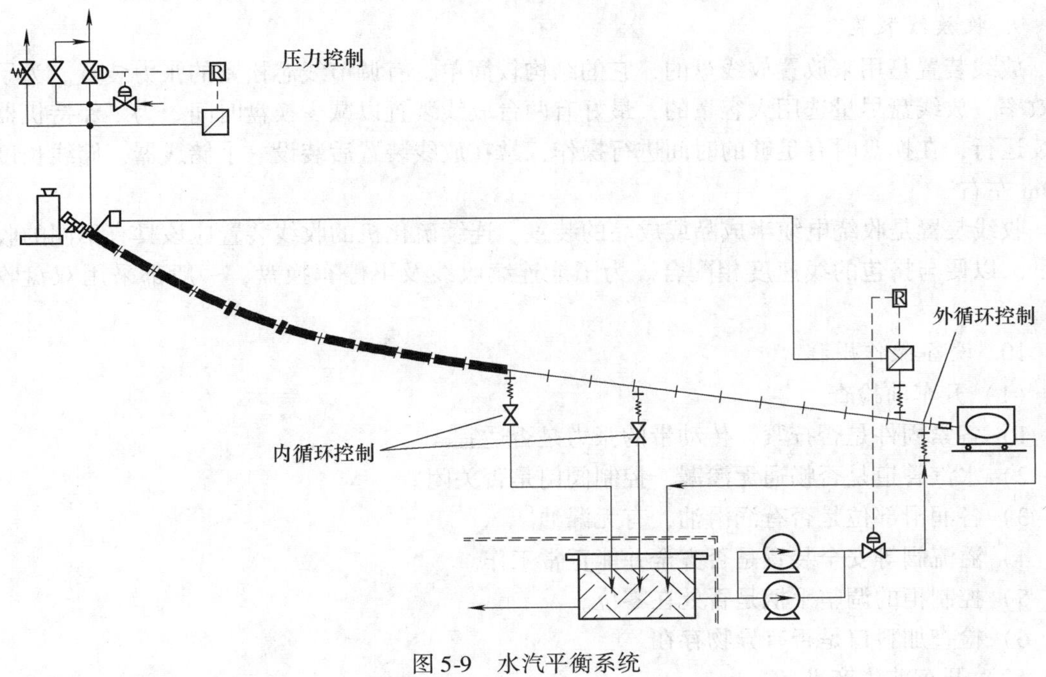

图 5-9 水汽平衡系统

（1）蒸汽压力控制部分

（2）外循环部分

（3）内循环部分

蒸汽压力控制部分控制着管道内的蒸汽压力，外循环部分控制管道内实际的水位，两个部分控制上相互独立，通过管道压力相互联系。冷却部分水泵的供给保持水位在设定高度的同时抵消了蒸汽压力的波动，实现了动态平衡。内循环部分起着增强冷却效果、减轻水位波动的作用。

1）蒸汽压力控制部分。蒸汽压力控制的关键在于对管道内蒸汽压力进行实时监测及管道内压力反馈。如图5-9所示，蒸汽压力控制部分主要由蒸汽控制阀组和远传压力表组成。远传压力表将实时监测到的管道压力信号送至控制系统，经运算处理后与系统设定的参数进行比较，由控制系统控制蒸汽阀组的进汽阀开启或关闭，使管道内蒸汽的实际压力与设定压力保持一致。在蒸汽控制阀组内增设了溢流阀，限定管道内的最大压力，保障安全。

2）外循环控制部分。水位控制的关键在于对管道内实际水位的实时监测和反馈。外循环控制部分由冷却水供给阀组和差压变送器组成，差压变送器一端连接有一定高度差的小型储水罐，另一端连接冷却管道的末端，两端均与管道相通。假设管道内压力为 P，差压变送器两端的压差 ΔP 则取决于管道内水位的实际高低与小型贮水罐的高度差 ΔH。基于此，差压变送器采集到了管道内的水位信号，并将该信号送至控制系统，经控制系统运算处理后与设定的水位参数进行比较，控制冷却水供给阀组的开启或关闭，从而保证水位的动态平衡。

3）内循环部分。内循环阀组即内循环部分，将管道内的冷却水从水位上部抽回冷却管末端，其中设有强冷装置，增强了管道内冷却水的冷却效果，可以有效地减轻冷却水对管道内线缆的扰动。循环阀组在主管道上设置有多个取水口，可以适应不同的水位，并且在取水口上安装有传感器，一旦蒸汽到达取水口，此处的阀组会自动关闭，保障安全。

9. 收放线装置

放线装置是用来放置放线盘的，它的结构较简单，有调节线芯松紧的张力装置。为了提高效率，放线盘尽量选用大容量的，最好有两台放线装置以减少换盘时间。为了保持机器的连续运行，在换盘时有足够的时间进行操作，常在放线装置后装设一个储线器，储线长度在100m左右。

收线装置是收绕电缆半成品或成品的装置。连续硫化机的收线装置应该具有不同的收线速度，以便与挤包的线速度相配合。为了能连续收线及不停车换盘，一般都采用双盘收线装置。

10. 设备操作规程

(1) 开车前检查

1）各紧固件是否拧紧，传动带的张力是否适宜。

2）水汽管道是否畅通无渗漏，控制阀门是否关闭。

3）各润滑部位是否有润滑油，有无漏油。

4）溢流阀等安全装置是否齐全并能正常工作。

5）控制柜的调整手柄是否处在零位。

6）检查加料口是否有异物存在。

(2) 开车前生产准备

1）按当日生产的规格选配模芯、模套、钢垫、胶垫以及盘具，并把它们安放在规定位置。

2）把机头、机身预热到工艺规定的温度。

（3）开车时，喂入胶料应由少到多，不允许强制喂料

（4）开车中如发现异常现象，应立即停车检查

（5）开车中禁止将手或工具伸入喂料口中

（6）开车过程中应经常排除管路中的冷凝水

（7）停车前必须排除机身内的余料

11. 维护和保养

1）定期检查螺杆和衬套的磨损情况，当衬套与螺杆的间隙值超过允许数值时应进行更换。

2）各润滑部位应按润滑规定要求，定期加油或换油。

3）停机后应将加料口盖严，防止杂物进入。

4）橡料内不得夹有金属或其他杂物。

5）必须均匀地连续供料，严禁无胶料运转。

6）非检修时严禁拆卸安全罩。

7）应定期校验压力表和溢流阀，以保证安全生产。

三、加压熔盐连续硫化机组

加压熔盐连续硫化生产线（简称 PLCV）和传统的以蒸汽为加热介质的硫化系统不同，是采用典型的硫化温度下共熔盐为加热介质，以压缩空气加压而进行硫化的系统。常用低共熔点硝酸盐，其组分为硝酸钾 53%、硝酸钠 7%、亚硝酸钠 40%，共熔点为 141℃，沸点为 500℃。由于盐的密度较大，电缆可以受到很大浮力，可以减低电缆穿管时所需的拉力。熔盐的传热效率约为蒸汽的 2 倍，硫化管的长度可以缩短，但生产速度并不下降。

该设备组成如下：

全套设备由下列机件组成：①两台 RMR 型门式主动放线架；②储线器（最大储线量 100m）；③扇形导向装置；④履带式上牵引机；⑤ϕ65mm 挤橡机；⑥ϕ150mm 挤橡机；⑦ϕ90mm挤橡机；⑧十字头；⑨ϕ25mm（色条）挤橡机；⑩打印装置；⑪入口密封套；⑫加压熔盐硫化及水冷却系统（包括硫化管 40m；储盐管、盐液循环泵、分离段、空气压缩机、储气罐、冷却水管、注水泵、出口双密封）；⑬转向轮；⑭冷却水槽；⑮履带式下牵引机。其布置如图 5-10 所示。

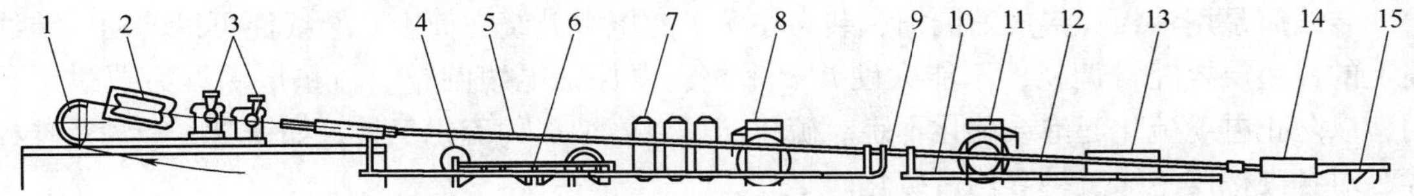

图 5-10 三层共挤加压熔盐连续硫化机组

1—门式主动放线架 2—储线器 3—扇形导向装置 4—履带式上牵引机 5—ϕ65mm 挤橡机 6—ϕ150mm 挤橡机 7—ϕ90mm 挤橡机 8—十字头 9—ϕ25mm（色条）挤橡机 10—打印装置 11—入口密封套 12—加压熔盐硫化及水冷却系统 13—转向轮 14—冷却水槽 15—履带式下牵引机

四、硫化罐

电缆工业常用的固定式硫化设备是硫化罐。硫化罐有立式和卧式两种，一般多采用卧式硫化罐，如图 5-11 所示。

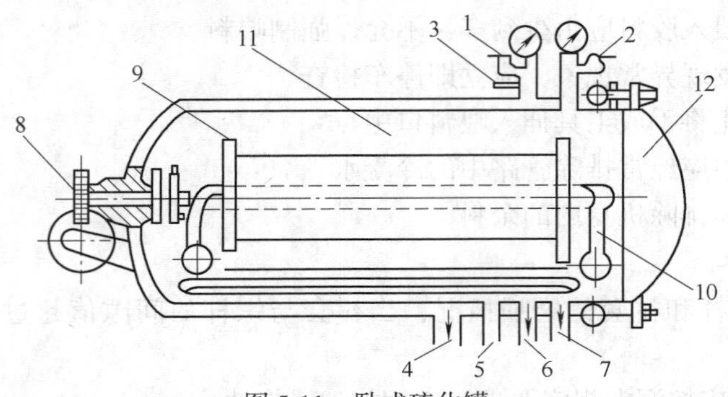

图 5-11　卧式硫化罐

1—夹层的压力表及溢流阀　2—罐内的压力表及溢流阀　3—夹层的进汽阀门　4—夹层的放汽阀门　5—罐内的进汽阀门　6—罐内的放汽阀门　7—冷凝水排管　8—罐内装线筒旋转传动系统　9—装线筒（即硫化筒）　10—推线小车　11—硫化罐　12—硫化罐盖

1. 硫化罐的结构

硫化罐均为双层罐体，罐壁为夹层，通蒸汽用于保温，在罐体外包有保温层以保持罐内的温度恒定。罐体用中碳钢板焊接而成，罐上还有压力表、溢流阀　进气管、排气管及冷凝水管。罐的一端以活动法兰和罐盖连接，沿圆周安装许多螺钉，用来拧紧并密闭罐盖。为了操作方便，在罐内还装有轻便铁轨，以便推线小车推进推出。此外还有冷凝水分离器，以保证入罐的蒸汽为纯饱和水蒸气。

2. 硫化罐的规格

卧式硫化罐的规格见表 5-3。

表 5-3　卧式硫化罐规格尺寸

罐的内径 /mm	罐的工作长度 /mm	最大工作压力 /MPa	轨道长度 /mm	铁轨宽度 /mm	铁轨与中心的距离/mm
1100	3000	0.5～0.7	2800	500	480
1500	3000	0.6	2780	600	570
2000	4000	0.5	3780	600	845

3. 装线筒（硫化筒）

装线筒是用铁板焊接成的圆筒，装在小车上，电缆就绕在筒上。装线筒可以转动。装线筒上的衬垫层要经常调换，不能太硬并要平整，以保证电缆圆整。衬垫层潮湿后要烘干再用，以防止电缆硫化起泡或硫化不足。硫化筒可以容纳多种硫化工具，如铁盘、托盘及挂杆等，对各类橡皮绝缘、护套均可硫化。

思 考 题

1. 解释挤橡机的型号、规格。
2. 简述挤橡机的结构组成。
3. 分析影响挤出质量的设备因素。
4. 简述挤橡机的使用与维护保养规程。
5. 简述连续硫化机组的构成。
6. 分析不同的硫化管布置方式各有什么应用特点。

◇◇◇ 第二节　挤 橡 工 艺

电线电缆的挤橡是使用挤橡机和模具在导体上挤包橡皮绝缘层或在缆芯上挤包橡皮护套层的工艺加工过程。

绝缘层或护套层的质量除受橡皮配方、橡料混炼质量、橡料塑性等因素的影响外，还受挤橡时的挤出温度、挤包速度、挤橡模具的质量和选配等一系列的因素影响，所以在挤橡过程中应严格控制工艺参数，认真进行操作。

一、温橡

热喂料挤橡过程中，温橡是必不可少的一道工序。

温橡的目的是把橡料加热，使之柔软和塑性均匀，并切成橡条或小橡卷供挤橡机用。有些橡料在温橡时才加硫化剂和促进剂，这时就要准确称量，在温橡时也应打三角包，使硫化剂和促进剂分散均匀。

温橡后的橡料塑性要符合工艺要求。如塑性小，则挤出的橡料表面粗糙且易收缩变形；若塑性大则挤出后容易压扁。为此，应根据不同的橡料配方制订出合理的塑性范围，从而保证挤出的产品尺寸均匀一致，外观表面光滑。

现在较新式的挤橡机由于螺杆加长，螺杆上增加了塑化段，已经不必采用热喂料了，可直接采用冷喂料方式，因而可以省掉温橡这道工序。

二、挤橡模具的结构与选择

挤橡模具包括模芯和模套。模芯的作用是固定和支撑导电线芯或成缆线芯，使胶料成环状且按一定的方向进入模套；模套的作用是使胶料通过它的锥部与模芯锥部形成的间隙，进入圆柱形孔，使橡料沿线芯包敷成形，它的几何形状对挤包有密切的关系。正确地选择模具是十分重要的。

模具结构尺寸和几何形状的选择原则是：模芯和模套之间形成的间隙应是逐渐缩小的，橡料通过间隙的速度逐渐加快，同时在这一流程中，橡料应不会遇到任何障碍而呈流线形流动，以保证橡料有足够的压力，使挤包的橡料层紧密、均匀、光滑、圆整、尺寸稳定。模芯模套的形状如图 5-12 所示。

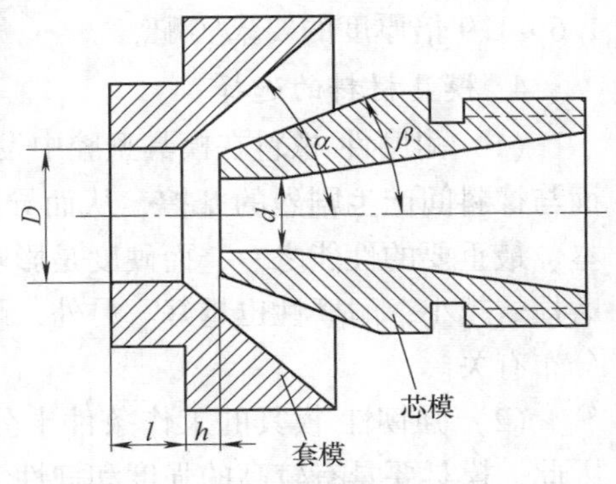

图 5-12　模芯模套

α—模套锥角　β—模芯锥角
D—模套孔径　d—模芯孔径
l—承线长度　h—对模距离

1. 模具角度的选择

根据模套模芯几何尺寸的确定原则，模套内圆锥体的圆锥角应大于模芯外圆锥体的圆锥角，即 α 应大于 β。从橡料挤包受力分析中可知：β 角小的，橡料的流动平滑，挤包外径均匀、易于控制，但橡料对线芯的压力小，橡料表面不光滑，包得不紧密。α 角大时，则推力小而压力大，挤包速度慢、产量低、不易调整偏心，但橡料的表面光滑，包得紧密结实。一般 α 角控制在 60°～70°，β 角控制在 20°～30°。

2. 模套模芯承线长度的选择

模套的成型部分称为承线区（定径区），承线长度 l 和模套孔径 D 有关，通常用承线比 N 表示，即

$$N = l/D$$

式中 l——承线长度；

D——模套孔径。

当模套孔径不变时，N 值大则 l 值就大，此时橡料受到的阻力大，挤包时表面光滑且紧密，外径尺寸也较稳定。但当 l 值太大时，将会出现脱节现象。N 值小则 l 值也小，橡料挤包时受到的阻力小，挤包表面不光滑且不紧密，挤包层容易膨胀，挤包后外径不稳定。一般挤包绝缘层时，N 值取 0.7 ~ 1.0；挤包护套时，N 值取 0.5 ~ 0.7。

3. 模芯和模套孔径的选择

模芯孔径 d 的主要作用是使线芯能处于挤包橡料层的中心，此外与模芯座一起锁住橡料，使其从一个方向挤出。通常选取 d 的值稍大于导体的直径，太大则容易产生偏心，太小则容易划伤导体，甚至拉断导体。操作过程中，如果是绝缘工序，取一段长度约 30cm 的导体实样，选取模芯尺寸大于导体实样 0.2 ~ 0.3mm，试着将导体穿过模芯，不能有滞阻明显的感觉，也不能太松。如果是生产护套工序，同理，取一段约 30cm 成缆芯实样，选取模芯尺寸大于成缆芯实样 0.2 ~ 0.5mm 丝，试着将缆芯穿过模芯，不能太松或太紧。

模套的孔径从理论上来讲应选用与绝缘后线芯或护套的标称值相同的孔径。但由于橡料具有一定的弹性，易于膨胀，所以模套孔径应稍小于绝缘层或护套的标称外径。在实际选用时还要根据橡料的工艺特性、导电线芯或缆芯的结构、外径的均匀性等多种因素，综合考虑后凭经验选定。一般天然橡胶、丁苯橡胶、氯化聚乙烯橡胶为基料的混合胶料，模套尺寸按模芯尺寸加 2 倍厚度的要求实配；乙丙橡胶、氯丁橡胶为基料的混合胶料按模芯尺寸加 1.6 ~ 1.9 倍厚度的要求实配。

4. 模具材料的选择

（1）耐磨性 橡料在模具型腔中发生塑性变形时，沿型腔表面既流动又滑动，使型腔表面与橡料间产生剧烈的摩擦，从而导致模具因磨损而损坏，所以材料的耐磨性是模具最基本、最重要的性能之一，而硬度是影响耐磨性的主要因素。一般情况下，模具的硬度越高，磨损量越小，耐磨性也越好。另外，耐磨性还与材料中碳化物的种类、数量、形态、大小及分布有关。

（2）强韧性 模具的工作条件十分恶劣，需承受较大的冲击负荷，从而导致脆性断裂。因此，模具要具有较高的强度和韧性。模具的韧性主要取决于材料的含碳量、晶粒度及组织状态。

（3）高温性能 当模具的工作温度较高时，会使硬度和强度下降，导致模具早期磨损或产生塑性变形而失效。因此，模具材料应具有较高的耐回火性，以保证模具在工作温度下具有较高的硬度和强度。

（4）耐蚀性 由于胶料中存在氯、氟等元素，受热分解会析出 HCl、HF 等强侵蚀性气体，侵蚀模具型腔表面，加大其表面粗糙度，加剧磨损。

三、对模距离及模具的调整

1. 对模距离 h 的调整

对模距离就是模芯端部与模套承线区起端的距离，以 h 表示。对模距离大，则挤包压力大，挤包层表面光滑，断面紧密。但对模距离太大时，由于侧压力大，容易产生线芯刮伤或倒胶现象。对模距离也不能太小，太小时，易造成挤包层不紧密，挤包层表面粗糙。更应注意的是，当模芯顶住模套的定径区时，会由于橡料难以通过，产生巨大的内压力导致挤橡机爆裂，造成事故。在调整模间距时，要根据挤包层的厚度以及橡料的工艺性能凭经验来调整。对于弹性大的橡料，需要大的压缩力，所以对模距离要大些，一般取挤包层标称厚度的1～1.8倍；弹性小的橡料，如氯丁橡胶，则对模距离要小些，一般取挤包层标称厚度的0.8～1.2倍。这时挤包的护套紧密、表面光滑、尺寸稳定。

2. 偏心的调整

由于模芯和模套的位置没有对准中心，或模芯没有固定好，会导致挤包层偏心。所以，在正式开机之前需调整好（通过校模螺钉）模芯模套间的径向相对位置并加以固定，通过试挤一段短样来观察是否还存在偏心。需要注意的是，调整偏心时，要尽量使排胶温度达到或接近正常开机时的温度。否则，试挤的短样偏心可能不准，开机正常后，偏心会产生较大变化，严重影响产品质量。

四、挤橡温度的控制

在挤出开始前，要预热挤橡机机身、机头及模口各部位，以达到规定的温度，使橡料在挤橡机内处于热塑性流动状态。橡料在挤橡机各部位的温度调节，在很大程度上要根据橡料的塑性、橡料的种类以及挤包的是绝缘层还是护套层来决定。当温度过高时容易产生焦烧现象，尤其是氯丁橡胶、氯磺化聚乙烯橡胶最为明显。当温度过低时产品表面不光滑，容易脱节。严重时会由于螺杆的负荷加大而停止转动，甚至造成螺杆折断。

一般情况下挤橡机机身温度可低一些，机头温度要高一些，模口的温度应为最高。由于胶种的不同，各部位的温度也不同，一般情况下挤橡机各部位温度控制可参考表5-4。

表5-4　常用橡胶的挤出温度

橡胶种类	机身温度/℃	机头温度/℃	模口温度/℃
天然橡胶	40～60	75～85	90～95
丁苯橡胶	40～50	70～80	90～100
氯化聚乙烯橡胶	40～50	60～90	90～110
丁腈橡胶	30～40	65～90	90～110
氯丁橡胶	30～35	60～70	70～80
乙丙橡胶	50～60	70～90	90～110

五、牵引速度与螺杆转速

挤出速度通常可用单位时间内挤橡机挤出的橡料体积或重量表示。对电线电缆产品来说，用单位时间内挤出的长度来表示更为实际。

挤橡机的螺杆结构、转速、模具尺寸、加料方法以及各部位温度对挤出速度影响很大，同时橡料的组成成分和塑性大小对挤出速度也有影响。

在正常挤出情况下，挤出速度应尽量保持恒定，牵引速度和螺杆转速一定要配合好，并保持不变。因为在橡料性质、挤出温度、模具尺寸都一定时，机头内的压力也一定，挤出后橡料的膨胀和收缩率也就不会变，挤出橡料的断面尺寸才能稳定地保持在公差范围内。当必须调整挤出速度时，则对有关参数也相应地进行调整。

思　考　题

1. 简述挤橡过程控制的工艺因素。
2. 为 $16mm^2$ 导体，挤包 1.2mm 厚绝缘层配制合适的模具。

◇◇◇ 第三节　硫 化 工 艺

硫化是橡皮绝缘和橡皮护套电线电缆制造中的重要工艺过程之一。硫化的目的在于改善橡料的物理力学性能及其他性能，使橡料绝缘层或护套层经过硫化后能获得一系列良好的物理力学性能和化学性能。

一、硫化的机理

什么是硫化？硫化的条件是什么？为什么硫化后橡料的性能会发生变化而且会变好呢？

在加热的条件下，橡料中的橡胶分子与硫化剂发生化学反应，使橡胶由线形结构的大分子，交联成为立体网状结构的大分子，这个过程称为硫化。其硫化机理如下：

硫黄在常温下是以八个原子形成环状结构的形式存在的，在硫化温度下，硫黄的环状结构被打开，生成活泼的双基。然后，这些活泼的双基与橡胶分子链上的 α-次甲基以及橡胶的不饰和双键作用进行交联。

与 α-次甲基作用

```
          CH3                                                  CH3
          |                                                    |
—CH2—C=CH—CH2—                                    —CH—C=CH—CH2—
                      + *S—S6—S* ——→      |
—CH2—C=CH—CH2—                                      Sx                 +nH2S
          |                                                    |
          CH3                                         —CH—C=CH—CH2—
                                                                  |
                                                                  CH3
```

与不饱和双键作用

```
          CH3                                                CH3
          |                                                  |
—CH2—C=CH—CH2—                                  —CH2—C—CH—CH2—
                      + *S—S6—S* ——→               |     |
—CH2—C=CH—CH2—                                          Sx    |
          |                                                  |     |
          CH3                                       —CH2—C—CH—CH2—
                                                             |
                                                             CH3
```

实际上，硫黄与橡胶的交联反应是很复杂的。除了上述反应外，同时还发生其他反应。同样，氯丁橡胶与氧化锌、氧化镁的作用机理可用下列反应式表达

$$
\begin{array}{c}
\mathrm{Cl} \\
| \\
-\mathrm{CH_2}-\mathrm{C}{=}\mathrm{CH}-\mathrm{CH_2}- \\
-\mathrm{CH_2}-\mathrm{C}{=}\mathrm{CH}-\mathrm{CH_2}- \\
| \\
\mathrm{Cl}
\end{array}
+\mathrm{ZnO}\longrightarrow
\begin{array}{c}
-\mathrm{CH_2}-\mathrm{C}{=}\mathrm{CH}-\mathrm{CH_2}- \\
| \\
\mathrm{O} \\
| \\
-\mathrm{CH_2}-\mathrm{C}{=}\mathrm{CH}-\mathrm{CH_2}-
\end{array}
+\mathrm{ZnCl_2}
$$

或者

$$
\begin{array}{c}
\mathrm{Cl} \\
| \\
-\mathrm{CH_2}-\mathrm{C}-\mathrm{CH}-\mathrm{CH_2}- \\
-\mathrm{CH_2}-\mathrm{C}-\mathrm{CH}-\mathrm{CH_2}- \\
| \\
\mathrm{Cl}
\end{array}
+\mathrm{ZnO}+\mathrm{MgO}\longrightarrow
\begin{array}{c}
-\mathrm{CH_2}-\mathrm{C}{=}\mathrm{CH}-\mathrm{CH_2}- \\
| \\
\mathrm{O} \\
| \\
\mathrm{Zn} \\
| \\
\mathrm{O} \\
| \\
-\mathrm{CH_2}-\mathrm{C}{=}\mathrm{CH}-\mathrm{CH_2}-
\end{array}
+\mathrm{MgCl_2}
$$

随着科学技术的不断发展，硫化的概念也有新的发展，硫化剂和高温不再是硫化的必要条件，有些特殊的橡料可在较低的温度下甚至在室温下硫化，也可在橡料中不加硫化剂而采用物理的方法（如 γ 射线）进行交联。所以，硫化可以定义为：橡料在一定条件下，橡胶大分子由线形结构转变为空间网状结构的交联过程。硫化前后橡胶大分子结构的变化如图 5-13 所示。

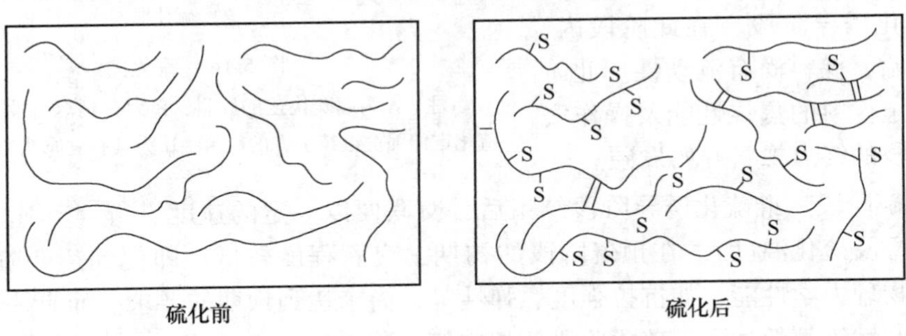

图 5-13　硫化前后橡胶大分子示意图

在硫化过程中，橡料的一系列性能发生了显著变化。我们取不同硫化时间的试片做各种物理力学性能实验，可得出如表 5-5 的性能变化。

表 5-5　硫化前后橡料性能的变化

性能项目	硫化前	硫化后
塑性	有	无
弹性	低	高
定伸强度	低	高
抗拉强度	低	高
断后伸长率	高	低
压缩变形	大	小
耐老化性	弱	强
适用温度范围	狭	广
溶解度	溶	不溶（仅有溶胀）
自黏性	有	无
硬度	低	高

硫化过程中橡料性能的变化，是由于硫化过程中分子结构发生变化的结果。未硫化的橡胶是线形结构大分子，其分子链具有运动的独立性，而表现出可塑性大、伸长率高并具有可溶性；经过硫化的大分子，在分子链之间生成横键，成为空间网状结构，因而在分子间除次价力键外，在分子链结合处还有主价力键发生作用。所以硫化橡皮比橡胶的抗拉强度大、定伸强度高、断裂伸长率小而弹性大，并失去可溶性而只有有限的溶胀。

二、硫化曲线与正硫化点

1. 硫化曲线

橡料在硫化过程中，有一个重要的特性就是橡料的物理力学性能随着硫化时间的变化而变化。它的变化过程可以描述为一条曲线。这条曲线称为硫化曲线，如图 5-14 所示。

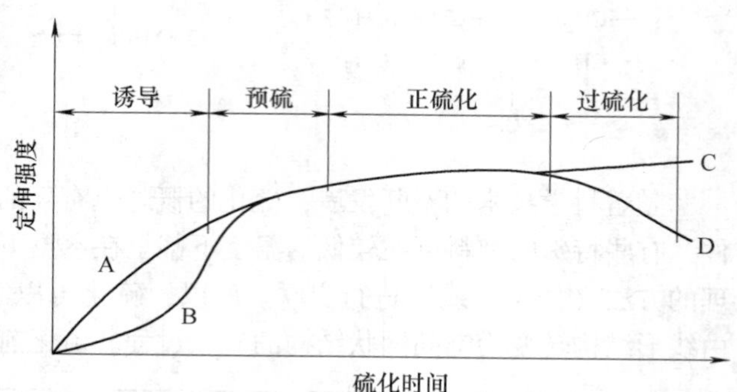

图 5-14 硫化曲线

注：A 为起硫快速的胶料；B 为有延迟特性的胶料；C 为硫化定伸强度继续上升的胶料；D 为具有复原性的胶料。

从图 5-14 可知，整个橡料硫化过程可分为 4 个阶段，即硫化诱导阶段、预硫阶段、正硫化阶段和过硫化阶段。

（1）硫化诱导阶段　在此阶段内，交联尚未开始，橡料尚有流动性。此阶段的长短决定橡料的焦烧性能及操作安全性。此阶段的终点橡料开始发硬。

（2）预硫阶段　继硫化诱导阶段结束后，交联便以一定的速度进行（其速度的快慢取决于橡料配方及硫化温度）。在预硫阶段的初期，交联程度较低，即使到达此阶段的后期，硫化橡皮的物理力学性能，如抗拉强度、弹性等，尚未达到预期的要求。而有些性能，如抗撕裂性、耐磨性等都超过了正硫化阶段的相应值。

（3）正硫化阶段　在这一阶段，硫化橡皮的主要物理力学性能均达到或接近最佳值，或者说硫化橡皮的综合性能达到了最佳值。这一阶段所确定的温度和时间，分别称为正硫化温度和正硫化时间，总称为正硫化条件。正硫化是一个阶段，即在这一阶段中，橡料的各项物理力学性能基本保持恒定或变化很小，所以正硫化阶段也称为硫化平坦期。

（4）过硫化阶段　正硫化阶段后，继续硫化便进入过硫化阶段。在过硫化阶段中，不同的橡胶会出现不同的情况，天然橡胶胶料会出现各种物理力学性能下降的现象；而合成橡胶胶料在过硫化阶段中各项物理力学性能变化甚小或保持恒定。交联和氧化断链两种反应贯穿于橡料硫化过程的始终。在硫化过程的不同阶段，上述两种反应所占的地位不同，在过硫化阶段中氧化断链反应占主导地位。对于天然橡胶，橡胶主链为线形大分子结构，因此此时表现为物理力学性能下降。而对于大部分合成橡胶来说，如丁苯橡胶、丁腈橡胶等，由于其存在着支链结构，故在氧化反应过程中起支化作用，因而合成橡胶在过硫化阶段性能变化不大。实验测定的硫化曲线是以上两种反应的综合结果。

2. 正硫化点的确定

从硫化曲线可以看出，橡料在硫化过程中，物理力学性能是逐渐上升的，达到正硫化后趋于平坦，而达到正硫化所需的最短时间称为正硫化点。

由于在给定的温度下，橡料各种性能达到最佳值的时间不一，为了使橡胶产品获得最佳的性能，必须按产品的性能要求、工艺特点，选择既能满足产品特殊性能要求又有良好综合性能的最短硫化时间的某一点，称为工艺正硫化点。一般橡胶产品的工艺正硫化点应取应力应变最高值前一点。电缆工业中一般都用抗拉强度和抗张积（抗拉强度和断裂伸长率的乘积）为指标来确定。此外，再适当考虑抗撕裂性、耐磨性及弹性等其他性能，以确定工艺正硫化点。

实际生产中，在不影响操作安全的条件下，希望橡料的硫化时间越短越好，以利于提高产量，所以应取正硫化区域的前半部分作为正硫化时间。

3. 硫化曲线的应用

硫化工艺的依据就是硫化曲线。

1）利用硫化曲线了解硫化胶的力学性能是否满足产品对橡皮的使用性能要求，并根据产品的要求，在正硫化、抗张应力范围内，选取抗张应力的高低。

2）根据硫化曲线的硫化起步快慢，决定橡胶加工最高温度界限、加工时间、储存温度及时间。

3）由工艺正硫化点确定硫化工艺的硫化时间范围。工艺正硫化点的测定有化学方法，如游离硫测定法和物理方法如抗拉强度法，也有用仪器直接测定的方法，如用硫化仪测定工艺正硫化点。电线电缆用橡皮，习惯上取抗拉强度硫化曲线最高值的85%～90%的那一点。

4）根据硫化平坦部分的长度判断橡皮的老化性能，确定橡皮延时硫化时间界限，二次三次硫化的时间，橡皮修理时的硫化时间等。

三、硫化条件

硫化过程中必须严格控制的主要条件有硫化温度、硫化压力和硫化时间。

1. 硫化温度

热硫化本身是一个化学反应过程，影响反应过程的首要条件是温度。硫化温度对硫化速度的影响，通常用硫化温度系数来描述。

硫化温度系数是指在特定温度下，橡胶达到一定硫化程度所需的时间，与在温度相差10℃的条件下所需的相应时间之比，其表达式为

$$\frac{\tau_1}{\tau_2} = K^{\frac{t_2 - t_1}{10}} \tag{5-2}$$

式中 τ_1——温度为 t_1 时所需的硫化时间；

τ_2——温度为 t_2 时所需的硫化时间；

K——硫化温度系数。

硫化温度系数 K 随胶料的差异而变化，并且还与硫化温度范围有关。试验证明，多数橡胶在硫化温度为120～180℃范围内的 K 值通常为1.5～2.5，实际计算时可取 $K=2$。

若已知胶料的硫化温度系数，而硫化温度发生变化，可从式（5-2）中求出温度变化后的硫化时间。若硫化温度系数为2，硫化温度升高10℃，则硫化时间为原有硫化时间的一半，因此可通过提高硫化温度加速硫化过程，达到提高生产效率的目的。提高硫化温度还要考虑下列因素：胶料的种类、硫化方法，例如，天然橡胶的硫化温度一般不宜大于160℃；丁苯橡胶、丁腈橡胶可以采用150～190℃的硫化温度；氯丁橡胶的硫化温度小于170℃，至于像硅、氟橡胶等胶种，200℃的硫化温度硫化也能承受。硫化体系对硫化温度也有很大影

响，用硫黄做硫化剂，硫化温度要低，而采用低硫高速促进剂的硫化体系适用于高温硫化。硫化方法对硫化温度也有影响：罐式硫化温度要低，连续硫化温度要高，饱和蒸汽硫化温度低，而熔盐硫化温度就高些。

2. 硫化压力

硫化时使线缆制品置于一定压力之下是非常重要的，因为线芯和胶料不可避免带有空气和水分，在硫化过程中，温度一般都在100℃以上，水转变为气体；胶料中某些成分间也会因发生化学反应而产生气体。这些气体在胶层中产生内压力，如果线缆制品外面压力小于内部气体压力，这些气体就会在胶料中形成大的气泡或分层。如增加制品外面压力，就可抑制气泡长大，保持组织的致密，所以硫化压力是保持制品质量的重要条件。

3. 硫化时间

硫化是一个交联过程，需要一定时间才能完成，前面曾叙述了正硫化点的确定方法。但当硫化条件有变化时，硫化时间长短的调节必须服从于正硫化时的硫化效应，并以此为准则。硫化时间过短会造成欠硫，过长则会导致过硫。

四、硫化介质

在加热硫化中，凡是借以传递热能的物质统称为硫化介质。电缆工业使用的硫化方法依硫化介质分为：饱和蒸汽硫化、过热蒸汽硫化、红外线硫化和低熔点金属盐硫化等多种硫化方法。在橡胶工业中还有热水、过热水、高频电场和微粒玻璃珠等硫化介质。

1. 饱和蒸汽

目前国内各电线电缆厂大都采用饱和水蒸气作为传热介质进行橡料的硫化，它具有下列优点。

1）水蒸气获得方便、简单、经济。

2）水蒸气较为清洁，不会污染设备及产品。采用水蒸气直接接触产品进行硫化，传热快，使硫化时间大为缩短，且加热均匀。

3）水蒸气不仅供给热量还提供硫化所需的压力，见表5-6。

表5-6　饱和蒸汽温度和饱和蒸汽压力的关系

饱和蒸汽压力/atm	饱和蒸汽温度/℃	饱和蒸汽压力/atm	饱和蒸汽温度/℃
1	119.3	14	197.4
2	132.9	15	200.5
3	142.8	16	203.4
4	151.1	17	206.2
5	158.1	18	208.9
6	164.2	19	211.4
7	169.3	20	213.8
8	174.6	21	216.2
9	179.1	22	218.5
10	183.2	23	220.2
11	187.1	24	222.9
12	190.8	25	225.0
13	194.2		

注：1atm＝0.101325MPa，atm为标准大气压。

由于饱和蒸汽的温度和压力有一定的关系，因此硫化过程中都采用压力表来控制硫化温

度。但是这种温度与压力关系，只有在纯水蒸气时才成立，因此硫化时必须先将硫化罐中的空气排出，使硫化压力仅由水蒸气所产生，否则将会产生温度误差，难以控制硫化条件。

2. 熔盐

现在有一种加压熔盐连续硫化机，它所使用的加热介质是在典型硫化温度下共熔的盐，其成分为硝酸钾53%、硝酸钠7%、亚硝酸钠40%，共熔点为141℃，沸点为500℃。由于盐的密度较大，电缆可以受到很大浮力而不至于擦管，可以减低电缆穿管时所需的拉力。熔盐的传热效率约为蒸汽的2倍。硫化管的长度可以缩短，但生产速度并不降低。硫化时先将熔盐加热到200~250℃（或按工艺规定），将电缆引入进行硫化。硫化所需要的压力将由空气压缩机提供。

加压熔盐连续硫化机的优点在于温度和压力可以分别调控，换言之硫化温度可以提高，而压力可以保持在适当较低的水平。

五、硫化方法

1. 饱和蒸汽硫化

电缆行业使用饱和蒸汽硫化的方法有两种，一是罐式硫化，二是连续硫化。连续硫化由于具有生产效率高、产品质量好、操作方便等优点，业已成为电线电缆生产最主要的硫化方式。硫化罐硫化现已退居次要地位了，但由于罐式硫化灵活性大，对于某些短段产品或某些有特殊要求的产品的硫化仍比较合适。

2. 硫化罐硫化

（1）硫化步骤　用硫化罐硫化的操作分为三个阶段：即进汽阶段、硫化阶段和放汽阶段，如图5-15所示。

1）进汽阶段。进汽阶段也是橡料的预热阶段。在进汽过程中一定要控制好进汽速度，进汽速度不能太快，要均匀平稳，保证所有的橡料同步受热，硫化过程同时开始。如果不这样，由于橡料导热性差，各处受热不同步，会造成硫化不均，有的欠硫、有的过硫。一般进汽时间为10~20min。但进汽时间不能太长，因为此时橡料还没有硫化，橡料受热后会变软，若时间太长会造成压扁。

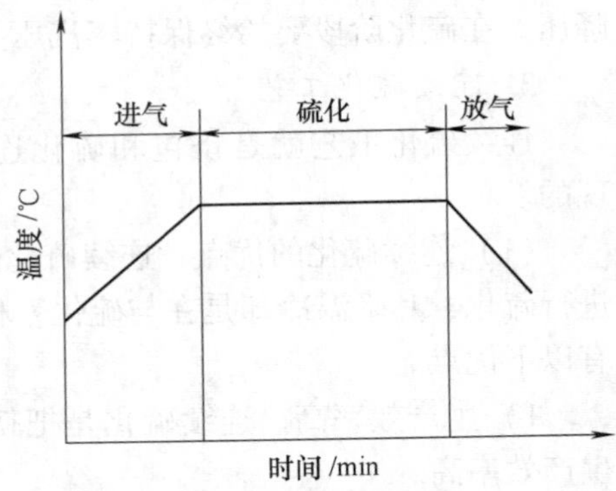

图5-15　硫化罐硫化工艺

2）硫化阶段。硫化阶段是橡料获得重要性能的阶段。硫化开始后，要注意蒸汽压力表保持恒定，一般控制在0.4MPa附近，上下波动不能超过0.1MPa。如果蒸汽压力出现波动，则应注意适当调整硫化时间，以保证产品质量。硫化时间的长短是根据配方要求、硫化温度以及产品规格等因素并通过实验来确定的。橡料硫化阶段时间都在35~40min。

3）放汽阶段。硫化最后阶段是放汽。放汽时气压应逐渐、缓慢降低，不能放得太快，否则由于外部压力突然下降，内部的气体仍有很大压力，容易产生起泡现象。但从另一方面讲，此时橡皮已经硫化，有了一定的机械强度，所以放汽时间不需像进汽时间那样长，一般为8~10min就可以了。

综上所述，硫化罐硫化每次的硫化时间为50～70min。

（2）硫化前的准备工作　由于橡料在硫化的初始阶段受热变软，因此很容易发生压扁、偏心或黏在一起的现象。为了防止上述现象的发生，在实际生产中常采取下列措施。

1）不包带的产品硫化。对于小截面或柔软线芯的绝缘电线，涂上滑石粉后松散地、整齐地绕在电缆硫化托盘上进行硫化。

2）包带硫化。对大截面的产品，要在表面上绕包一层布带，布带可以给产品一个径向压力，使制品在硫化后紧密结实不变形，也可防止制品之间粘连，而且绕包了布带之后，可以在硫化筒上缠绕多层进行硫化，以提高产量。其缺点是绕包布带不但增加了工序，而且消耗了许多纤维材料，同时也使电缆表面上留下了布带绕包的痕迹。

3）压铅硫化。它适用于大截面的橡套电缆的护套硫化。它的优点是电缆表面光滑、结构紧密结实、不变形，不仅使电缆表面美观，而且减少了护套的吸湿性；缺点是工艺繁杂、设备庞大、生产率低下，耗费许多铅。

（3）操作注意事项

1）硫化筒排线要整齐不能交叉，不宜过松或过紧。

2）对不包带的产品应均匀涂上滑石粉，层数不宜多，以防硫化时互相粘连或压扁变形。大规格电缆只能绕一层到两层。

3）硫化筒上的衬垫要经常更换，不能太硬且要平整。衬垫层潮湿后要烘干再用，以防造成硫化起泡或局部硫化不足等缺陷。

4）硫化中要正确按工艺卡控制蒸汽压力，如供汽不足引起压力波动很大时，要调整硫化时间。

5）按规定时间进汽或放汽，要缓慢地使蒸汽压力升高或降低，不应突然使蒸汽升压或降压。在硫化阶段要始终保持蒸汽压力稳定。

3. 连续硫化工艺

连续硫化工艺就是挤包和硫化连成一道工序的硫化工艺，它是在连续硫化机组上实现的。

（1）连续硫化的优点　连续硫化是电缆的橡料层经挤橡机挤出后立即进入蒸汽硫化管进行硫化，其降温冷却是在与硫化管相连的冷却水管内完成的。连续硫化与硫化罐硫化相比有以下优点。

1）生产效率高。连续硫化是把挤橡和硫化两道工序组合在一起，有很高的挤出速度，生产效率高。

2）质量好。产品表面光滑，结构紧密，无包带痕迹，不易压扁。

3）节约了大量辅助材料，如棉布、衬垫、隔离剂、铅等。

4）产品长度不受硫化设备的限制，尤其适宜于大批量、大长度电线电缆的生产。

5）简化了工序，节省了人力，省去了包带、复绕、压铅等工序。

6）降低了劳动强度，改善了劳动条件和作业环境。

7）设备占地面积小。

（2）连续硫化的基本原理　连续硫化的基本原理是利用提高温度的方法来加快硫化速度，使电缆橡料挤包层通过适当长度的高温硫化管，达到充分硫化并能连续作业的目的。

例如：要硫化一根10mm^{2}的橡皮绝缘电线，经配方试验确定在143℃温度下，硫化时间为 30min。假定线芯以 80m/min 的速度通过一根温度为 143℃的硫化管，则硫化管的长度应为 80×30m=2400m 才能完成硫化过程。这样长的硫化管实际上是不可能有的。假如采用 100m 长的硫化管，硫化时间仍为 30min，那么线芯通过硫化管的线速度只能在 3.33m/min 及以下，才能完成硫化过程。这个速度显然太慢了，满足不了生产需要。

如果将硫化温度由 143℃提高到 203℃，即升高 60℃时，根据前述计算公式，在 203℃下的硫化时间 $\tau_1=0.4688\text{min}$。如果用 50m 长的硫化管来硫化，则出线速度将为 106.7m/min。这个速度是可以满足生产需要的。

上述计算结果考虑了硫化本身的时间，没有考虑到硫化前的加热时间、橡料层厚度及电线电缆规格等因素的影响。实践证明，理论计算硫化时间为实际硫化时间的 60%～70%。因此，实际线速度要比计算值低一些。事实上，连续硫化机组已被普遍采用。实现连续硫化的基本原理是利用提高温度的办法来加快硫化速度。同时，在橡料配方中选择适当的高速硫化剂和超速促进剂，也对加快硫化速度具有重要作用。

（3）硫化速度的控制　目前我国电线电缆工业所用的连续硫化机大都以高压蒸汽为传热介质。它既提供了硫化温度又提供了与温度对应的硫化压力，因此在硫化过程中人们都采用与温度对应的硫化压力，根据连续硫化机的条件（如硫化管的长度、压力、蒸汽压力、出胶量、牵引速度范围等）和所用配方的硫化特性以及电线电缆的规格来确定出线速度（即硫化时间）。

一旦某一规格的电线电缆出线速度确定后，用来确定出线速度的那些技术参数，在整个生产过程中均应保持不变，事实上有些参数是不会改变的，如硫化管长度、橡料配方、电线电缆规格等。但硫化温度（蒸汽压力）有时会因某种原因而产生波动。当波动幅度较大且时间较长时，则应根据范特霍夫法则并参考相对应蒸汽压力和温度及时调整出线速度，以保证产品的硫化质量。

（4）硫化压力的控制　对于以蒸汽为加热介质的连续硫化机来说，要求蒸汽压力能够保持恒定，因为蒸汽压力恒定则硫化温度也就恒定，这样才能保证产品的硫化质量。在实际生产中往往会遇到蒸汽压力波动的情况，则需要按前面提到的办法，调整出线速度。

4. 熔盐硫化

以钠、钾等低熔点金属盐为介质的交联质，除可生产中低压交联聚乙烯电缆外，还可以用于橡皮绝缘电缆的生产。此法对于大规格的橡套硫化有很大的优越性，具体有以下几点。

1）由于介质的密度大，较好地解决了卧式机组的“擦管”问题。

2）硫化温度高，故有较高的生产速度。使用略带斜度的卧式熔盐机组生产的橡套最大规格达 ϕ110mm。

5. 红外线硫化

橡胶和聚乙烯一样对红外线有较强的吸收能力，例如天然橡胶和丁苯橡胶各 50% 的混合胶对波长 3.5μm、7μm 和 11μm 的红外线有强吸收能力。我国一些单位在 20 世纪 70 年代就对红外线硫化橡皮生产线进行了试验研究，取得了一些经验。

熔盐和红外线硫化与相应的交联方法完全相同或有很多相似之处，不再赘述。

思考题

1. 硫化的定义是什么？

2. 橡皮硫化前后性能有何差异？

3. 橡皮绝缘电缆常用的橡胶如天然橡胶、氯丁橡胶、乙丙橡胶各采用何种硫化机理？

4. 实现橡皮硫化的工艺条件有哪些？

5. 连续硫化的定义及原理是什么？

6. 连续硫化生产 25mm^2 导体挤包 1.2mm 厚乙丙橡皮层，工艺硫化温度为 180℃，控制线速度为 15m/min，因蒸汽压力波动，现管体内温度为 160℃，假设硫化管体有效硫化长度为 60m，应调整牵引速度到多少？

◇◇◇ 第四节 硫化工序质量要求及检验

在挤橡硫化过程中，由于设备、工艺、材料和操作等方面原因，可能产生一些不合格品，我们应当掌握识别不合格品、分析其产生的原因并加以排除的知识技能，以减少不合格品的产生。

一、外观缺陷

1. 表面不光滑

(1) 产生的原因

1) 模套承线太长或太短，模口不光滑且孔径太大。

2) 橡料塑性小。

3) 机身、机头、模口处温度太低。

(2) 排除方法

1) 调换合适的模套。

2) 提高混合胶料的塑性，适当提高温橡的温度、延长温橡时间。如橡料本身塑性小，可适当增加软化剂用量。

3) 适当提高机身、机头、模口的温度。

2. 表面有杂质或熟胶粒子（早期硫化橡料粒子）

(1) 产生原因

1) 供给的橡料不干净，含有杂质或有早期硫化橡料存在。

2) 胶料焦烧时间太短。

3) 挤橡时机身、机头、模口温度太高，造成橡料早期硫化。

4) 在机头内的橡料流道不畅，有橡料滞留死角。

5) 螺杆端部不光滑、黏胶、螺杆与机筒的间隙太大，螺杆的螺纹上有死角造成藏胶。

(2) 排除方法

1) 更换清洁的橡料。

2) 改进橡皮配方，适当延长焦烧时间。

3) 适当降低机身、机头、模口的温度。

4) 改进机头结构，消除橡料流道上的死角和停滞区，使流道呈流线形。

5) 抛光螺杆端部，修理螺杆或机筒衬套，使间隙符合设计要求。

6) 重新选配模芯模套，使模芯的外圆锥角小于模套的内圆锥角 5°以上。

3. 电线电缆表面划伤、擦伤

(1) 产生的原因

1）模套不光滑，无倒角。

2）有杂质或熟胶粒子堵住模套口。

3）在硫化管内拖管擦伤。

4）硫化管出口密封橡皮垫圈孔径偏小。

（2）排除方法

1）更换模套。

2）拆下模套清除杂质和熟胶粒子。

3）调整线芯（或缆芯）张力，防止拖管。

4）更换合适的橡皮垫圈。

4. 表面有塌坑

（1）产生原因

1）模套孔径太大。

2）导电线芯外层单线（股线）间、缆芯外层绝缘线芯间隙偏大，缆芯外径不均匀。

3）橡料塑性小，黏性差。

4）橡料中有杂质。

5）对模距离小。

（2）排除方法

1）重新选择孔径小些的模套，但不能太小，否则会使表面出现麻花纹。

2）在导电线芯外包纸或其他材料做隔离层，缆芯可填充或包带使之圆整。

3）可先把机身、机头及模口温度适当提高，若塌坑现象还未消失，则提高温橡塑性，或调换塑性大的胶料。

4）更换干净的胶料。

5）适当调整对模距离，增大挤包压力。

5. 表面麻花

（1）产生原因

1）模套孔径太小。

2）橡料挤出不足，线芯缝隙填不满。

3）导电线芯或成缆线芯跳线。

4）模芯和模套装配距离太短。

（2）排除方法

1）调换孔径稍大的模套。

2）橡料挤出应充足。

3）调换线芯或缆芯。绞线或成缆时单线的张力要调整均匀。

4）适当调大模套模芯间的距离，增大挤包压力。

二、橡皮起泡或炸口

1. 产生原因

1）线芯潮湿，橡料含有水分。

2）橡料硫化不足或进汽太快。

3）绞线或缆芯头密封不好，或橡料中杂质扎破挤包层，使蒸汽进入线芯内部。

4）冷却水压太低。

5）橡料硫化速度慢。

6）橡料塑性太大。

2. 排除方法

1）烘干或擦干线芯、调换橡料。

2）保证橡料硫化充分，开车时进汽适当慢些。

3）开车换线时，绞线或缆芯头要封好，调换干净橡料，以免蒸汽进入线芯内部。

4）适当提高冷却水压力，加强电缆冷却（一般可采用0.3~0.6MPa的压力）。

5）改进橡皮配方，缩短正硫化时间，提高硫化速度。

6）适当降低机头温度，控制温橡时间及温度。

三、脱节、压扁

1. 产生的原因

1）喂料不均匀或有断续。

2）牵引速度与螺杆转速配合不协调，牵引速度太快或螺杆转速太慢。

3）橡料塑性太低，机头温度太低，造成脱节。

4）硫化不足造成压扁。

5）收线过紧或交叉。

2. 排除方法

1）均匀地喂料，尤其要防止喂料时断时续。

2）协调牵引速度和螺杆转速。

3）提高温橡塑性或调换塑性大的橡料，适当提高机头温度。

4）减缓挤出速度或提高蒸汽压力，调整橡料硫化体系，防止硫化不足。

5）适当减小收线张力，排线要平整，不得交叉。

四、橡皮断面有微孔

1. 产生原因

1）蒸汽压力低。

2）橡料致密度不够。

3）停机硫化时，管内气压放得过快。

2. 排除方法

1）适当提高蒸汽压力，在保证硫化程度的前提下，适当加快牵引速度。

2）提高挤出压力。可选择承线长的模套，选择压缩比大的螺杆，选择圆锥角差大些的模套模芯，以增加挤出压力。

3）停机硫化时间要足够，放汽时要缓慢。

五、偏心

1. 产生原因

1）模芯模套相对位置没有调整中心。

2）模芯孔径大或承线短，没有固定好。

3）模具破损。

4）模套模芯间有杂质，模套端部有熟胶。

5）放线张力不稳定。

6）导体或缆芯不圆整或呈蛇形。

2. 排除方法

1）重新调整偏心。

2）调换模芯或把模芯旋紧。

3）更换损坏的模具。

4）把模套拆下清除杂质或熟胶。

5）把放线张力调大些、稳定些。

6）更换导体和缆芯，消除蛇形，保证圆整。

六、外径不均匀成竹节形

1. 产生原因

1）牵引速度不稳定，忽快忽慢；喂料不均匀。

2）模芯孔径偏小或模套承线太短。

3）放线张力不均。

4）橡料塑性不均匀，温橡的温度不均匀。

2. 排除方法

1）检修设备，以保证牵引速度稳定。喂料应保证均匀。

2）调换合适的模芯或模套。

3）调整张力轮，使放线张力均匀。

4）调换橡料或重新温橡。

七、绝缘火花过多及绝缘电阻不合格

1. 产生原因

1）绝缘橡皮硫化不足或绝缘压扁。

2）橡皮有杂质、气泡或炸口。

3）绝缘橡皮被划破、刮伤。

4）绝缘偏心或绝缘橡皮太薄。

5）试验电压太高。

2. 排除方法

加强滤橡，并在运输、温橡及喂料过程中保持橡料的清洁，防止杂质混入。绝缘线芯张力应适当控制，排线要整齐、不得交叉，保证橡皮不压扁。

八、物理力学性能不合格

1. 产生的原因

1）物理力学性能不合格主要是橡皮欠硫或过硫。

2）橡皮老化性能不合格主要是过硫。

3）橡皮配方出了问题。

2. 排除的办法

1）橡皮欠硫时应提高蒸汽压力或降低牵引速度。

2）橡皮过硫时应采取与欠硫时相反的措施。

3）对于高速橡皮配方的硫化体系，增加正硫化时间，使硫化曲线平坦。

4）复验一下橡皮配方，看是否是混炼时出了问题（如防老剂、硫化剂、促进剂是否错加或漏加），抑或原材料出了问题。

思考题

1. 橡皮挤制过程中，常见的外观缺陷有哪些？分别分析其产生的原因及解决方法。
2. 橡皮绝缘电缆生产过程中，橡皮层起泡甚至炸口的原因是什么？如何解决？
3. 橡皮挤包层断面偏心的原因是什么？如何解决？
4. 电缆外径不均匀或成竹节形的原因是什么？如何解决？

第六章

橡皮绝缘电缆主要生产工序的工艺质量要求

◇◇◇ 第一节 产品工艺流程

电线电缆产品制造的工艺流程是根据每一种产品的结构，按照制造产品中涉及的生产加工过程、顺序排列而成的工艺路线。

电线电缆制造是从导体加工开始的，在导体的外面一层层加上绝缘、隔离、屏蔽等，然后成缆、护套而制成线缆产品。产品结构越复杂，叠加的层次就越多。产品的工艺流程对制造企业从工厂设计、场地设备布置到生产管理都具有指导意义。

产品工艺流程通常用流程图来表示，不同的电缆产品具有不同的工艺流程图。带有序号标示的为生产工序，箭头代表生产流转的顺序，加☆号的工序为关键工序、特殊过程。

一、导体及橡胶材料制造流程

1. 导体材料

铜杆⟶大、中 拉丝（1）⟶小拉（铜丝）（2）⟶退火☆（镀锡，仅对镀锡铜丝）（3）

2. 绝缘、护套混合材料

生胶及配合剂（1）⟶混炼胶（2）⟶加硫☆（3）

二、产品制造工艺流程

导体绞合（1）⟶绝缘挤橡连续硫化☆（2）⟶绝缘线芯检验（3）
↓
编织（如需要）（6）⟵线芯成缆（5）⟵线芯配组（4）
↓
护套挤橡连续硫化☆（7）⟶成品试验（8）

在产品制造过程中，某些工序指定为关键工序。关键工序是指对产品质量起决定性作用的工序。如通过加工形成关键重要特性的工序，例如拉丝后的退火工序。加工难度大，质量不稳定的工序也确定为关键工序，如一般电缆生产中的绝缘挤出工序和护套挤出工序。在企业工艺流程控制图中一般应确定关键工序并加以标注，并制定相对应的工艺管理制度。

特殊过程是指对形成的产品是否合格难以通过其后的监视和测量加以验证的过程。

思 考 题

描述几种典型的橡套电缆产品工艺流程图并标注关键工序、特殊过程。

◇◇◇ 第二节 主要生产工序质量要求

一、铜拉丝工序

对于橡皮绝缘电缆而言，由于其特殊的柔软要求，通常采用GB/T 3956—2008 标准的第5种或第6种导体，第5种及第6种导体通常使用的单丝标称直径为0.20mm、0.25mm、0.30mm、0.40mm、0.50mm。铜杆经过大拉、中拉、小拉工序加工，达到导体所需丝径要求。常用的13模铜大拉机、17模铜中拉机、22模铜小拉机的生产范围见表6-1。

表6-1 常用铜大拉机、中拉机、小拉机的生产范围

序 号	设备种类	进线直径/mm	出线直径/mm
1	13模铜大拉机	8	1.30～4.0
2	17模铜中拉机	2.0～3.5	0.40～1.60
3	22模铜小拉机	0.5～1.2	0.10～0.32

拉制铜丝时，应严格执行以下工艺规程及质量要求。

1）按照设备点检卡的内容检查设备的电源、各转动部分是否正常。

2）根据派工单指定的规格，认真对半成品工艺流程卡和实物、工艺文件进行核对，做到三者相符，再确认规格、结构和工艺文件相一致，且半成品流程卡上必须有检验合格章，方能准备上机加工。若发现质量不符要求的，应和有关人员联系。

3）明确生产和质量要求，根据拉丝配模工艺卡片进行配模、穿线。要注意各个穿线孔是否有毛刺、拉丝模是否损坏，如发现有毛刺或损坏者，应进行修理和更换。

4）生产时先开启润滑油泵开关，控制好润滑液的用量。

5）铜丝出线后应自检是否符合本生产工艺要求，合格后才能正常开机。正常开机后应将安全门关好。

6）生产过程中应按作业指导书的要求解决常见质量问题，如遇不能解决的质量问题应及时停机并通知有关人员。

7）收线张力要均匀，排线要整齐，检查拉出的铜线是否光滑圆整。收线盘不能收满，离盘边要有10～15cm间隙，拉线尾部要扎牢并固定在线盘上。

8）上下盘时要求轻放，不可撞击线盘，以免造成铜线表面撞伤。

9）每盘丝下车后，必须挂上产品流程卡，并在卡上注明规格、重量、制造日期和制造人姓名。

二、退火（镀锡）工序

由小拉机所生产的细铜丝大多使用多头退火镀锡机进行软化、镀制锡层。进口多头拉丝机（一般为14～32头）则采用连续拉丝连续退火生产工艺，镀锡铜丝采用电镀铜丝作为进线，直接拉制并连续退火，与小拉机+多头退火镀锡机的制造工艺有较大区别。

下面重点介绍国产多头退火镀锡机的工艺规程及质量要求。

1. 开车前的准备工作

1）在开车前应检查设备的电源、开关是否正常，收线盘螺母是否拧紧，转动部位是否有杂物等影响转动的物体，转动部位防护罩是否完好等。

2）操作者应根据生产任务单对半成品进行检查核对，确定无误后，应把待退火铜丝放在放线孔正下方。

3）选取与铁盘规格相符的放线盖，张力适当且线排密度均匀适当。

4）引铜丝线头穿过放线架导出，经过定位过线导轮，引至退火炉管入口处，线与线之间要求并列排放。检查放线架、定位器之间陶瓷部分是否光滑无损，过线导轮是否灵活，如有不合要求的地方应更换。

5）进行穿线操作。把引线穿过炉管首段至水槽末端系牢铜丝线头，将引线端拉出退火管出口处，将铜丝线头从水槽过线导轮下面引出，注意不要让线材跳到导轮外或错位排列。

6）铜丝在穿过干燥箱前后的定位器时不要错位。

7）如需镀锡，准备好眼模针，用尖嘴钳从烘干出口定位器引出铜丝，经过助焊剂毛毯，穿过对应的压线杆及眼模，然后将眼模放入眼模座，放正无松动，适当拉线后引线至引取机滚筒。

8）助焊剂槽内加入按规定要求比例的助焊剂，助焊剂不可以满出槽口。

9）引取线材时应注意线材排列无错位、无跳线、绕线等。

10）设备加热前段、加热后段、干燥温度、锡缸温度都要调到工艺规定的温度。

2. 正常生产

在准备工作完成后可以进行生产。

1）将收线速度调节到工艺规定的要求。

2）对上收线盘的线进行外径测量，应符合要求。

3）应对线表面的质量进行检查，表面应光滑无毛刺，圆整。

4）当产品质量符合要求后，方可正常生产。

5）在正常生产的时候要经常检查整个生产线的情况是否处于正常的状态下，盖垫布要经常更换，保持干燥。各部位的温度波动是否在规定的范围内。锡缸内的锡是否缺少，缺少时应及时加入锡块。锡缸内锡层表面的氧化物应经常去除。镀锡模是否在锡层的下面。导线的排列是否正常，有无跳线、错位，如发现有应及时复位。收线是否平整，有无不平的现象，如有也应及时调节。

3. 质量要求

1）导线表面应光滑圆整，无毛刺，无油斑、污斑等。

2）如是镀锡线，表面不得有锡块、锡丝、漏锡、无锡现象。

3）软化和镀锡后导线的外径要符合要求。

4）收线要平整，排线要排到盘边，张力要合适，无凹凸现象。

5）在软化后或镀锡后的导线盘上要有半成品流程卡，卡上应注明生产日期、班次、导线规格、长度或质量、操作者姓名。

三、导体绞合工序

导体的绞合就是将多根圆单线按一定的排列规则绞合在一起制成截面较大的导电线芯，是单线绕绞合轴线旋转的同时沿轴线方向前进而实现的，是电线电缆生产中的一个重要环节，也是电线电缆生产技术中广为应用的一项基本工艺。

对于 GB/T 3956—2008 标准中的第 5 种或第 6 种导体，因为标准规定了每一标称截面的导体最大丝径以及对应的 20℃时直流电阻，通过换算，可以知道组成每一标称截面所需的导体单丝根数。一般组成导电线芯的单根导线数量较多，通常 10mm^{2}以上的导电线芯越需要经过束丝和复绞两道环节来完成绞合，且要求其外观、直径、结构、节距、绞入率、排列等等必须满足生产工艺要求。

1）外观。绞线外观应光洁，不得有三角口、裂纹、斑痕及夹杂物，不得有明显的机械损伤，绞线节距应均匀整齐，绞合导体不得有氧化变色现象和黑斑。对于镀锡线芯要求色泽均匀，光亮，不得有黑斑和镀层不均匀现象。

2）结构尺寸。组成绞线的单线丝径必须在规定范围内，绞线外径应符合工艺规定，不能缺根、少股、断股、跳线、折叠等。

3）导体的直流电阻。成品电缆的每一绝缘线芯，都必须满足 GB/T 3956—2008《电缆的导体》中对应标称截面直流电阻值的规定。

4）橡皮绝缘电缆采用第 5 种、第 6 种导体类型，束丝和复绞均有排列、绞向和节距要求，导体绞合根数的排列要求由内至外可根据具体根数按：1 +6 +12 +18、2 +8 +14 +20、3 +9 +15 +21、4 +10 +16、5 +11 +17 等方式排列，具体要求是外层比相邻内层多 6 根（股）单丝。橡皮绝缘电缆的导电线芯最外层绞向为左向，相邻层绞向相反，最外层节距比不大于 14，股线（束丝）最大节距比不大于 30，具体要求见表 6-2。

表 6-2　束、绞线节距比要求

导体种类及名称	节距比					最外层绞向
	股线		内层不大于	外层		
	最小	最大		最小	最大	
第 5 种绞合铜导体	20	30	20	10	14	左
第 6 种绞合铜导体	20	30	20	10	13	左

四、绝缘挤橡硫化工序

1）挤包前应对制品、工艺文件、生产任务单进行三核对，确保三者无误后方能进行生产。

2）绝缘的壁厚应符合工艺文件中规定数值，其最薄处厚度、偏心度应严格控制在工艺卡片规定的数值范围之内。

3）绝缘层应紧密挤包在导体表面，易剥离而不损伤导体。

4）挤制的绝缘层必须光滑、紧密、圆整，表面不允许出现拉毛、拖管、擦伤，断面针孔状等不良现象。

5）绝缘外径应严格控制在工艺范围之内。

6）收排线要求平整、不能有交叉重叠，离盘边要有50mm的距离，以防在运输和滚动时碰伤电缆。下盘时要在每一盘上挂上半成品卡，并注明工作号、型号、规格、长度、生产日期、生产者姓名。

五、绝缘线芯检测工序

绝缘线芯在生产制造过程中因为受诸多因素影响，例如绝缘橡胶夹有杂质或温橡不均或塑性不够、导电线芯有毛刺断丝或松股、挤制绝缘层厚度不足或外径不均以及导体有水形成气泡等，造成绝缘线芯存在各种质量问题，所以必须经过检验并解决问题后才能流转到下一工序继续生产。进行绝缘线芯检测就是为了消除绝缘线芯的隐患，确保绝缘层的耐电强度，保证电缆使用寿命。

绝缘线芯的检测有两种方法：一种是浸水耐压试验，即将绝缘线芯浸入室温水中6h后经受交流50Hz电压试验5min，耐压通过后，检测其绝缘电阻值应符合产品标准要求，试验电压由产品工作电压及产品标准确定；另一种是干试，即用火花试验机检验，干试电压与绝缘厚度有关，由产品标准规定，试压时间为绝缘线芯每点经受电压作用时间，不少于0.2s。绝缘火花试验要求见表6-3。

表6-3　电缆绝缘线芯火花试验要求

绝缘厚度 δ/mm	试验电压/kV	
	工频火花机	直流火花机
$\delta \leqslant 0.25$	3	5
$0.25 < \delta \leqslant 0.5$	4	6
$0.5 < \delta \leqslant 1.0$	6	9
$1.0 < \delta \leqslant 1.5$	10	15
$1.5 < \delta \leqslant 2.5$	15	23
$0.25 < \delta \leqslant 0.5$	20	30
$2.5 < \delta$	25	38

绝缘线芯被浸水耐压试验或火花试验击穿后，要找到击穿点进行修补。修补的方法有两种，一种为热补，一种是冷补。热补是使用面最广、较为可靠的修补方式，而冷补是用熟胶和胶黏剂黏补击穿处，质量不如热补稳定可靠，适用于绝缘性能要求不高、不具备热补条件等抢修场合使用。

热补时，先将击穿处的绝缘剥掉，剥口两端的绝缘用专用刀具削成楔形，然后把压好的橡皮条拉长均匀地绕包在剥掉绝缘层的导体上，两端与楔形恰当衔接，使缺陷处外径略大于正常线芯外径，再通过压模机压制硫化。绝缘料绕包时一定要保证用力均匀，且绕包时应注意清洁。绕包后外径应较模具大1~2mm。绕包完成后线芯外应绕一层耐高温带，防止绝缘表面过度氧化，再放入压模加热硫化。压模时间的选取以平板硫化仪测出的最佳硫化时间为基础，根据批量生产时的硫化时间选取。一般40%乙丙橡胶设定温度在175~185℃，时间为15 ~ 20 min。取出线芯后观察线芯表面是否圆整，如线芯圆整则修补基本成功；如线芯边缘有嵌入说明绕包过厚或模具偏小，须重新压制。绝缘修补好后应先冷却，冷却后去皮、打磨圆整。

六、线芯配组工序

绝缘线芯必须按规格依据产品标准规定的色别标识或数字标识进行配组，便于后序的成缆生产，以满足最终用户的接线要求。

配组前必须了解绝缘线芯标识方法。以通用橡套电缆为例，五芯及以下电缆用颜色识别，优先选用颜色如下：

单芯电缆：无优先选用颜色。

两芯电缆：无优先选用颜色。

三芯电缆：黄/绿、浅蓝色、棕色，或是浅蓝、黑色、棕色。

四芯电缆：绿/黄色、浅蓝色、黑色、棕色，或是浅蓝色、黑色、棕色、黑色或棕色。

五芯电缆：绿/黄色、浅蓝色、黑色、棕色、黑色或棕色，或是浅蓝色、黑色、棕色、黑色或棕色。

五芯以上电缆一般用数字识别，用阿拉伯数字印在绝缘线芯的外表面上。数字颜色相同并与绝缘颜色有明显色差，阿拉伯数字必须字迹清楚。每根绝缘线芯上的数字标志应沿着绝缘线芯以相等的间隔重复出现，相邻两个完整的数字标志应彼此颠倒。当标志由一个数字组成时，则破折号应放置在数字的下面。如果标志是由两个数字组成的，则一个数字排在另一个数字的下面，同时在底下的数字下面放破折号。相邻两个完整的数字标志之间的距离 d 不超过 50mm。标志的排列如图 6-1 所示。

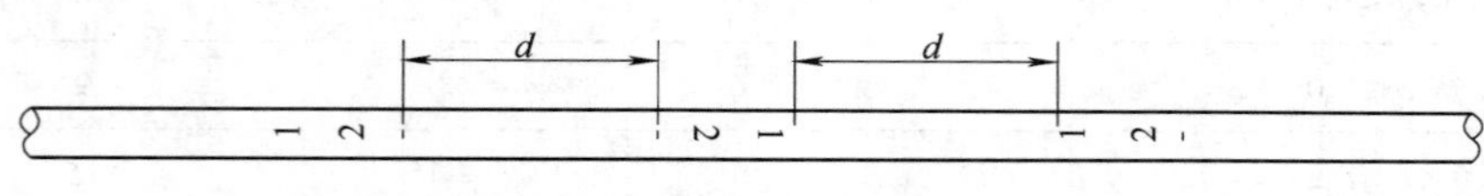

图 6-1　绝缘线芯标识

电缆的线芯绝缘应是同一种颜色，并按数序排列，但黄/绿色线芯（若有）除外。如果有黄/绿色绝缘线芯，该线芯应放在外层。数字编号应从内层用数字 1 开始，按顺时针方向排列。

配组时还需要考虑电缆绝缘线芯在成缆时不同的产品有不同的绞入系数。例如，YCW 3 × 16 + 1 × 10 电缆 500m，配套时先将浅蓝色、黑色、棕色三种颜色的 16mm^2 主绝缘线芯各配 525m 分装在三只周转盘上，因为成缆时绝缘线芯有绞入率，500m 的电缆实际上需要超出 500m 的绝缘线芯。再将 10mm^2 的黄绿双色地线配足 525m，成缆后才能保证 500m 电缆的长度要求。同组绝缘线芯长度一致，要求计米准确，避免出现短头。

七、成缆工序

成缆是将多根绝缘线芯按一定规则绞合在一起的工艺过程。成缆的目的是保证多芯电缆中线芯结构稳定，增加电缆的柔软性，耐弯曲性。

成缆方向：橡皮绝缘电缆成缆最外层方向为右向，多层成缆时为了结构稳定大多是相邻层成缆方向相反，有时为了增加电缆的柔软性，也采用内、外层同向成缆。

成缆的工艺质量要求如下：

1）成缆线芯的总数以及截面、导线结构、绝缘厚度、绝缘分色、线芯打印编号及标志、成缆节距及方向、填充材料及规格、包带材料及规格均应符合工艺卡片要求。

2）成缆时，边缘填充不能进入成缆的中心位置；各盘线芯张力要均匀，成缆外观应圆整，不允许有眼观可见的蛇形弯，成缆最大外径不能超过工艺卡片规定。

3）电缆填充料采用麻绳或橡皮条，但是同一种型号的电缆采用同一材质填充，不允许混用。成缆填充应圆整，不允许有局部粗大现象。无填充的电缆成缆也要圆整。对于三大一小的通用橡套电缆或矿用电缆要特别注意，防止不圆而引起护套偏心。

4）生产操作中绕包带不可漏包、打皱严重，换带时头尾对接要平整，胶带缠绕也应平整，重叠率不小于15%。包带的宽度根据电缆的外径大小按工艺要求选择。

5）成缆接头处要牢固，接头处大小不应超过成缆外径。接头处必须经过“短路”处理，并做出明显标志，流转卡上要加以注明。

6）成缆缆芯用工艺盘收线，应排列整齐，无交叉松乱现象。缆芯不能装得太满，线芯离盘边距离应不小于50mm。

八、编织工序

1）根据工艺和生产要求，领用绝缘或成缆线芯和编织材料，更换工艺齿轮以满足编织节距要求。

2）对上车的线芯必须进行检查，如导体根数、绝缘线芯外径、颜色及中心度等是否符合质量要求，发现不符应及时汇报，以便及时处理，查出的不合格半成品（包括无工序流程卡）不允许上车编织。

3）根据工艺规定的每锭并线根数，做好并线的准备工作，并线时应注意每根线之间的张力应保持相对一致，不得有松弛现象。排线应整齐、紧密，防止倒边。

4）正常编织前应确认编织节距、覆盖率等符合要求后方能正常生产。

5）在发生并线断线或更换锭子时，采用嵌入式接头，接头处应修剪、包裹平整。

6）在编织过程中应保证编织好的电线排线整齐、紧密，防止倒边。

7）编织好的线盘线头应可靠固定，并应挂上工序流程卡，注明型号、规格、数量、生产日期及操作工姓名等，并整齐堆放于规定区域。

九、护套挤橡硫化工序

1）挤包前应对制品、工艺文件、生产任务单进行三核对，确保三者无误后方能进行生产。

2）护套层的壁厚应符合工艺文件中规定的数值，其最薄处厚度、偏心度应严格控制在工艺卡片规定的数值范围之内。

3）护套层应紧密挤包在成缆线芯表面，易剥离而不损伤绝缘线芯。

4）挤制的护套层必须光滑、紧密、圆整，表面不允许出现拉毛、拖管、擦伤、断面针孔状等不良现象。生产过程中护套头尾两端不能进水。

5）成品电缆外径应严格控制在工艺范围之内。

6）电缆护套表面印字必须清晰、耐磨、无多余油墨痕迹。一个标志的末端与下一个标志的始端之间的距离应不超过550mm。

7）收排线要求平整，不能有交叉重叠，离盘边要有50mm的距离，以防在运输和滚动时碰伤电缆。下盘时要在每一盘上挂上半成品卡，并注明工作号、型号、规格、长度、生产日期、生产者姓名。

十、成品检验工序

1）成品电缆护套表面上应有制造厂名、产品型号规格、额定电压及相应的强制性认证标识的连续标志，表面应光滑，标志应字迹清楚、容易辨认、耐擦。

2）电缆每相直流电阻要符合工艺文件规定。

3）电缆的外径要满足工艺文件规定要求，测试外径时，应至少相隔1m以上，抽取3个样本测量。样本测量处，应在互相垂直的两个方向上分别测量，将平均值作为平均外径尺寸。

4）电缆耐压试验。电缆应能通过规定的耐压试验。

思 考 题

简述橡皮绝缘电缆制造主要工序的工艺质量要求。

◇◇◇ 第三节　主要工序工艺卡片

工艺卡片是按照产品标准要求，结合生产设备的具体特点，由工厂技术部门编制的用于指导操作人员进行生产的主要技术文件。下面以通用橡套电缆为例，介绍某电缆公司主要工序的工艺卡片，见表6-4～表6-9。

一、退火（镀锡）工序

表6-4　退火（镀锡）工序工艺卡片

铜丝直径/mm	退火温度/℃	烘箱温度/℃	线速度/（m/min）	锡炉温度/℃
0.10～0.15	580	280	210～170	260
0.16～0.20	600	280	200～160	260
0.21～0.25	610	280	200～160	260
0.26～0.30	620	280	190～160	260
0.31～0.35	630	280	180～140	260
0.36～0.40	630	280	170～140	260
0.41～0.45	—	280	160～130	260
0.46～0.50	—	280	150～120	260
0.51～0.55	—	280	140～110	260

二、绞线工序

表 6-5　通用橡套电缆绞线工序工艺卡片（节选）

×××电缆公司	通用橡套电缆绞线工序工艺卡片	执行标准：GB/T 3956—2008
编制部门：技术部		编号：
共1页　第1页		代替：

标称截面积/mm²	导体（根数/直径/mm）	股线结构	结构排列（束丝方向）	中心层	第一层				第二层				第三层				第四层				参考外径/mm	绕包带宽度/mm	绕包方向	绕包参考外径/mm
					紧线模/mm	节距/mm		绞向	紧线模/mm	节距/mm		绞向	紧线模/mm	节距/mm		绞向	紧线模/mm	节距/mm		绞向				
						最小	最大			最小	最大			最小	最大			最小	最大					
4	126/0.2	7×18	1右+6右	1	2.6	26	31	左	—	—	—	—	—	—	—	—	—	—	—	—	2.8	—	—	3.1
10	329/0.2	7×47	1右+6右	1	4.3	43	52	左	—	—	—	—	—	—	—	—	—	—	—	—	4.3	—	—	4.6
16	518/0.2	7×74	1右+6右	1	5.4	65	76	右	—	—	—	—	—	—	—	—	—	—	—	—	5.4	20	右	5.7
25	817/0.2	19×43	1左+6左+12右	1	4.2	50	59	右	7.0	70	84	左	—	—	—	—	—	—	—	—	7.0	21	右	7.3
50	722/0.3	19×38	1左+6左+12右	1	6.0	72	84	右	10.0	100	120	左	—	—	—	—	—	—	—	—	10.0	30	右	10.3
70	1007/0.3	19×53	1左+6左+12右	1	7.1	99	114	左	11.8	118	142	左	—	—	—	—	—	—	—	—	11.8	35	右	12.1
95	1332/0.3	37×36	1右+6右+12左+18右	1	6.0	84	96	左	9.9	119	139	右	13.7	137	164	左	—	—	—	—	13.7	40	右	14.0

注：整根导体中不允许有股线接头；相邻层绞向相反；电缆 50mm² 以上绕包聚酯带或无纺布带，包带宽度可根据实际情况适当调整，绕包搭盖率≥15%。

批准：　　审核：　　会签：　　编制：

三、绝缘挤包工序

表 6-6　通用橡套电缆绝缘连硫挤制工序工艺卡片（节选）

×××电缆公司		450V/750V 以下橡皮绝缘电线电缆绝缘工艺卡片							执行标准：GB/T 5013—2008　JB/T 8735—2016			
编制部门	技术部								受控编号：			
共 1 页	第 1 页								替　代：			
型号	标称截面积/mm²	导体结构（根数/直径/mm）	导体外径/mm	纵包包带 层×厚/mm×最小宽度/mm	绝缘厚度/mm 标称	下限	上限	最薄处 ≥	偏心度 ≤	外径控制/mm 下限	计算值	上限
60245 IEC 66（YCW）	1.5	30/0.25	1.5	1×0.03×6	0.8	0.75	0.9	0.62	20%	3.1	3.3	3.4
	2.5	49/0.25	2.0	1×0.03×8	0.9	0.85	1.0	0.71	20%	3.8	4.0	4.1
	4	56/0.3	2.5	1×0.03×10	1.0	0.95	1.1	0.8	20%	4.5	4.7	4.8
	6	84/0.3	3.2	1×0.03×12	1.0	0.95	1.1	0.8	20%	5.2	5.4	5.5
YC、60245 IEC 66（YCW）	10	84/0.4	4.3	1×0.03×17	1.2	1.15	1.3	0.98	20%	6.7	6.9	7.0
	16	126/0.4	5.3	2×0.03×10	1.2	1.15	1.3	0.98	20%	7.7	7.9	8.0
	25	196/0.4	6.6	2×0.03×17	1.4	1.35	1.5	1.16	20%	9.4	9.6	9.7
	35	280/0.4	8.0	2×0.03×20	1.4	1.35	1.5	1.16	20%	10.8	11.0	11.1
	50	392/0.4	9.7	导体车间绕包聚酯带或加强型无纺布搭盖，宽度≥5.0mm	1.6	1.55	1.8	1.34	20%	12.9	13.2	13.4
	70	350/0.5	11.6		1.6	1.55	1.8	1.34	20%	14.8	15.1	15.3
	95	475/0.5	13.5		1.8	1.75	2.0	1.52	20%	17.1	17.4	17.6
	120	600/0.5	15.0		1.8	1.75	2.0	1.52	20%	18.6	18.9	19.1
	150	750/0.5	17.0		2.0	1.95	2.2	1.7	20%	21.0	21.3	21.5
	185	925/0.5	18.9		2.2	2.15	2.4	1.88	20%	23.3	23.6	23.8

注：导体采用裸铜线，绝缘采用 IE4 型绝缘胶。

批准：　　审核：　　会签：　　编制：

四、成缆工序

表 6-7　通用橡套电缆成缆工序工艺卡片（节选）

×××电缆公司		450V/750V 以下橡皮绝缘电线电缆成缆工序 工艺卡片	执行标准：GB/T 5013—2008　JB/T 8735—2011
编制部门	技术部		受控编号：
共 1 页	第 1 页		替　代：

型　号	规格芯数×截面/mm²	绝缘外径/mm	绞向	排列结构	并线模参考直径/mm	参考节距/mm	填充参考外径/mm		绕包无纺布/mm			成缆不圆度≤	成缆参考外径/mm
							中心	边隙	层×厚×宽	方向	搭盖宽度≥		
YQ、YQW	2×0.5	2.1	右	0+2	4.2	55						15%	4.2
	3×0.3	1.9	右	0+3	4.1	53						15%	4.1
	3×0.5	2.1	右	0+3	4.5	59						15%	4.5
60245 IEC 53（YZ）60245 IEC 57（YZW）YZ、YZW	2×0.75	2.5	右	0+2	5.0	65						15%	5.0
	2×1	2.7	右	0+2	5.4	70						15%	5.4
	3×0.75	2.5	右	0+3	5.4	70						15%	5.4
	3×1	2.7	右	0+3	5.8	75						15%	5.8
	4×0.75	2.5	右	0+4	6.0	78						15%	6.0
	4×1	2.7	右	0+4	6.5	85						15%	6.5
	5×0.75	2.5	右	0+5	6.8	88						15%	6.8
	5×1	2.7	右	0+5	7.3	95						15%	7.3
	6×0.75	2.5	右	0+6	7.4	96	2					15%	7.4
	6×1	2.7	右	0+6	7.9	103	2					15%	7.9
	6×1.5	3.3	右	0+6	9.7	126	3					15%	9.7

注：实际生产时成缆的绞合节距最大不超过成缆外径的 14 倍，缆芯不圆度 =（最大电缆直径 - 最小电缆直径）/标准最大电缆直径 ×100%。

五、编织工序

表6-8　编织工序工艺卡片（节选）

×××电缆公司 编制部门　技术部			编织工序工艺卡片			编号： 共　页	第　页
编织锭数	编织前外径/mm	单丝直径/mm	每锭根数	编织密度	编织节距/mm	编织后外径/mm	编织丝结构重量/（kg/km）
24锭	8.5	0.15	7	不小于80%	38.7	9.1	33.1
	9.0	0.15	7		35.3	9.6	35.0
24锭	9.5	0.15	7		33.0	10.1	36.9
	10.0	0.15	8		42.4	10.6	38.7
24锭	10.5	0.15	8		39.4	11.1	40.6
	11.0	0.15	9		49.9	11.6	42.5
24锭	11.5	0.15	9		46.3	12.1	44.4
	12.0	0.15	9		43.6	12.6	46.3
24锭	12.5	0.15	10		53.5	13.1	48.1
	13.0	0.15	10		50.3	13.6	50.0
24锭	13.5	0.15	11		61.1	14.1	51.9

六、护套连硫挤制工序

表 6-9　通用橡套电缆护套连硫挤制工序工艺卡片（节选）

×××电缆公司		450V/750V 以下橡皮绝缘电线电缆护套连硫挤制工序 工艺卡片						执行标准：GB/T 5013—2008　JB/T 8735—2016		
编制部门　技术部								受控编号：		
共 1 页	第 1 页							替　代：		
型　号	规　格	护套前直径/mm	护套厚度/mm					电缆外径/mm		
			标　称	下　限	上　限	最薄处≥	偏心度≤	下　限	计 算 值	上　限
YQ、YQW	2×0.3	3.8	0.7	0.65	0.77	0.50	30%	4.7	5.2	5.5
	2×0.5	4.2	0.7	0.65	0.77	0.50	30%	5.1	5.6	5.9
	3×0.3	4.1	0.7	0.65	0.77	0.50	30%	5.0	5.5	5.8
	3×0.5	4.5	0.7	0.65	0.77	0.50	30%	5.4	5.9	6.3
60245 IEC 53（YZ） 60245 IEC 57（YZW） YZ YZW	2×0.75	5.0	0.8	0.75	0.88	0.58	30%	6.1	6.6	7.0
	2×1	5.4	0.9	0.85	0.99	0.67	30%	6.6	7.2	7.6
	2×1.5	6.6	1.0	0.95	1.1	0.75	30%	7.8	8.6	9.0
	2×2.5	8.0	1.1	1.05	1.21	0.84	30%	9.3	10.2	10.6
	2×4	9.4	1.2	1.15	1.32	0.92	30%	10.9	11.8	12.2
	2×6	10.8	1.3	1.25	1.43	1.01	30%	12.4	13.4	13.9
	3×0.75	5.4	0.9	0.85	0.99	0.67	30%	6.6	7.2	7.6
	3×1	5.8	0.9	0.85	0.99	0.67	30%	7.0	7.6	8.0
	3×1.5	7.1	1.0	0.95	1.1	0.75	30%	8.2	9.1	9.5
	3×2.5	8.6	1.1	1.05	1.21	0.84	30%	9.9	10.8	11.3
	3×4	10.1	1.2	1.15	1.32	0.92	30%	11.5	12.5	13.0

注：1. 对成缆时无绕包的，挤包护套前纵包一层聚酯带或无纺布或纸带，保证绝缘与护套挤包紧密但不黏连。
　　2. 60245 IEC 53（YZ）、YZ、、YQ 型电缆选用 SE3 橡皮护套；60245 IEC 57（YZW）、YZW、YQW 采用 SE4 型护套胶，电缆采用 SE3 型护套料。

批准：　　　审核：　　　会签：　　　编制：

◇◇◇ 第四节　主要工序生产工艺记录

生产工艺记录是操作工人按照工艺卡片要求，对当班产品的生产情况、工艺参数、质量状况等所进行的日常记录，是生产组织管理、工艺质量管控所需的重要原始资料。某电缆公司主要工序的生产工艺记录的格式见表6-10～表6-15。

一、导体绞合工序

表6-10　导体绞合工序生产工艺记录

生产日期	机台名称	操作者	型号规格	长度/m	导体单线		绞合导体			外径/mm	外观
					单丝根数	直径/mm	排列	绞向	节距/mm		

二、绝缘、护套挤橡硫化工序

表6-11　绝缘、护套挤橡硫化工序生产工艺记录

生产日期	机台名称	操作工	型号规格	长度/m	导体结构	绝缘/mm			护套/mm			断面质量	外观质量
					根数/直径（mm）	最薄处厚度	平均厚度	外径	最薄处厚度	平均厚度	外径		

三、线芯干试配组工序

表 6-12　线芯干试配组工序生产工艺记录

生产日期	机台名称	操作工	型号规格	长度/m	干试电压/kV	击穿个数	击穿原因	处理方式

四、成缆工序

表 6-13　成缆工序生产工艺记录

生产日期	机台名称	操作者	型号规格	长度/m	线芯结构		分色或数字编码	排列	绞向	节距/mm	成缆外径/mm	表面质量
					绝缘厚度/mm	根数/直径/mm						

五、编织工序

表 6-14　编织工序生产工艺记录

生产日期	机台名称	操作者	型号规格	长度/m	编织材料	锭数×根数（n）/单丝直径/（mm）	编织节距/mm	编织前外径/mm	编织后外径/mm	表面质量

六、成品检验工序

表 6-15 成品检验工序生产工艺记录

检验日期	检验编号	型号规格	长度/m	环境温度/℃	导体电阻		绝缘电阻		试验电压/(kV/min)	电性能检验结论	外观及印字质量	检验员(盖章)	备注
					实测值/Ω	20℃换算值/(Ω/km)	实测值/MΩ	20℃换算值/(MΩ·km)					

◇◇◇ 第五节 主要工序常见质量问题、原因分析及处理方法

在生产过程中，由于设备、工艺、材料和操作等方面原因，可能产生一些产品质量问题，我们应当了解并加以识别，分析其产生的原因，掌握适当的处理方法，不断提高操作技能，减少不合格品的产生。主要工序常见质量问题、原因分析及处理方法见表 6-16 ~ 6-20。

一、铜拉丝工序

表 6-16 铜拉丝工序常见质量问题、原因分析及处理方法

序号	质量问题	原因分析	排除方法
1	尺寸局部缩小	1）成品前一道进线减缩率太高 2）成品前一道延伸系数太小，张力过紧 3）模子安放倾斜 4）模子承线太长	1）更换模具 2）改进配模，减少前一道圈数 3）校正模具 4）更换模具
2	表皮开裂	料质量不良	更换进线
3	刮伤擦伤	1）辊筒起槽 2）压轮起槽 3）同一辊筒上进线互相擦伤 4）进线喇叭口损坏 5）排线导轮与线摩擦	1）换辊筒或磨光 2）更换压轮或移动压轮使用部位 3）增加辊筒摩擦力 4）更换模具 5）调整张力
4	起槽	1）进线模起槽 2）模子喇叭口损坏 3）拉丝油浓度不够	1）更换模具 2）清除杂质 3）添加拉丝油
5	竹节形	收线速度不均匀	调整收线张力
6	变色	辊筒冷却不够，温度过高	加强冷却

二、退火（镀锡）工序

表 6-17　退火（镀锡）工序常见质量问题、原因分析及处理方法

序号	质量问题	原因分析	处理方法
1	铜丝氧化	1）在铜丝退火过程中管内有氧气进入 2）水槽未能封闭好退火管口 3）铜丝退火后带有水分	1）定时往退火管内加抗氧剂 2）使退火管口始终浸在水面以下 3）适当提高烘炉的温度
2	收线盘堆丝	收线过程中跳线	操作工应加强巡查，及时调整
3	断丝	1）跳线时铜丝被卡 2）铜丝的质量不好，抗拉强度不够	1）调整牵引及放线张力，保持稳定 2）降低退火温度、适当减慢线速或更换铜丝

三、导体绞合工序

表 6-18　导体绞合工序常见质量问题、原因分析及处理方法

序号	质量问题	原因分析	处理方法
1	结构不符	用错线材型号、规格、根数	核对工艺、按要求更正
2	节距不符	牵引变速手柄位置不对	核对工艺，按要求档位更正
3	表面损伤	1）导轮、导管、线嘴缺损 2）线材脱离导轮 3）压模孔内有异物，其表面不光洁 4）收、放线不规整，盘边边缘不光滑 5）排线宽度、中心位置不适当 6）拉线、运线、存线、上线等损伤	1）补齐、换新、修整 2）及时将线材放入导轮 3）清除异物，修整或换新压模 4）修整盘具 5）调整排线杆限位的位置 6）按要求拉线、运线、存线、上线，并加强自检
4	松股	1）压模孔大 2）放线张力过小	1）更换 2）调整放线张力
5	跳线（骑马）	1）压模与分线器距离不当 2）线材分线不均匀	1）调整压模座位置 2）重新调整分线位置
6	鼓包	内层线起弯，打扣、接头大	分头
7	裂缝	绞线节距不合适	重新调整节距（须经技术人员批准）
8	蛇形	1）放线张力不匀 2）内层线蛇形严重	1）调匀 2）更换无蛇形内层线

四、成缆工序

表 6-19　成缆工序常见质量问题、原因分析及处理方法

序号	质量问题	原因分析	处理方法
1	缆芯“蛇形”	1）压模孔径大 2）线芯放线张力不均	1）按实际尺寸选配压模 2）调整放线张力
2	节距不符合规定	绞笼或牵引变速箱手柄位置有误	按节距表核对绞笼或牵引变速箱手柄位置

（续）

序号	质量问题	原因分析	处理方法
3	包带重叠不符合要求	1）带宽有误 2）绕包头转速慢 3）牵引速度快	1）按工艺选择带宽 2）按工艺调整绕包头转速 3）按工艺调整牵引速度
4	包层不平整	1）带宽超正偏差 2）绕包头张力过大或偏小	1）减小带宽或按工艺选择带宽 2）调整绕包头张力
5	绝缘线芯拉断	1）放线盘旋转受阻 2）放线盘损坏 3）放线盘上绝缘线芯乱线 4）放线盘线芯张力过大	1）排除放线架故障 2）更换放线盘 3）重新复绕线芯 4）调整放线盘线芯张力
6	成缆线芯拉断	1）压模孔径过小 2）收线张力过大	1）调换孔径合适的压模 2）按缆芯规格调整收线力矩电动机电压
7	成缆线芯刮伤	1）两个压模错位 2）压模不紧	1）重调压模、压紧压模 2）压紧压模

五、编织工序

表 6-20　编织工序常见质量问题、原因分析及处理方法

序号	质量问题	原因分析	处理方法
1	编织密度不符合要求	1）缺根少股 2）节距齿轮选错	1）逐锭检查编织丝的根数 2）正确选配节距齿轮
2	节距不均匀	产品在牵引轮上打滑	调整收线张力；增加牵引轮上绕线圈数
3	编织表面孔洞、疙瘩	1）断丝后未修理 2）续铜丝（纱）方法欠妥 3）个别锭子张力不当	1）打倒车修补 2）按编织规律续铜丝（纱） 3）检查调整张力
4	跳线、跑线	1）并线张力不均 2）并线堆积交叉或过满	调整并线张力及排线，保证并丝质量
5	编织层挂伤	1）压模选配过小 2）收线不整齐	1）选择合适的压模孔径 2）调整排线节距，排线整齐无交叉

参考文献

[1] 王春江．电线电缆手册：第1册［M］．北京：机械工业出版社，2001.

[2] 印永福．电线电缆手册：第2册［M］．北京：机械工业出版社，2001.

[3] 韩中洗．电缆工艺原理［M］．北京：机械工业出版社，1991.

[4] 化工部教育培训中心．橡胶、配合剂与胶料配方知识［M］．北京：化学工业出版社，1998.

[5] 吕百龄．实用橡胶手册［M］．北京：化学工业出版社，2010.

参考文献

[1] [illegible]

[2] [illegible]

[3] [illegible]

[4] [illegible]

[5] [illegible]